AI助力
Python,C,C++,C#
编程语言的比较学习和应用开发

包瑞清　著

化学工业出版社

·北京·

内容简介

本书是一本旨在通过并置比较多门编程语言，并借助 AI 帮助读者学习掌握多门编程语言的书籍。书中结合 Python、C、C++ 和 C# 四种语言的特点，探讨了它们在不同领域中的应用，以对比学习的方式，帮助读者迅速掌握这些编程语言的基础和进阶技能。

本书的主要内容包括：对四门编程语言的基本语法、数据类型、数据结构、控制结构、函数方法、面向对象编程，以及指针等基础知识的详细介绍；通过实际应用开发示例，帮助读者理解如何将编程语言的知识应用到现实项目中。本书强调通过实际编程练习加深理解，并借助 AI 工具（如 ChatGPT 和 DeepSeek）的辅助，进一步提高学习的效率，从而使编程变得更加高效和便捷。书中还讨论了学习多门编程语言的优势，特别是在跨学科领域中的重要性，强调了 AI 技术能够使学习过程更加直观和便捷，但同时也指出，只有打好编程语言的基础，才能更有效地利用 AI 完成复杂的任务。

本书适合初学者和想技能提升的读者，尤其是那些希望掌握多种编程语言并将其应用到实践中的专业人士，且更加适合已经掌握了一门编程语言，想学习其他语言的学习者。

图书在版编目（CIP）数据

AI助力Python, C, C++, C#编程语言的比较学习和应用开发 / 包瑞清著. -- 北京 : 化学工业出版社，2025. 11. -- ISBN 978-7-122-48826-8

Ⅰ. TP312.8-39

中国国家版本馆CIP数据核字第2025BQ5374号

责任编辑：周　红　王帅菲
责任校对：边　涛
装帧设计：王晓宇

出版发行：化学工业出版社
（北京市东城区青年湖南街 13 号　邮政编码 100011）
印　　装：天津千鹤文化传播有限公司
787mm×1092mm　1/16　印张 $20^{3}/_{4}$　字数 548 千字
2026 年 1 月北京第 1 版第 1 次印刷

购书咨询：010-64518888　　售后服务：010-64518899
网　　址：http://www.cip.com.cn
凡购买本书，如有缺损质量问题，本社销售中心负责调换。

定　　价：129.00元　

PREFACE

前言

1 源起

对于任何专业，大学里通常都会安排至少一门编程语言课，作为最基本的解决问题的工具。在AI无处不在的今天，编程语言的重要性日益增加，对编程语言的学习较之以往也更被看重。计算机相关专业里，编程语言通常都是核心课程，具体专业领域与编程语言见表1。

可以发现，很多专业领域涉及的编程语言不止一种，有时仅需一种语言可以解决当前的问题，有时却需要掌握多种语言来解决一个或多个不同问题。这就不得不涉及多门编程语言的学习，表2示出了编程语言组合的功能描述。

学习多门语言往往是需求导致，应结合不同语言的优势，选择最适合的工具，而不需要盲目多学语言。如做嵌入式，核心代码用C/C++，而数据处理用Python；在Web开发中，前端可用JavaScript，而后端可用Python/Java等。多门编程语言的学习不是简单地学习语言，而要理解它们各自的特点和使用场景。如先学一门通用语言（如Python、C++或Java），掌握基本的编程思想，理解面向对象（Object-Oriented Programming，OOP）、函数式编程（Functional programming，FP）、并发编程（concurrent programming）等核心概念，才能够进而学会对比不同语言的特性。通过对比，清晰地区分语言之间的差异及联系，从而快速学习和掌握多门语言，其重点是关注编程思想和应用场景，而不应硬记语法。

在不同专业对编程语言的需求和编程语言组合上，提及最多的编程语言是Python，其在多个专业领域均有出现，如计算机科学与技术、软件工程、人工智能、数据科学与大数据技术等。其次为C++，其频繁出现在计算机科学与技术、人工智能、工程与理工科、游戏开发等领域。再者为Java，其主要出现在软件工程、网络安全、物联网工程等领域。继而有R、C#、MATLAB、SQL和Shell等。而Go、Cotlin、PHP、Perl、Lua、Julia、Bash、HTML/CSS等仅出现在一些特定领域或语言组合中。同时提及最多的语言组合排序为Python + C++，Python + JavaScript，C++ + C#，C / C++ + Python和Python + R，且Python、C++、Java、C和C#等编程语言长居TIOBE指数前五。

2 AI

AI的进步意味着编程的方式和工具正在发生变化，我们会更多地依赖AI辅助不同专业领域的研究或工具的开发，但编程语言自身的基本知识依然不可或缺。可以把AI当作加速器和助手，而不是完全取代者。通过掌握编程语言，才能够更好地利用AI工具，同时也能够在需要时脱离AI依赖，进行更深层次的思考或开发。这不仅在于当前阶段像ChatGPT和DeepSeek这样的AI工具是基于已有的数据和模式进行训练的，擅长处理常见、标准的编程任务，而在于对于复杂的系统架构设计、新颖的算法或非常具体的需求，AI生成的代码可能并不完全符合预期，或者需要大量的人工干预调整和优化，也在于学习编程语言可以帮助我们理解代码背后

表1　专业领域与编程语言

领域	专业	Python	C	C++	C#	Java	JavaScript	Go	R	SQL	Kotlin	Scala	Shell	PHP	MATLAB	Lua	Julia	Perl
计算机相关专业	计算机科学与技术（Computer Science，CS）	√	√	√		√	√	√										
	软件工程	√		√	√	√	√				√							
	人工智能	√		√					√									
	数据科学与大数据技术	√							√	√		√						
	网络安全	√	√				√						√					
	物联网工程	√	√			√												
	信息管理与信息系统	√				√				√				√				
	数字媒体技术	√			√		√									√		
工程与理工科专业	电子信息工程/通信工程	√	√												√			
	自动化/控制工程	√	√	√											√			
	机械工程/机器人	√(嵌入式、ROS)	√	√														
	土木工程/建筑信息模型（BIM）	√(Rhino + Grasshopper)			√(Revit API)													
	数学/统计学	√							√						√		√	
	物理/量子计算	√(Qiskit)		√														
经济与管理类	金融工程/量化交易	√(Pandas、Quantlib)		√					√									
	经济学/统计学	√							√	√								
	工商管理/电子商务	√					√											
医学与生物信息学	生物信息学	√							√									√
	医学影像学	√													√			
艺术与设计	数字媒体艺术/计算机图形学	√(Blender API)		√(OpenGL)														
	游戏设计/交互设计	√		√(Unreal Engine)	√(Unity)											√		
	建筑设计/景观建筑	√(Rhino + Grasshopper)			√(Revit API)													

表2　编程语言组合的功能描述

领域	语言组合	语言功能描述
计算机系统开发	C / C++ + Python + Bash	C/C++：处理底层性能优化（如驱动程序、操作系统内核）；Python：用于快速开发工具和测试自动化；Bash：进行系统管理、脚本自动化
人工智能 & 机器学习	Python + C++ + CUDA	Python：数据处理、建模（NumPy、Pandas、TensorFlow、PyTorch）；C++：深度学习底层优化（TensorFlow C++ API）；CUDA：GPU加速计算（基于C++）
游戏开发	C++ + C# + Lua / Python	C++（Unreal Engine）：提供高性能底层逻辑，游戏编写；C#（Unity）：用于游戏逻辑和脚本编写；Lua / Python：用于游戏AI或脚本控制
Web 开发	HTML / CSS + JavaScript + Python / Java / C#	HTML/CSS：前端页面开发；JavaScript：前端交互；Python（Django/Flask）、Java（Spring Boot）、C#（ASP.NET）：后端开发
物联网 & 嵌入式	C / C++ + Python + JavaScript	C/C++：底层硬件交互；Python：数据处理和服务器端控制；JavaScript：用于 IoT 设备的 Web 界面

的原理和逻辑。如果不懂代码是如何工作的，仅依赖 AI 生成的代码，可能会导致对项目控制力的降低，从而无法对出现的问题做出有效的调整和优化。

AI 不仅可以助力用编程语言解决不同领域实际的专业问题或应用程序、游戏、网页等开发，亦能够辅助学习编程语言，尤其学习多门编程语言。AI 工具（如 ChatGPT、DeepSeek 等）能够迅速提供多种语言的代码示例、语法解释和常见用法，帮助学习者在短时间内掌握基本概念和语言结构。其即时反馈和代码生成的能力，在我们学习复杂的编程语言时，可以显著加速学习过程。通过与 AI 互动，能够生成诸如Python 中的数据处理代码、C++ 的面向对象代码、C# 的接口使用代码等，避免了传统方式中长时间的搜索和摸索。而且，AI 可以在学习不同编程语言时，帮助学习者理解各语言之间的异同，促进跨语言的比较学习。例如，学习 Python、C、C++、C# 时，AI 能够显示相同任务在不同语言中的实现方式，帮助学习者理解不同语言的语法差异，例如，变量声明、函数定义、控制结构（如条件语句、循环语句）在各语言中的差异等。它也可以解释同一算法在不同语言实现下执行的效率，理解如何将多种编程语言组合应用到一个项目中，提供实时编程建议，帮助发现潜在的逻辑错误或性能瓶颈与错误调试，提供自动化的代码优化建议和提升代码质量等。

AI 的发展使得编程和学习编程有了极大的助力，也让我们更容易地捋清楚各门编程语言关系等更复杂的知识体系结构。按照传统的方式，要不断广泛地查阅资料（没有AI的助力），阅读，勾画重点，组织关系，试验/实验，编织不同编程语言间互相关联的知识网络，而 AI 的出现极大简化了这个过程，也是本书能够完成的一个重要因素之一。这也让笔者不断深思，在 AI 不断迭代发展的一个时代，哪些事情可以去做？哪些事情已经没有了做的必要？

于西安

目录

CONTENTS

第 5 章 控制结构

第 6 章 函数方法

第 7 章 面向对象

第 8 章 结构体和联合体

第 9 章 C/C++ 指针

扫码查看

指南

❶ 学练为主的内容组织和学习方式

学习编程语言最好的方式是将理论知识和编程代码紧密结合起来，强调学练为主的学习方式。因此，本书的内容组织上每个知识点都对应有可执行且简单易读的示例代码，来验证知识点的阐述，作为边学边练的练习代码参考。读者可以在解释器/编译器中通过跟随敲入本书内容代码，执行程序，通过运行结果的反馈验证代码的正确性，从而学习编程语言的语法知识。

❷ 更直接和更简单的代码示例

示例代码的设计上强调更直接、更简单、易读、易于理解的形式，以帮助读者更快速地理解概念和应用，避免迷失于复杂的细节当中。

• 避免代码不必要的复杂性，可以让读者集中精力理解核心概念；

• 简单的示例代码可以避免信息过载，被过多的概念所困扰，专注于基础的编程技巧和语言特性；

• 简单的代码更容易调试，便于反复试错；

• 能够缩短学习曲线，使读者可以更快地掌握语言的基本用法，让读者专注于基本的编程思维，不被过多的语法或复杂结构分散注意力。

为了方便学习、测试代码，本书提供了所有示例代码，可扫码获取，压缩包里的文件名和书中相应代码文件名对应。

源代码

❸Python、C、C++ 和 C# 4 门编程语言的并置解释

因为各门编程语言的核心思想相通，很多基础的概念和方法有所重叠，将多门编程语言知识点并置可以让读者更直观地比较它们的差异和共性。通过对比和总结，减少对每门语言从零开始的学习时间，以更高效地学习新的语言；并有助于读者从多角度加深对基础编程概念的理解，在切换不同语言时更加游刃有余。并置多门语言知识点时，部分采用表格的形式，这也是最直观方便对比的一种表述，但受制于图书开本的限制，仅对简短的代码部分比较适用。因此，如果代码内容较多，则使用标示有不同编程语言的分隔线标识。

❹ 英语与编程语言

因为编程语言为用英文书写，因此在对编程语言语法进行解释时，关键的术语为中英双语，且在代码示例中的字符串也多采用英文，解释器/编译器等开发平台保持使用英文界面。在书写代码时，读者也可以用翻译工具辅助为变量名、函数名、类名等定义命名英文名。

❺ 第 1 ～ 9 章：连贯性、模块化、系统化的知识结构体系

Hello 代码 → 数据类型 → 变量赋值 → 字符串格式化 → 基础运算 → 数据结构 → 控制结构 → 函数方法 → 面向对象 → 结构体和联合体 → 指针

第 1 ～ 9 章使用了上述知识结构组织框架，按照从基础到高级的顺序，形成了一个连贯的知识框架，尽量确保每个概念都能自然衔接，从而使读者循序渐进，通过模块化学习降低学习曲线，提高理解能力，其知识点分布统计见下表。但书写过程中，难免有个别后续知识点前置的情况，此时建议读者可以不必深究，重点抓住当前知识点，对于前置的知识点可以在后续解读时再跟进。

第1～9章知识点分布

			Python	C	C++	C#
数据类型	基本数据类型	① int（integer，整数型）	●	●	●	●
		② float［（单精度）浮点型］	×	●	●	●
		③ double［（双精度）浮点型］	●	●	●	●
		④ complex（complex number，复数）	●	●	●	●
		⑤ char（single character，单字符）	×	●	●	●
		⑥ str (string，字符串）	●	×	●	●
		⑦ bool（布尔）	●	●	●	●
		⑧ void（空值，无类型）	×	●	●	●
		⑨ 修饰符（modifiers）：signed, unsigned, short, long	×	●	●	●
		⑩ auto，var（数据类型推断）	×	×	●	●
		⑪ object（对象类型）	×	×	×	●
字符串格式化	按主要特点分类	① % 风格	●	●	●	×
		② {placeholders} 风格	●	×	●	●
		③ 字面字符串插值（Literal String Interpolation）风格	●	×	×	●
基础运算	运算类型	① 算术运算符（Arithmetic operators）	●	●	●	●
		② 赋值运算符（Assignment Operators）	●	●	●	●
		③ 比较运算符（Comparison/Relational Operators）	●	●	●	●
		④ 逻辑运算符（Logical Operators）	●	●	●	●
		⑤ 按位运算符（Bitwise Operators）	●	●	●	●
		⑥ 成员运算符（Membership Operators）	●	●	●	●
		⑦ 同一运算符（Identity Operators）	●	●	●	●
		⑧ 运算符优先级（Precedence and Associativity Rule of Operators）	●	●	●	●
数据结构	C++ 的容器（Container）	数组	×	●	●	●
		① 序列式容器：Vector、List、Deque	×	×	●	×
		② 关联式容器：Set 和 Multiset、Map 和 Multimap	×	×	●	×
		③ 无序关联式容器：无序集合和无序多重集合、无序映射和无序多重映射	×	×	●	×
		④ 容器适配器：stack、queue 和 priority_queue	×	×	●	×
	C# 的集合（Collection）	① List<T>	×	×	×	●
		② Dictionary<TKey,TValue>	×	×	×	●
		③ HashSet<T>	×	×	×	●
		④ Queue<T>	×	×	×	●
		⑤ Stack<T>	×	×	×	●
		⑥ LinkedList<T>	×	×	×	●
	Python 数据结构	① Lists（列表）	●	×	×	×
		② Tuples（元组）	●	×	×	×
		③ Dictionaries（字典）	●	×	×	×
		④ Sets（集合）	●	×	×	×
		⑤ collections 库：namedtuple、OrderedDict、defaultdict、ChainMap、deque、Counter	●	×	×	×

续表

			Python	C	C++	C#
控制结构	条件语句	① if条件语句	●	●	●	●
		② 条件运算符（三元运算符）	●	●	●	●
		③ switch 和 match	match	switch	switch	switch
	循环语句	① for 循环	●	●	●	●
		② while 和 do-while循环	●	●	●	●
	异常处理		●	●	●	●
	Python 的推导式	列表、字典、集合、生成器和嵌套推导式	●	×	×	×
函数方法	函数/方法的定义与调用		●	●	●	●
	函数/方法的用法	① 无参数传入（函数定义与调用）	●	●	●	●
		② 有参数传入（函数定义与调用）	●	●	●	●
		③ 参数类型和传递方式	●	●	●	●
		④ 返回值	●	●	●	●
		⑤ 函数声明	×	●	●	×
	特殊的函数/方法	① 匿名函数（Lambda）	●	●	●	●
		② 委托（Delegate）和回调函数	●	●	●	●
		③ 内联函数	×	●	●	●
		④ 函数/方法重载	×	×	●	●
		⑤ 递归函数	●	●	●	●
	Python 的函数装饰器		●	×	×	×
	作用域和命名空间	① 作用域	●	●	●	●
		② 命名空间	●	●	●	●
	宏定义		×	●	●	[●]
面向对象	核心概念	类与对象和封装［定义类，实例化对象，类的属性（字段）和方法，及访问修饰符］	●	×	●	●
		继承和多态	●	×	●	●
		抽象	●	×	●	●
结构体和联合体	结构体	① 结构体的基本语法	×	●	●	●
		② 结构体的声明和定义方式	×	●	●	×
		③ 结构体的初始化	×	●	●	●
		④ 访问结构体	×	●	●	●
		⑤ 结构体数组	×	●	●	●
		⑥ 结构体嵌套	×	●	●	●
		⑦ 结构体作为函数参数和返回值	×	●	●	●
		⑧ [C#] 结构体与接口	×	×	×	●
	联合体		×	●	●	×
指针	操作与用法	指针的基本操作	×	●	●	×
		指针与数组	×	●	●	×
		指针与函数	×	●	●	×
		指针与结构体	×	●	●	×
		函数指针	×	●	●	×
		指针数组	×	●	●	×
		多级指针	×	●	●	×
		空指针和悬空指针	×	●	●	×

注：●表示存在；［●］表示存在替代方案；×表示不存在。

❻第10 ~ 12章：对应用开发部分的说明

第 1 ～ 9章是对Python、C、C++ 和 C# 4 门编程语言最基本知识的讲解，示例的代码倾向于更直接和更简单。当学习完基本的知识后，要结合实际应用来练习所学习到的编程语言，并继续拓展知识。读者对象隶属于不同专业领域，学习语言的目的也不尽相同，因此确定满足所有读者实际练习的内容并不容易。最后确定为应用开发，是因为工具开发是每个领域都能涉及的内容；并且，结合自身专业领域工具的开发，也可以为读者增加新的技能。不过，读者根据自身情况也可以忽略应用开发部分内容，直接根据自身学习语言的目的来选择适宜的材料继续学习，或者直接结合自身项目，边实践边继续拓展。

应用开发部分包括基于C++/C#的WinUI3（第10章）和基于Python 的PySide6（第11章），是从未接触过应用开发但希望学习创建软件工具的读者的最好的入门学习材料。第12章基于C/C++微控制器和物联网内容，因为涉及嵌入式系统的专业知识，因此偏向于应用概述，读者可以购买硬件跟随试验，也可以仅通读浏览。

受篇幅所限，请扫码查看第10 ～ 12章内容。

在当今社会，软件越来越重要，几乎所有行业都在经历软件带来的深刻变革。制造业依赖软件来监控生产和运输，更不用说那些日益承担实际工作的机器人。网络、经济、社会等领域充斥着海量数据，并常常借助软件来分析和解读。电子游戏和电影的制作也离不开软件。这一趋势导致越来越多的人希望学习编程。这里不仅包括大学里计算机科学、计算机工程和数据科学专业的学生，还包括需要编写软件来分析数据的科学家、希望繁琐数据处理工作自动化的办公室职员及正在进入游戏领域的开发者等。

❼学习方法

对于从来没有学习过任何一门编程语言的读者，可以根据自己的专业或研究领域、所要解决问题和所需的语言来选择自己要学习的第一门编程语言。如果没有特定语言的限制，首推先学习 Python。对应本书，只阅读所选语言的部分进行学习。对于从未接触过编程语言的读者，建议只先学习一门语言，不推荐并行多门语言同时学习。

对于学习过一门编程语言，要学习其他一门或多门语言的读者，因为本书多门编程语言知识点并置组织，因此可以根据已掌握的一门语言知识来学习其他语言，从而提高学习效率，对比学习不同语言之间同一概念不同语法的异同，避免语言间的混淆，并高效的学习新的语言。

AI大模型与编程学习的新范式

扫码查看

第1章 Visual Studio（IDE）和第1个程序（Python、C、C++和C#）

4门编程语言的比较学习，最好使用同一个集成开发环境（integrated development environment，IDE），避免在不同IDE间切换，增加学习成本。能够同时满足Python（Py）、C、C++和C#学习或开发的IDE，首选Visual Sudio（VS）。VS有3个版本，分别为社区（Community）、专业（Professional）和企业（Enterprise），本书使用免费的社区版本。下载VS后，安装过程中会提示选择安装的模块，需勾选包含有Py、C++/C和C#的模块，即“Python development”“Desktop development with C++”“.NET desktop development” 和“Windows application development”，见图1.1。

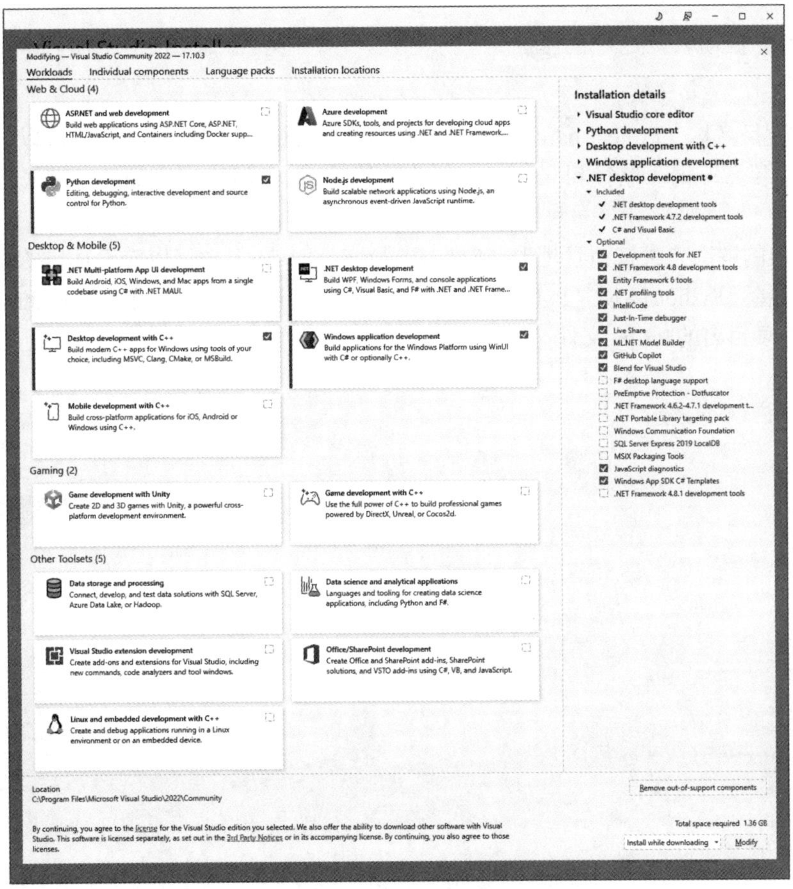

图1.1　VS安装勾选模块

1.1　创建一个新项目（工程）

在应用程序菜单中选择VS，启动应用，开始界面见图1.2。对于4门编程语言均选择“Create a new project”选项建立新项目。

接下来的弹出窗口会根据所选编程语言的不同而有所差异。

Py

❶ 对于Py，见图1.3，从编程语言下拉框中选择Python，而后从生成的项目类型中选择“Python Application”，然后执行下一步（Next）。

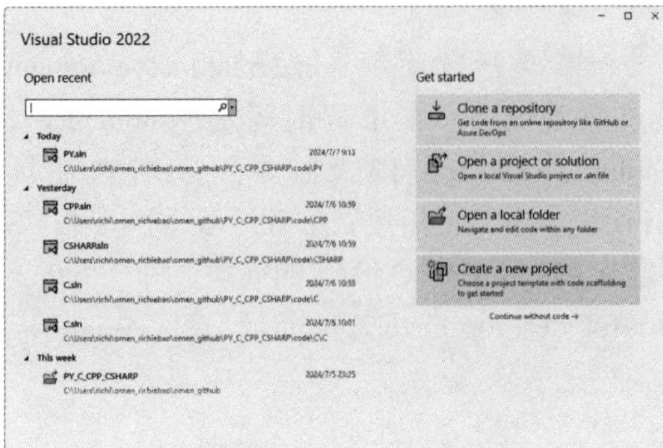

图1.2　启动VS后的开始界面

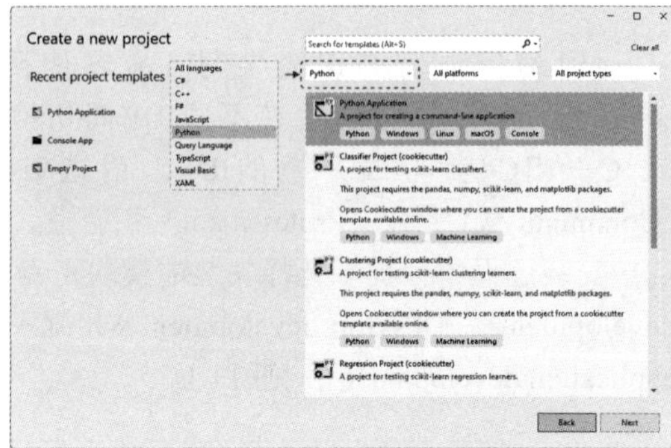

图1.3　创建一个新项目（Python）

❷ 指定项目名称（Project name）和项目路径（Location），见图1.4，并可以勾选以将指定解决方案和项目置于同一路径目录下（一般不勾选）。点击创建（Create），完成Python项目的建立。

❸ 从窗口的解决方案资源管理器（Solution Explorer，SE）中可以查看项目的文件结构（图1.5）。其中，展开Python环境（Python Environments）节点，能查看可用的Python解释器，并直接生成有同项目名的PY.py文件。

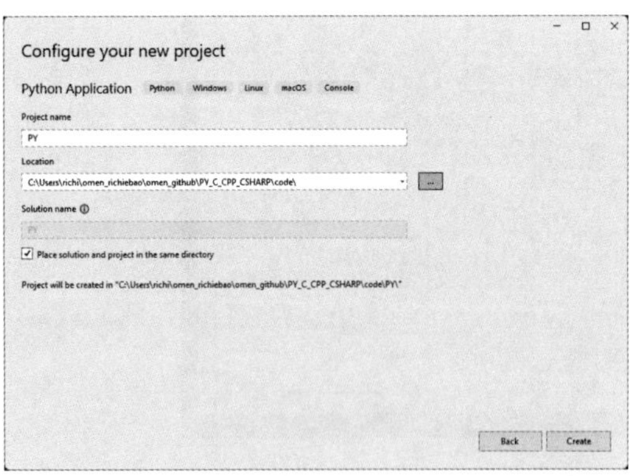

图1.4　配置项目（Python）

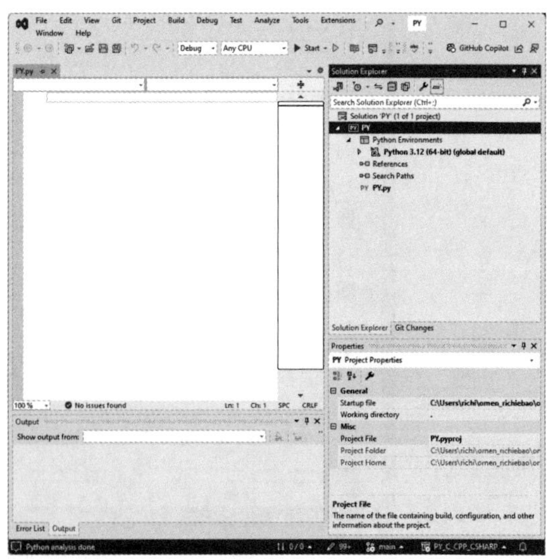

图1.5　项目的文件结构（Python）

C

❶ 对于C，见图1.6，因为C++兼容C语言，因此从编程语言下拉框中选择C++，而后从生成的项目类型中选择空项目（Empty Project），然后执行下一步（Next）。

❷ 指定项目名称（Project name）和项目路径（Location），见图1.7，并可以勾选以将指定

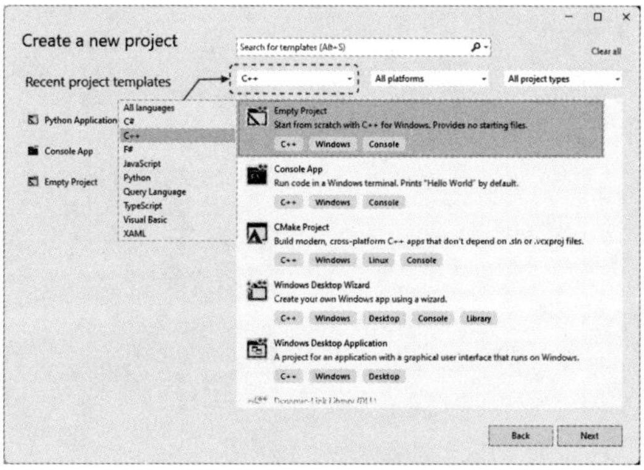

图1.6　创建一个新项目（C）

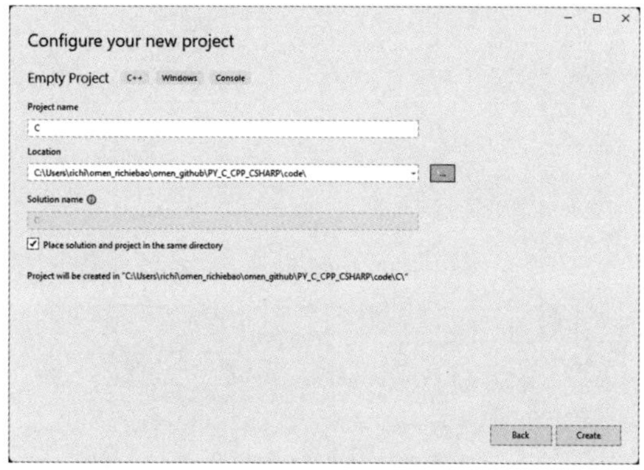

图1.7　配置项目（C）

解决方案和项目置于同一路径目录下（一般不勾选）。点击创建（Create），完成基于C++的C项目的建立。

❸ 从窗口的解决方案资源管理器（Solution Explorer，SE）中可以查看项目的文件结构，见图1.8。

❹ 从SE中可以看到，空项目中并没有自动生成C文件，但可以在项目上右键菜单中选择添加（Add）子菜单中新建项（New Item...）来建立C文件，见图1.9。

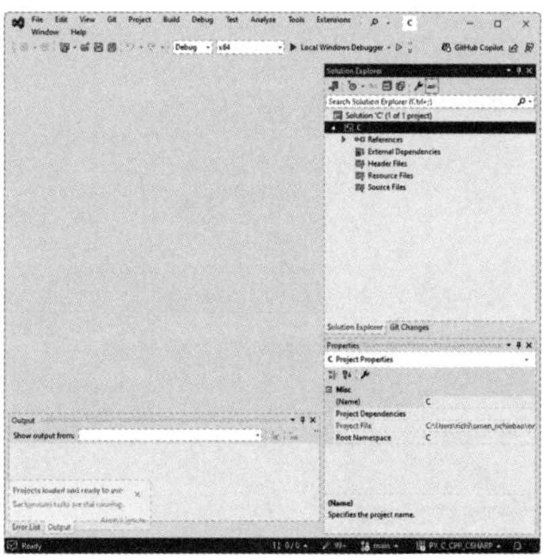

图1.8　项目的文件结构（C）

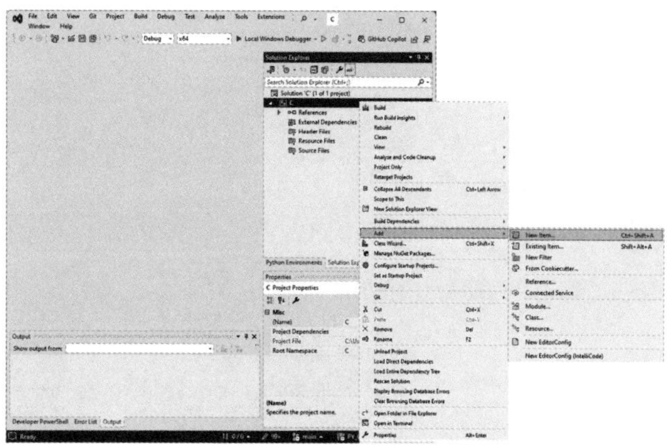

图1.9　建立C文件（C）

❺ 选择“C++ File(.cpp)”，但是需要将后缀名修改为.c，例如Source.c（图1.10）。

❻ 新建的C文件将会被置于Source Files文件夹下，见图1.11。

C++

❶ 对于C++，从编程语言下拉框中选择C++，见图1.12，而后从生成的项目类型中选择控制台应用程序（Console App），然后执行下一步（Next）。

❷ 指定项目名称（Project name）和项目路径（Location），见图1.13，并可以勾选以将指定解决方案和项目置于同一路径目录下（一般不勾选）。点击创建（Create），完成C++项目的建立。

❸ 从窗口的解决方案资源管理器（Solution Explorer，SE）中可以查看项目的文件结构，见图1.14。其中，生成有同项目名的CPP.cpp的C++文件，该文件中已经生成了简单的示例代码。

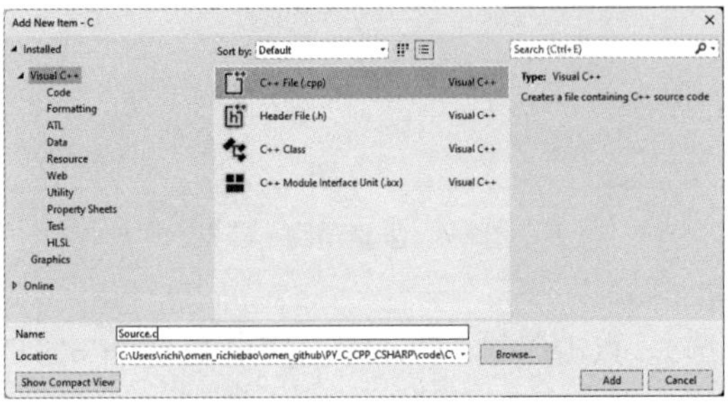

图1.10　以.c为后缀名（C）

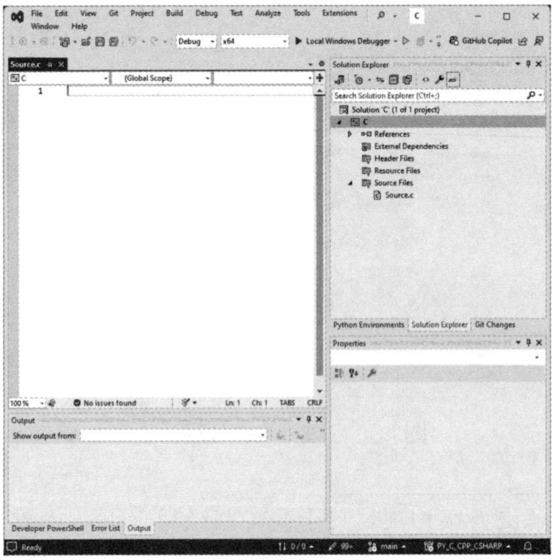

图1.11　新建的.c文件（C）

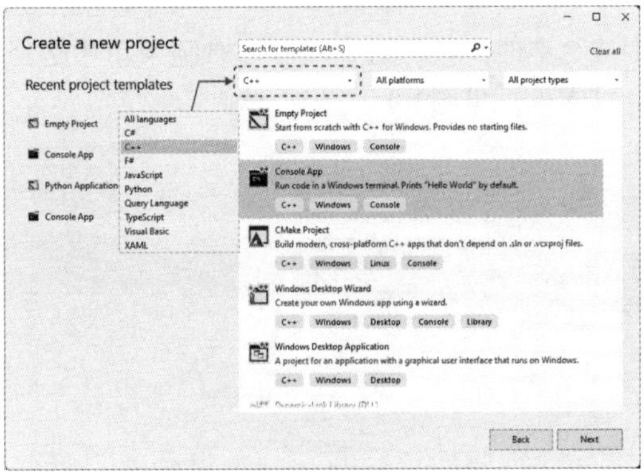

图1.12　创建一个新项目（C++）

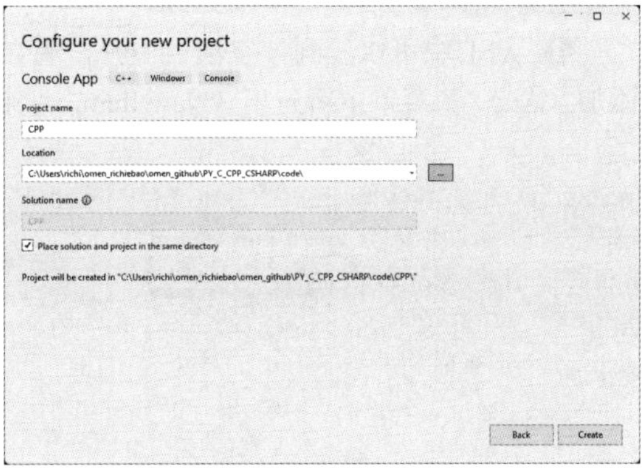

图1.13　配置项目（C++）

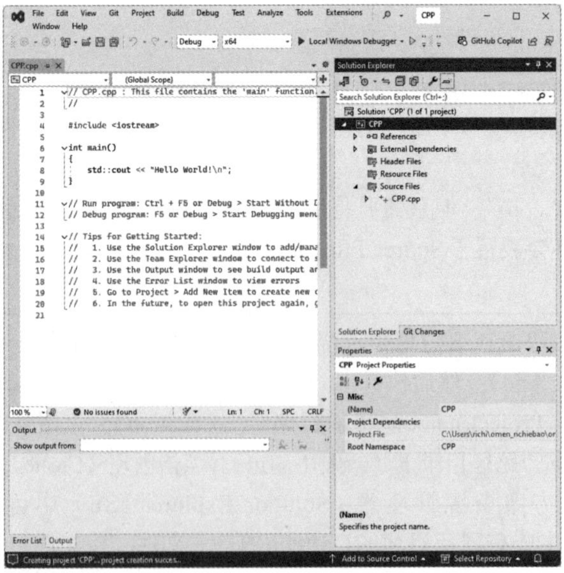

图1.14　项目的文件结构（C++）

C#

❶ 对于C#，从编程语言下拉框中选择C#，见图1.15，而后从生成的项目类型中选择控制台应用程序（Console App），然后执行下一步（Next）。

❷ 指定项目名称（Project name）和项目路径（Location），并可以勾选以将指定解决方案和项目置于同一路径目录下（一般不勾选），见图1.16。点击创建（Create），完成C#项目的建立。

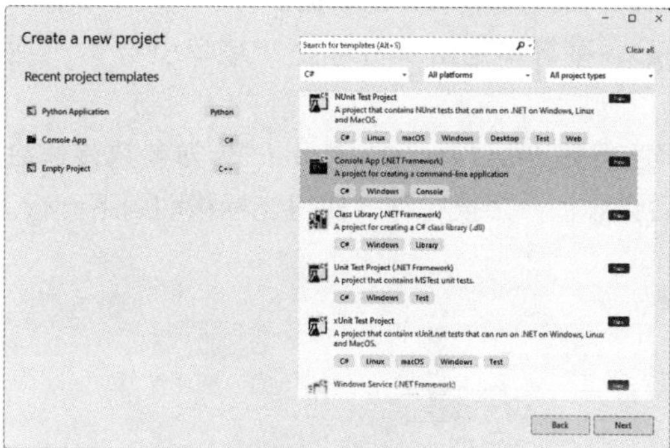

图1.15　创建一个新项目（C#）

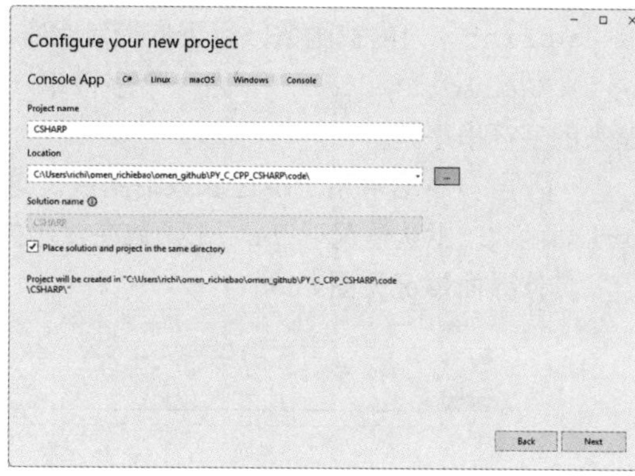

图1.16　配置项目（C#）

❸ 选择.NET平台，见图1.17。

❹ 从窗口的解决方案资源管理器（Solution Explorer，SE）中可以查看项目的文件结构，见图1.18。其中，生成有同项目名的Program.cs的C#文件，该文件中已经生成了简单的示例代码。

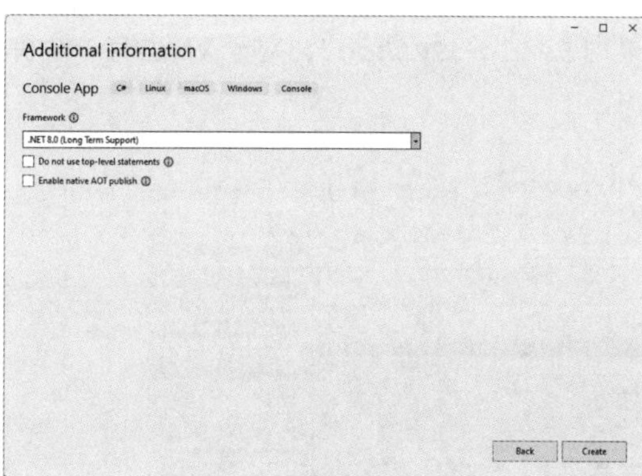

图1.17　额外信息（C#）

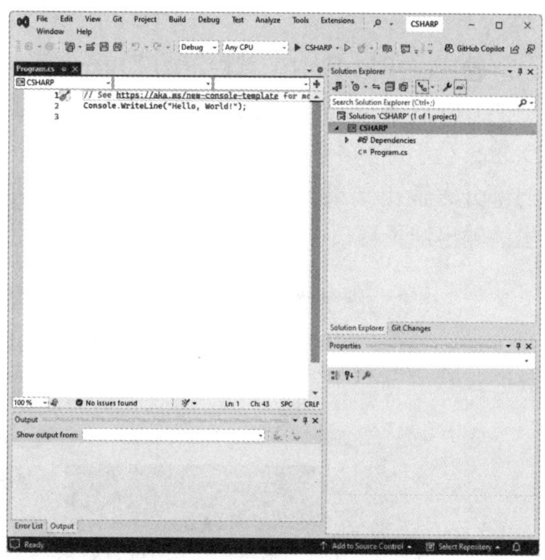

图1.18　项目的文件结构（C#）

1.2　编写第1个程序

Py

❶ 在Solution Explorer中点击PY.py文件打开代码编辑窗口，输入如下代码（1001.py）：

```
print("Hello Python!")
```

只有唯一一行代码，具体解释如下。

Python语言代码行除了一些特殊情况，例如定义函数*def func():*、控制结构*if condition:*，*for item in sequence:*或*whilie Ture:*，一行书写多个语句*a = 1; b = 2; print(a + b)*，将较长的字符串拆成多行*long_string="This is a very long string that we want to split over multiple lines \"*等,每行代码的结束通常不需要任何特殊符号，而是通过换行符和缩进自然地标识语句的结束和代码块（段）。

- *print* 为内置函数，用于向控制台（console）输出文本或其他数据。
- *"Hello Python!"* 为一个字符串（string），字符串是由双引号" "或单引号' '括起来的字符串序列。
- 括号*()* 括号用于传递参数给函数。这里将字符串*"Hello Python!"*作为参数传递给*print*函数。默认情况下,*print*函数在输出内容后会添加一个换行符，使得光标移动到下一行。

具体界面情况见图1.19。

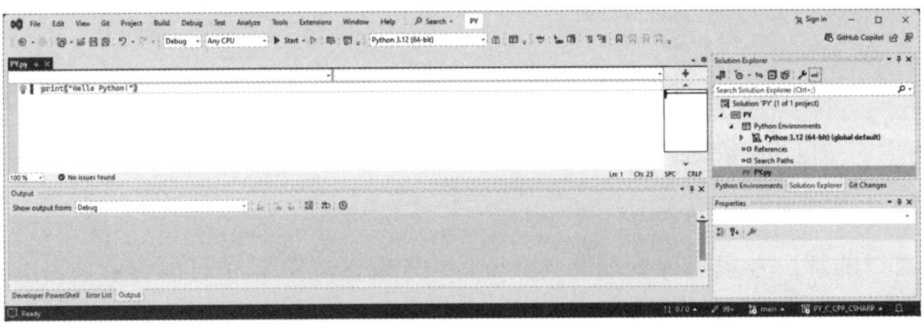

图1.19 在VS中输入代码（Python）

❷ 点击图1.19中工具栏下的“Start [Debugging]”（运行）按钮（快捷键为F5），或者其右侧的“Start Without Debugging”（运行不调试）按钮（快捷键为Ctrl+F5）运行代码。也可以从Debug（调试）菜单栏下选择上述两个按钮运行代码。执行运行后，结果见图1.20，虚线圈起的部分为输出结果窗口，可以看到打印输出的结果为*Hello Python!*；对于VS也有一个弹出的输出结果窗口，打印输出结果相同。

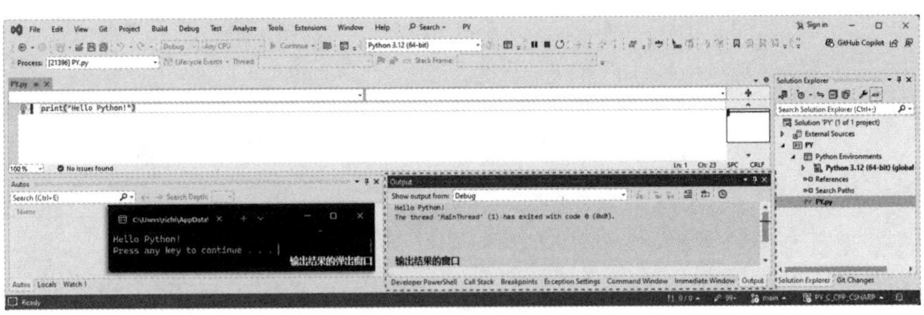

图1.20 在VS中运行代码（Python）

C

❶ 在Solution Explorer中点击Source.c文件打开代码编辑窗口，输入如下代码（1002.c）:

```
#include <stdio.h>

int main() {
        printf("Hello C!\n");
```

```
        return 0;
}
```

代码的具体解释如下。

在C程序中，要执行的代码语句包含在函数（function）中，其语法格式为*return-data-type function-name(args){statements-to-executed}*，即返回值的数据类型-函数名(参数){要执行的语句}。调用函数执行所包含的语句后，要向调用者返回一个值，该值必须为函数名前指定的数据类型。程序中除了C程序中必须包括的*main()*入口点函数，定义其他函数的函数名可以使用字母、数字和下划线来命名，但不能以数字开头，且不能为C语言的关键字。函数名后面的圆括号*()*可以不包含或包含向函数输入的参数（arguments或parameters）。花括号*{}*为函数被调用时要执行的语句。每个语句必须以分号*;*结束。

- *#include <stdio.h>* 为一个预处理指令，用于在C程序中引入标准的输入/输出库（standard input/output library，stdio library）。其中，*<stdio.h>*是一个头文件，包含提供用于输入/输出功能的函数声明，例如，格式化输出函数*printf()*，格式化输入函数*scanf()*等。
- *int main()* 在C语言中，*main()*函数是程序的入口点（entry point，starting point），是一个特殊的函数。每个C程序必须包括一个*main()*函数，当程序运行时，它是第一个被调用的函数，否则C编译器（compiler）不会编译代码。
- *{}* 花括号*{ }*用于定义*main*函数的主体。所有花括号内的代码都是*main*函数的一部分。
- *printf("Hello C!\n");* *printf()*为标准库*stdio*中的函数，用于格式化输出到控制台。*"Hello C!\n"*为一个字符串，作为输出内容传递给*printf()*函数。该行代码执行后将在控制台上输出字符串*Hello C!*。其中，*\n*为换行符（newline），将打印头（print head）移至下一行的左端。
- *return 0;* *return*用于从函数中返回值，返回值的类型为*int main()*中指定的*int*类型。*main*函数的返回值通常用于向操作系统指示程序的执行状态。返回值0通常表示程序成功执行，以此来判断程序是否正常结束。

具体界面情况见图1.21。

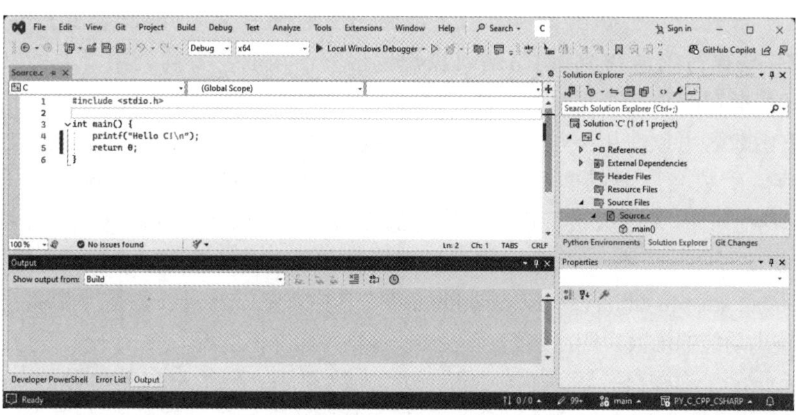

图1.21 在VS中输入代码（C）

❷ 点击图1.21中工具栏下的“Local Windows Debugger/Start Debugging”（运行）按钮（快捷键为F5），或者其右侧的“Start Without Debugging”（运行不调试）按钮（快捷键为Ctrl+F5）运行代码。也可以从Debug（调试）菜单栏下选择上述两个按钮运行代码。执行运行后，结果见图1.22，可以看到弹出窗口中打印输出的结果为*Hello C!*。同时，在Output窗口可以查看

构建输出（build output）及相关信息。构建过程的关键步骤包括预处理、编译、汇编、链接。在Output窗口下拉菜单中有多个选项，可以选择需要查看的对象，例如构建（Build）、构建次序（Build Order）、调试（Debug）等。

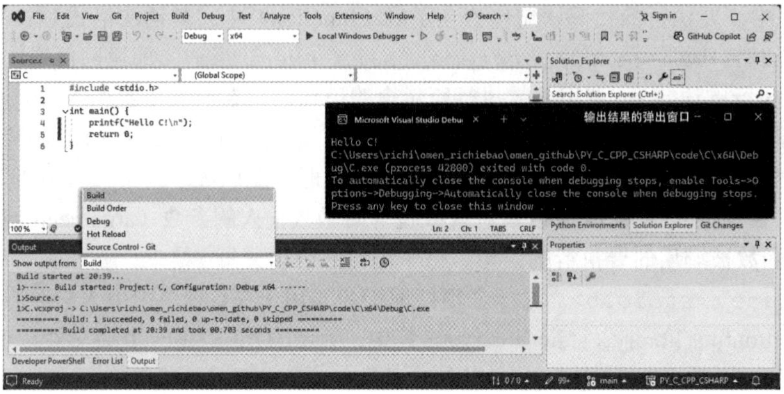

图1.22　在VS中运行代码（C）

C++

❶ 在Solution Explorer中点击CPP.cpp文件打开代码编辑窗口，自动生成的代码（略做调整，将字符串 *World* 替换为了 *C++*）除注释外结果如下（1003.cpp）：

```
#include <iostream>

int main()
{
    std::cout << "Hello C++!\n";
}
```

代码的具体解释如下。

在C++程序中，要执行的代码语句包含在函数（function）中，其语法格式为：*return-data-type function-name(args){statements-to-executed}*，即返回的数据类型-函数名(参数){要执行的语句}。调用函数执行包含的语句后，要向调用者返回一个值，该值必须为函数名前指定的数据类型。程序中除了 C++程序中必须包括的 *main()* 入口点函数，定义其他函数的函数名可以使用字母、数字和下划线来命名，但不能以数字开头，且不能为C++语言的关键字。函数名后面的圆括号 *()* 可以不包含或包含向函数输入的参数（arguments或parameters）。花括号 *{}* 为函数被调用时要执行的语句。每个语句必须以分号 *;* 结束。

• *#include <iostream>*　为一个预处理指令，用于在C++程序中引入标准的输入/输出流库（input/output streams library，iostream library）。其中，*<iostream>* 是一个头文件，包含提供用于输入/输出功能的函数声明，例如，*std::cout* 为标准输出流，*std::cin* 为标准输入流等。

• *int main()*　在C++语言中，*main()* 函数是程序的入口点（entry point，starting point），是一个特殊的函数。每个C++程序必须包括一个 *main()* 函数，当程序运行时，它是第一个被调用的函数，否则C++编译器（compiler）不会编译代码。

• *{}*　花括号 *{ }* 用于定义 *main* 函数的主体。所有花括号内的代码都是 *main* 函数的一部分。

• *std::cout << "Hello C++!\n";*　*std::cout* 是标准输出流对象，用于输出数据到控制台。<<是流插入运算符，将右边的内容插入到左边的输出流中。*"Hello C++!\n"* 为一个由双引号 *""* 括起来的字符串，作为输出内容传递给 *std::cout*。其中，*\n* 为换行符

（newline），用于在输出后换行。

• `return 0;`（虽然在代码中没有写出，但这是隐含的） `return`用于从函数中返回值，返回值的类型为`int main()`中指定的`int`类型。`main`函数的返回值通常用于向操作系统指示程序的执行状态。返回值`0`通常表示程序成功执行，以此来判断程序是否正常结束。

具体界面情况见图1.23。

❷ 点击图1.23中工具栏下的“Local Windows Debugger/Start Debugging”（运行）按钮（快捷键为F5），或者其右侧的“Start Without Debugging”（运行不调试）按钮（快捷键为Ctrl+F5）运行代码。也可以从Debug（调试）菜单栏下选择上述两个按钮运行代码。执行运行后，结果见图1.24，可以看到弹出窗口中打印输出的结果为`Hello C++!`。同时，在Output窗口可以查看构建输出（build output）及相关信息。构建过程的关键步骤包括预处理、编译、汇编、链接。在Output窗口下拉菜单中有多个选项，可以选择需要查看的对象，例如构建（Build）、构建次序（Build Order）、调试（Debug）等。

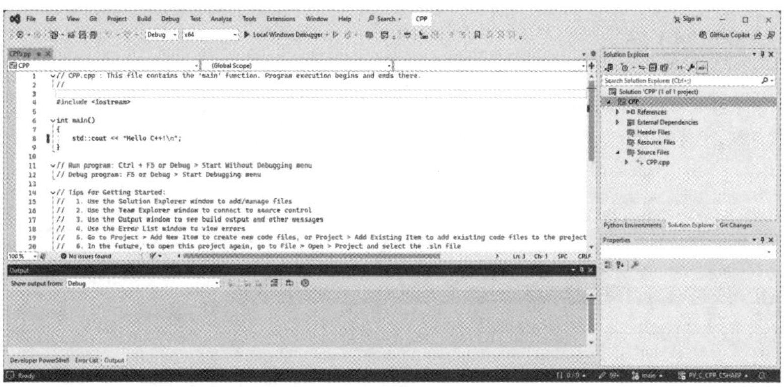

图1.23 在VS中输入代码（C++）

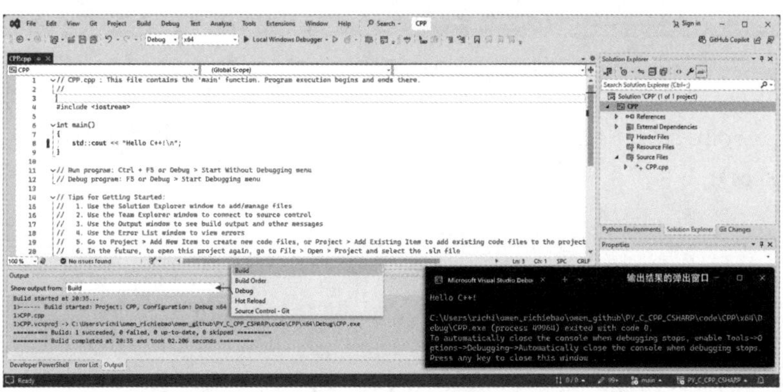

图1.24 在VS中运行代码（C++）

C#

在Solution Explorer中点击Program.cs文件打开代码编辑窗口，自动生成的代码（略做调整，将字符串`World`替换为了`C#`）除注释外结果如下：

```
Console.WriteLine("Hello, C#!");
```

代码的具体解释如下。

C#区分大小写（大小写敏感，case-sensitive），因此变量`number`和`Number`，方法`void` printMessage()和void PrintMessage()，类class MyClass和class myclass，命名空间namespace Mynamespace和namespace mynamespace等均是成对的两个不同的变量、类、方法和命名空间。在C#中，代码块通过花括号{}分块，而语句往往以分号;结束。

• Console 为一个静态类，位于System命名空间，提供对标准输入、输出和错误流的访问，不需要手动实例化就可以使用它的成员，例如，Console.Read()为从标准输入流中读取下一个字符；Console.ReadLine()为读取一整行文本；Console.Write ()为将指定值的文本表示形式写入标准输出流/控制台（不换行）；Console.WriteLine()为在控制台上写入并换行。

• WriteLine 是Console类的一个静态方法，用于在控制台上输出一行文本，并自动在输出内容的末尾添加换行符（line terminator），下一次输出时会换到新行。

• "Hello, C#!" 为用双引号""括起来的字符串，传入Console.WriteLine()静态类方法中，输出到控制台。

• 括号() Console.WriteLine()静态类方法中的括号用于传递参数，这里的参数为字符串"Hello, C#!"。

具体界面情况见图1.25。

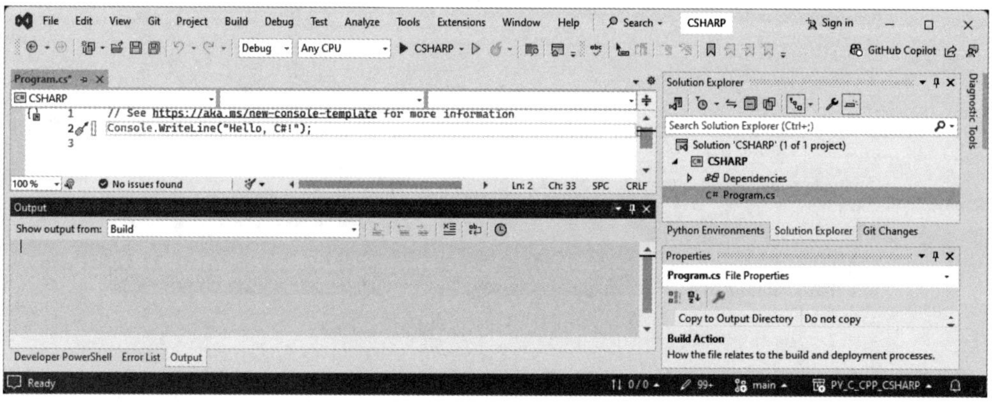

图1.25 在VS中输入代码（C#）

如果将Console.WriteLine("Hello, C#!");放入到一个完整的C#中，其代码如下（1004.cs，1005.cs）：

```
using System;
class Program
{
    static void Main()
    {
        Console.WriteLine("Hello, C#!");
    }
}
```

• using System; 引用名称为System的命名空间（Namespace），使得可以直接使用System命名空间中的类和方法，例如，Console类，而不必指定完整的命名空间，如System.Console。

• class Program 为一个类的定义。在C#中，所有的代码必须位于类（class）中，类是C#的语言核心，C#的一切类型都是类。其中，class为关键字，用于声明一个类。Program是类的自定义名称。

• *static void Main()*　*Main*方法是C#程序的入口点（entry point）。每个C#程序都必须包含一个*Main*方法。*static*关键字修饰类的方法时，表示该方法属于类而不是类的实例。*void*表示该方法不返回任何值。

执行完整的C#程序，其结果与上述同。

1.3 [Py，C，C++，C#]基本语法规则比较

见表1.1。

表1.1　Py，C，C++，C#基本语法规则比较

比较项目	Py	C	C++	C#

第1个程序	`print("Hello Python!")`	`#include <stdio.h>`
		`int main()`
		`{`
		`printf("Hello C!\n");`
		`return 0;`
		`}`
			`#include <iostream>`
			`int main()`
			`{`
			`    std::cout << "Hello C++!\n";`
			`}`
				`Console.WriteLine("Hello, C#!");`
				完整的 C#:
				`using System;`
				`class Program`
				`{`
				`    static void Main()`
				`    {`
				`        Console.WriteLine("Hello, C#!");`
				`    }`
				`}`

诞生日期（首次发布）和发明者	1991，Guido van Rossum	1972，Dennis Ritchie C (/ˈsiː/ c)	1985，Bjarne Stroustrup C++ (/ˈsiː plʌs plʌs/ C plus plus，有时缩写为 CPP)	2000，Anders Hejlsberg（Microsoft，微软）； C# (/ˌsiː ˈʃɑːrp/ see SHARP)
编程语言类型[①]	解释型语言	编译型语言	编译型语言	半编译半解释型混合模式
动态类型语言和静态类型语言（动态类型语言为运行期间才做数据类型检查的语言，书写代码时不需要为任何变量指定数据类型；静态类型语言在编译过程中检查数据类型，书写代码时需要声明所有变量的数据类型）	动态类型语言	静态类型语言	静态类型语言	静态类型语言
代码块表示	采用强制缩进区分不同代码块，表示代码结构，提供清晰的视觉指示，使得代码易于编写、阅读，理解和维护。每行代码的结束通常不需要任何特殊符号	代码块的定义是通过花括号{}来实现，即将一组语句组织成一个逻辑单元。代码块通常用于定义函数体、控制结构（条件、循环语句等）和复合语句。通过花括号{}的合理使用，可以提高程序的可读性、安全性和灵活性。每个语句通常必须以分号；结束	与C语言类似	与C语言类似

续表

比较项目	Py	C	C++	C#
变量声明	不需要显示声明变量类型。在赋值时，解释器会根据语法和右侧的操作数确定新对象的类型	变量声明时必须指定变量类型，编译器在编译时检查类型以分配内存空间，为显示声明	与 C 语言类似，需要显示声明类型。但可以使用 `auto` 关键字让编译器自动推断变量类型	与 C 和 C++ 类似，需要显式声明类型。可以使用 `var` 关键字让编译器自动推断变量类型
注释（通常包含单行注释和多行注释，单行注释适用于简短的解释和备注，C、C++ 和 C# 注释的形式基本相同）	单行注释以 # 开头；多行注释用三引号括起。 # 这是一个单行注释 """ 这是用三引号括起的多行注释， 因为没有分配给任何变量， 解释器会忽略该注释。 """	单行注释以 // 开头；多行注释用 /* */括起。 // 这是一个单行注释 /* 这是多行注释。 可以包含多行注释内容。 这些内容在编译时会被忽略。 */	与 C 语言类似	与 C 语言类似
内存管理	自动内存管理，内置垃圾回收机制。使得编程更加容易和快捷，减少内存泄漏等问题	完全手动内存管理，需要显式地分配和释放内存。适合对性能和内存控制要求较高的场景，例如操作系统和嵌入式系统开发	支持手动内存管理，同时提供智能指针进行自动内存管理。适合需要灵活控制内存，但又希望提高工作效率的场景	完全自动内存管理，使用垃圾回收（garbage collection，GC）机制，自动管理内存分配和释放，大大简化了内存管理的复杂性。适合快速开发和易于维护的应用程序，例如企业级应用和 web 开发
是否支持面向对象编程（Object-oriented programming，OOP①）	完全支持面向对象编程	本身并不直接支持面向对象编程，但可以通过结构体和函数指针模拟 OOP 的部分特性	完全支持面向对象编程	完全支持面向对象编程
第三方库和社区支持	拥有大型标准库和第三方库。并有强大社区支持及可获取的大量文档资源	拥有广泛的第三方库和强大的社区支持	提供强大的标准库和丰富的第三方库，社区活跃	依托.NET frame 和 NuGet② 包管理系统，拥有现代化的开发工具和良好的社区支持

① 见本章知识拓展。

② NuGet，包管理系统。

1.4 知识拓展

1.4.1 编程语言类型

编程语言类型对比见表 1.2。

表1.2 编程语言类型对比

编程语言类型	说明	特点	举例
解释型语言（Interpreted language）	解释型语言是通过解释器逐行解释和执行代码。解释器逐行读取代码，并将每一行翻译成机器语言（机器码），然后立即执行。该种方式不需要编译整个程序，只需要逐行翻译和执行，适合快速开发和调试	由于无需编译，开发人员可以快速地编写和测试代码，开发周期短。且只要有对应的解释器，代码可以在不同的平台上运行，跨平台，便于源代码迁移。但由于每次执行都需逐行解释，性能通常不如编译型语言。而源代码分发，也容易被查看和篡改	Python、JavaScript、Matlab、Ruby、Perl、VBScript、PHP

续表

编程语言类型	说明	特点	举例
编译型语言（Compiled language）	编译型语言是通过编译器将整个源代码编译成机器码（可执行文件）后再运行	编译后的可执行文件是机器码，直接运行而无需解释，执行速度快。编译器也可以对代码进行优化，提高运行效率，从而优化性能。但每次修改代码后都需要重新编译，增加了开发和测试时间。而编译后的可执行文件通常依赖于特定平台，不容易跨平台运行	C、C++、Go、Rust
混合模式	为半编译半解释型的语言。例如 C# 将源代码编译成公共中间语言（CIL），再用公共语言运行库（CLR）转化为可执行的机器码	混合模式的编程语言结合了编译和解释的优点，既提高了执行速度，也保留了跨平台和灵活性	C#、Java

1.4.2　什么是.NET Framework（.NET框架）？

.NET是一个由工具、编程语言和库组成的开发平台，用于构建不同类型的应用程序。.NET有多种实现方式，允许.NET代码可以在不同的系统下执行，例如Linux、macOS、Windows、IOS、Android等，为跨平台实现。.NET在Github上是开源的，以前称之为.NET Core。.NET Framework是支持在Windows上运行网站、服务、桌面程序等.NET的原始实现。Xamarin/Mono是用于在包括iOS和Android在内所有主要移动操作系统上运行应用程序的.NET的一种实现方式。.NET标准是跨.NET实现APIs的正式规范，使相同的代码和库可以在不同的实现上运行。

.NET Framework的两个主要组件是公共语言运行库（Common Language Runtime，CLR）及其类库。CLR 是处理运行应用程序的执行引擎，提供线程管理（thread management）、垃圾回收（garbage collection）、类型安全（type-safety）、异常处理（exception handling）等服务。类库提供了字符串、日期、数字等类型，并包括用于读写文件、连接数据库和绘图等功能的APIs。

.NET应用程序用C#、F#或Visual Basic（VB）编程语言编写，并经编译器（compiler）被编译为公共中间语言（Common Intermediate Language，CIL）。编译后的代码存储在程序集（assemblies）（扩展名为.dll或.exe的文件）中。当应用程序运行时，CLR会获取程序集并使用即时编译器（just-in-time compiler，JIT）将其转换为可以在其运行的特定计算机架构上执行的机器代码（Machine Code），见图1.26。

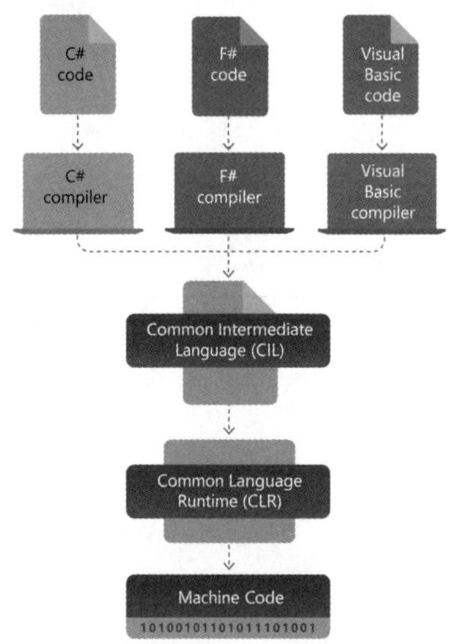

图1.26　.NET框架的体系结构

1.4.3　OOP

面向对象编程（object-oriented programming，OOP）是一种基于对象概念的编程范式（paradigm）。一个对象包含数据和操作数据的函数，其数据通常以属性（attributes、properties）的形式存在；操作数据的函数通常称为方法（methods）。具体解释可查看第7章。

1.4.4　编译过程（构建过程）

编译过程（构建过程）的关键步骤（图1.27）包括源代码（source code，编写的.c，.cpp文件）、预处理（preprocessing，预处理器处理源代码中的预处理指令，例如 *#include* 和

#define，通常文件扩展名为.i）、编译（compilation，编译器将预处理的源代码转换为汇编代码，通常文件扩展名为.s）、汇编（assembly，汇编器将汇编代码转换为目标代码/机器代码，通常文件扩展名为.o）、链接（linking，链接器将一个或多个目标文件和库文件链接在一起，生成最终的可执行文件，通常文件扩展名为.exe）。编译和链接完成后生成的可执行文件就是最终的构建输出。

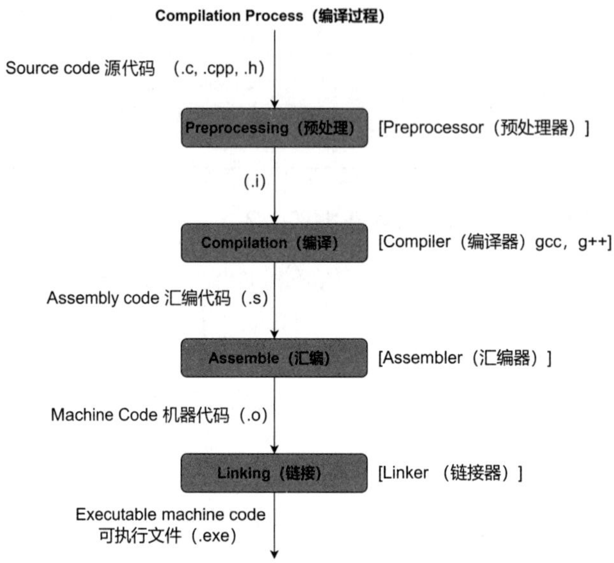

图1.27　编译过程（构建过程）

第2章 数据类型，变量赋值和字符串格式化

2.1 数据类型和变量赋值

数据类型（data type）是一种数据分类，计算机可以根据数据类型确定需要多少内存来存储数据（写入存储器的存储单元）和运行代码，并以此告诉编译器（compiler）或解释器（interpreter），程序员将如何使用该数据（程序可能执行的功能）。

变量是程序中用于存储数据的标识符，将一个（数据）值分配给变量的过程（用等号 = 连接）即为变量赋值。变量赋值将指定的数据与变量名关联起来，以便在后续程序中使用这个数据。变量赋值方式因所用语言为静态类型（static typing）和动态类型（dynamic typing）而有所差异。在静态类型语言中（C、C++、C#等），变量赋值需要先声明（declare）变量，指定数据类型，例如`int year = 2024;`，这意味着数据类型是已知的，在程序运行之前通常由编译器检查其正确性；而在动态类型中（Python等），变量赋值非常简单，不需要显式地声明变量类型，例如`year = 2024`，这意味着在程序运行时才知道数据类型。为了像动态类型一样可以自动推断数据类型，C++和C#分别引入了`auto`和`var`数据类型。

变量名命名一般遵循如下规则：

❶ 变量名不能包含任何关键字；

❷ 变量名不能包含任何算术运算符；

❸ 变量名不能包含除下划线外的任何特殊字符；

❹ 变量名不能包含空格；

❺ 变量名不能以数字和特殊字符为开头；

❻ 大小写敏感，即变量名区分大小写。

变量名一般使用描述性的名称，而尽量避免用单字母名称，以增加代码的可读性，例如，存储年龄的变量`age`，总数量`totalAmount`和用户名`userName`等。变量名的组合形式常用驼峰型（camel case）和蛇型（snake case），例如`myVariableName`为驼峰型，`my_variable_name`为蛇型。C/C++和C#常用驼峰型，Python常用蛇型。

（1）基本数据类型——int（integer，整数型）

int包括正整数、负整数和零（whole numbers），该数据类型示例代码见表2.1。

表2.1 int类型各编程语言代码示例

		>>>
[☑]Py （2006.py）	year = 2024 age = 22 print("Year:",year) print("Age:", age)	Year: 2024 Age : 22

[☑]C
（2007.c）
	#include <stdio.h>
	
	int main() {
	    int year = 2024;
	    int age = 22;
	    printf("Year: %d\n", year);	

续表

💻	📜	>>>

[☑]C	printf("Age: %d\n", age);
	    return 0;
	}
		Year : 2024
		Age : 22

[☑]C++
（2008.cpp）
	#include <iostream>
	int main()
	{
	    int year = 2024;
	    int age = 22;
	    std::cout << "Year: " << year << std::endl;
	    std::cout << "Age: " << age << std::endl;
	}	

[☑]C#
（2009.cs）
	using System;
	class Program
	{
	    static void Main()
	    {
	        int year = 2024;
	        int age = 22;
	        Console.WriteLine("Year: " + year);
	        Console.WriteLine("Age: " + age);
	    }
	}	

注：☑ 表示内置数据类型；○ 表示标准库可支持的数据类型；☒ 表示无该数据类型。

（2）基本数据类型——float［（单精度）浮点型］+double［（双精度）浮点型］

C、C++ 和 C# 中，float 和 double 表示具有不同精度级别的浮点数。float 是浮点数的单精度 32 位［4字节（bytes）内存］表示，能精确表示小数点后为6～7位的小数；而 double 提供双精度，占用 64 位［8字节（bytes）内存］，能精确表示小数点后为15～16位的小数。Python 则只有一种浮点类型，表示为 float，其精度相当于 C 系列语言中的 double，能精确表示小数点后为15位的小数。

在C、C++ 和 C# 中，可以使用后缀 `f` 或 `F` 表示float 单精度浮点型，而 C# 中，有后缀 `D` 表示 double，但是因为默认情况下浮动数据类型是双精度类型，因此不必使用该后缀。Python 无后缀。

在下述的试验中，对于 float 和 double 的浮点型均输入了数值 pi = 3.14159265358979323846，小数点后位数为20位，并格式化小数输出结果位数为20，可以发现结果中，对于 float 类型可以精确到 3.141592，小数点后为6位；对于 double 类型可以精确到 3.141592653589793，小数点后为15位。

Python 示例中的 `%.20f`，C 示例中的 `%.20f`，C++ 示例中的 `{:.20f}`，C# 示例中的 `{0:F20}` 都是字符串格式化的方法。在 C++ 中格式化方法包含于format 头文件中，为 C++20 的新特性，因此需要在 MSVS 中 Project → CPP Properties → Configuration Properties → General → C++ Language Standard，配置选项为 ISO C++20 Standard (/std:c++20) 或更高版本，见图2.1。

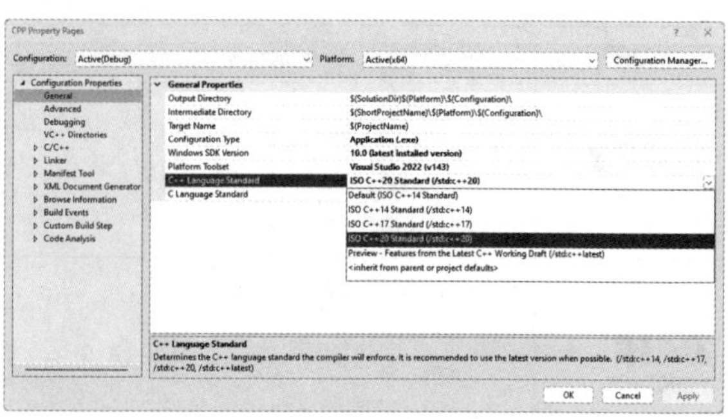

图2.1　C++ 版本选择

❶ float［（单精度）浮点型］类型示例代码见表2.2。

表2.2　float类型各编程语言代码示例

💻	📄	>>>
[☒]Py	/	/

[☑]C
（2010.c）
	#include <stdio.h>
	int main() {
	        float pi = 3.14159265358979323846f;
	        printf("Value of Pi: %.20f\n",
	pi);
	}
		Value of Pi :
		3.14159274101257324219

[☑]C++
（2011.cpp）
	#include <iostream>
	#include <format>
	int main()
	{
	        float pi = 3.14159265358979323846f;
	        std::cout << std::format("Value
	of Pi: {:.20f}", pi) << std::endl;
	}	

[☑]C#
（2012.cs）
	using System;
	class Program
	{
	    static void Main()
	    {
	        float pi = 3.14159265358979323846f;
	        Console.WriteLine("Value of Pi:
	{0:F20}", pi);
	    }
	}	

注：☑ 表示内置数据类型；○ 表示标准库可支持的数据类型；☒ 表示无该数据类型。

❷ double［（双精度）浮点型］类型程序示例见表2.3。

表2.3　double类型各编程语言程序示例

💻	📄	>>>
[☑]Py （2013.py）	pi = 3.14159265358979323846 print("Value of Pi: %.20f"%pi)	Value of Pi : 3.14159265358979311600

[☑]C
（2014.c）
	#include <stdio.h>
	int main() {
	    double pi = 3.14159265358979323846;
	    printf("Value of Pi: %.20f\n", pi);
	}	

[☑]C++
（2015.cpp）
	#include <iostream>
	#include <format>
	int main()
	{
	    double pi = 3.14159265358979323846;
	    std::cout << std::format("Value of Pi:
	{:.20f}", pi) << std::endl;
	}	

续表

		>>>

[☑]C#
（2016.cs）
	using System;
	
	class Program
	{
	    static void Main()
	    {
	        double pi = 3.14159265358979323846;
	
	        Console.WriteLine("Value of Pi: {0:F20}", pi);
	    }
	}
		Value of Pi:
		3.14159265358979311600

注：☑ 表示内置数据类型；O 表示标准库可支持的数据类型；☒ 表示无该数据类型。

（3）基本数据类型——complex（Complex number，复数）

形如 *a + bi*（a、b 均为实数）的数为复数，其中 *a* 称为实部，*b* 称为虚部，*i* 为虚数单位，是 -1 的一个平方根，即 $i^2=-1$。complex 类型示例代码见表 2.4。

表2.4　complex类型各编程语言代码示例

		>>>
[☑]Py （2017.py）	z = 3 +4j real_part = z.real imaginary_part = z.imag print(f"Complex number: {z}; Real part: {real_part}; Imaginary part: {imaginary_part}")	Complex number: (3+4j); Real part: 3.0; Imaginary part: 4.0

[O]C
虽然 MSVS (Microsoft Visual Studio) 支持 *complex.h* 头文件，但复数类型的实现是在内部使用了一个结构体，与标准 C 不兼容，因此在 MSVS 中 *double complex z = 3.0 + 4.0 * I;* 的 C 语句不能通过编译，但下述的示例 C 代码可以在 Code::Blocks（GNU GCC Compiler）等 IDE 中实现（2018.c）
	#include <stdio.h>
	#include <complex.h>
	
	#include <stdlib.h>
	int main() {
	    double complex z = 3.0 + 4.0 * I;
	
	    double real_part = creal(z);
	    double imaginary_part = cimag(z);
	
	    printf("Complex number: %.2f + %.2fi; Real part: %f; Imaginary part: %f\n", z, real_part, imaginary_part);
	
	    system("pause"); // 保持显示弹出的结果窗口
	    return 0;
	}
		Complex number : 3.00 + 4.00i; Real part : 3.000000; Imaginary part : 4.000000

[O]C++
与复数有关的函数和运算符通过 *complex* 类实现，并包含在 C++ 复数数学库中，其函数和操作符的声明包含于头文件 *complex.h* 中。提供的复数类型基于 double 类型，因此复数类型写作 *std::complex<double>*（2019.cpp）
	#include <iostream>
	#include <complex>
	
	int main() {
	    std::complex<double> z(3.0, 4.0);
	
	    double real_part = z.real();
	    double imaginary_part = z.imag();
	
	    std::cout << "Complex number: " << z << "; " << "Real part: " << real_part << "; " << "Imaginary part: " << imaginary_part << std::endl;
	
	    return 0;
	}
		Complex number : (3, 4); Real part : 3; Imaginary part : 4

续表

<table>
<tr><th>💻</th><th>📜</th><th>>>></th></tr>
<tr><td>[O]C#
在 C# 中，复数不是内置类型，但可以使用 System.Numerics 命名空间（namespace）中提供的 System.Numerics.Complex结构
（2020.cs）</td><td><pre>using System;
using System.Numerics;

class Program
{
    static void Main()
    {
        Complex z = new Complex(3.0, 4.0);

        double real_part = z.Real;
        double imaginary_part =
z.Imaginary;

        Console.WriteLine("Complex number:
{0}; Real part: {1}; Imaginary part: {2}",
z, real_part, imaginary_part);
    }
}</pre></td><td><pre>Complex number: < 3;
4 >; Real part: 3;
Imaginary part: 4</pre></td></tr>
</table>

注：☑ 表示内置数据类型；**O** 表示标准库可支持的数据类型；☒ 表示无该数据类型。

（4）基本数据类型——char（single character，单字符）+ str (string，字符串)

char 数据类型存储单个字符（character）/ 字母（letter）/ 数字（number）或 ASCII 码。如果用 char 类型存储字符串，则需要配合数组，如语句写作 *char charArray[] = "Hello C World!";*，为 C 语言风格的字符串，在 C++ 中亦同。

在 Python 和 C# 中，都有 str（string）数据类型，可以直接定义字符串；C++ 既可以使用 C 风格的字符串，也可以用 string 类实现字符串。Python 没有 char 数据类型，单个字符和字符串均由 str 实现

❶ char（single character，单字符）类型示例代码见表 2.5。

表2.5　char类型各编程语言代码示例

<table>
<tr><th>💻</th><th>📜</th><th>>>></th></tr>
<tr><td>[☒]Py</td><td>/</td><td>/</td></tr>
<tr><td>[☑]C
（2021.c）</td><td><pre>#include <stdio.h>

int main() {
    char singleChar = 'A';
    char charArray[] = "Hello C World!";

    printf("Single char: %c\n", singleChar);
    printf("Char array: %s\n", charArray);

    return 0;
}</pre></td><td><pre>Single char: A
Char array : Hello C
World!</pre></td></tr>
<tr><td>[☑]C++
（2022.cpp）</td><td><pre>#include <iostream>

int main() {
    char singleChar = 'B';
    char charArray[] = "Hello, C++ World!";

    std::cout << "Single char: " << singleChar << "\n"
<< "Char array: " << charArray << std::endl;

    return 0;
}</pre></td><td><pre>Single char: B
Char array : Hello,
C++ World!</pre></td></tr>
<tr><td>[☑]C#
（2023.cs）</td><td><pre>using System;

class Program
{
    static void Main()</pre></td><td><pre>Single char: C
 Char array: Hello
C# World!</pre></td></tr>
</table>

续表

		>>>

[☑]C#	{
	    char singleChar = ‘C’ ;
	    char[] charArray = { ‘H’ , ‘e’ , ‘l’ , ‘l’ , ‘o’ , ‘ ‘, ‘C’ , ‘#’ , ‘ ‘, ‘W’ , ‘o’ , ‘r’ , ‘l’ , ‘d’ , ‘!’ };
	    string charArrayAsString = new string(charArray);
	    Console.WriteLine("Single char: {0} \n Char array: {1}", singleChar, charArrayAsString);
	  }
	}
		Single char: C
		 Char array: Hello
		C# World!

注：☑ 表示内置数据类型；**O** 表示标准库可支持的数据类型；☒ 表示无该数据类型。

❷ str (string，字符串）类型示例代码见表2.6。

表2.6　str类型各编程语言代码示例

		>>>
[☑]Py （2024.py）	pyString = "Hello, Python World!" print("String: ", pyString)	String: Hello, Python World!
[☒]C	/	/

[O]C++
在 C++ 中，字符串可以使用 C 风格的数组，和标准库中 *std::string* 类
（2025.cpp）
	#include <iostream>
	#include <string>
	int main() {
	    char cString[] = "Hello, C++ World!";
	    std::string cppString = "Hello, C++ World!";
	    std::cout << "C-style string: " << cString << "\n" << "std::string: " << cppString << std::endl;
	    return 0;
	}
		C-style string:
		Hello, C++ World!
		std::string:
		Hello, C++ World!

[☑]C#
（2026.cs）
	using System;
	class Program
	{
	    static void Main()
	    {
	        string csString = "Hello, C# World!";
	        Console.WriteLine("String: " + csString);
	    }
	}
		String: Hello, C#
		World!

注：☑ 表示内置数据类型；**O** 表示标准库可支持的数据类型；☒ 表示无该数据类型。

（5）bool（布尔）数据类型

bool为true（True）或false（False）。布尔数据类型通常配合条件语句使用，其示例代码见表2.7。

表2.7　bool类型各编程语言代码示例

		>>>

[☑]Py
（2027.py）
	is_true = True
	is_false = False
	if is_true:
	    print("The condition is true.")
	if not is_false:
	    print("The condition is false.")
		The condition is true.
		The condition is false.

续表

		>>>

[O]C
C语言中，bool类型在旧标准（C99之前）中不可用，通常用*int*表示，0为假，而任何非0值为真。C99和更高版本，则可以使用*<stdbool.h>*，用bool关键字声明布尔类型的变量（2028.c）
	`#include <stdio.h>`
	`#include <stdbool.h>`
	`int main() {`
	`    bool isTrue = true;`
	`    bool isFalse = false;`
	`    if (isTrue) {`
	`        printf("The condition is true.\n");`
	`    }`
	`    if (!isFalse) {`
	`        printf("The condition is false.\n");`
	`    }`
	`    return 0;`
	`}`
		The condition is true.
		The condition is false.

[☑]C++
（2029.cpp）
	`#include <iostream>`
	`int main() {`
	`    bool isTrue = true;`
	`    bool isFalse = false;`
	`    if (isTrue) {`
	`        std::cout << "The condition is true." << std::endl;`
	`    }`
	`    if (!isFalse) {`
	`        std::cout << "The condition is false." << std::endl;`
	`    }`
	`    return 0;`
	`}`	

[☑]C#
（2030.cs）
	`using System;`
	`class Program`
	`{`
	`    static void Main()`
	`    {`
	`        bool isTrue = true;`
	`        bool isFalse = false;`
	`        if (isTrue)`
	`        {`
	`            Console.WriteLine("The condition is true.");`
	`        }`
	`        if (!isFalse)`
	`        {`
	`            Console.WriteLine("The condition is false.");`
	`        }`
	`    }`
	`}`	

注：1. ☑ 表示内置数据类型；O 表示标准库可支持的数据类型；☒ 表示无该数据类型。

2. 示例中关键字 if 均为条件语句。

（6）void（空值，无类型）

void一般用于*void myFunction(int)*，表示函数不返回任何对象；及*int myFunction* *(void)*，函数不带任何参数，其同 *int myFunction()*，因此通常并不显式地表示。void类型示例代码见表2.8。

表2.8 void类型各编程语言代码示例

<table>
<tr><th></th><th></th><th>>>></th></tr>
<tr><td>[☒]Py</td><td>/</td><td>/</td></tr>
<tr><td>[☑]C
（2031.c）</td><td>#include <stdio.h>
void printMessage() {
    printf("Hello World!\n");
}
int main() {
    printMessage();
    return 0;
}</td><td rowspan="3">Hello World!</td></tr>
<tr><td>[☑]C++
（2032.cpp）</td><td>#include <iostream>
void printMessage() {
    std::cout << "Hello World!" << std::endl;
}
int main() {
    printMessage();
    return 0;
}</td></tr>
<tr><td>[☑]C#
（2033.cs）</td><td>using System;
class Program
{
    static void printMessage()
    {
        Console.WriteLine("Hello, World!");
    }
    static void Main()
    {
        printMessage();
    }
}</td></tr>
</table>

注：☑ 表示内置数据类型；○ 表示标准库可支持的数据类型；☒ 表示无该数据类型。

（7）修饰符（modifiers）：signed、unsigned、short、long

基本的数据类型可以通过使用修饰符修改数据类型的符号（正负）和值域区间（大小）。C/C++ 使用的修饰符为 signed、unsigned、short、long。C# 有预定义的修饰符，如short、ushort、int、uint, long、ulong 等。Python 没有显式的修饰符，其为动态处理，并支持任意大的整数。修饰符示例代码见表2.9。

表2.9 修饰符各编程语言代码示例

<table>
<tr><th></th><th></th><th>>>></th></tr>
<tr><td>[☒]Py
（2034.py）</td><td>a = -32768
b = 65535
c = -2147483648
d = 4294967295
e = -9223372036854775808
f = 100000000000000000001 # 仅受可用内存的约束
print(a,b,c,d,e,f)</td><td>-32768 65535
-2147483648 4294967295
-9223372036854775808
100000000000000000001</td></tr>
</table>

续表

💻	📄	>>>

[☑]C
(2035.c)
	`#include <stdio.h>`
	
	`int main() {`
	`        signed int a = -10;`
	`        unsigned int b = 10;`
	`        short int c = 32767;`
	`        long int d = 2147483647;`
	`        unsigned long int e = 4294967295;`
	
	`        printf("%d,%u,%d,%ld,%lu", a, b, c, d, e);`
	
	`        return 0;`
	`}`
		-10,10,32767,2147483647,
		4294967295

[☑]C++
(2036.cpp)
	`#include <iostream>`
	`#include <format>`
	
	`int main() {`
	`        signed int a = -10;`
	`        unsigned int b = 10;`
	`        short int c = 32767;`
	`        long int d = 2147483647;`
	`        unsigned long int e = 4294967295;`
	
	`        std::cout << std::format("{},{},{},{},{}",`
	`a, b, c, d, e) << std::endl;`
	
	`        return 0;`
	`}`
		-10,10,32767,2147483647,
		4294967295

[☑]C#
(2037.cs)
	`using System;`
	
	`class Program`
	`{`
	`    static void Main()`
	`    {`
	`        short a = -32768;              // short,`
	`16-bit signed integer`
	`        ushort b = 65535;              // ushort,`
	`16-bit unsigned integer`
	`        int c = -2147483648;           // int,`
	`32-bit signed integer`
	`        uint d = 4294967295;           // uint,`
	`32-bit unsigned integer`
	`        long e = -9223372036854775808;  // long,`
	`64-bit signed integer`
	`        ulong f = 18446744073709551615; // ulong,`
	`64-bit unsigned integer`
	
	`        Console.WriteLine("{0},{1},{2},{3},{4},`
	`{5}", a, b, c, d, e, f);`
	`    }`
	`}`
		-32768,65535,-
		2147483648,4294967295,
		-9223372036854775808,
		18446744073709551615

注：☑ 表示内置数据类型；○ 表示标准库可支持的数据类型；☒ 表示无该数据类型。

（8）auto，var（数据类型推断）

C++ 中的auto和C# 中的 *var* 关键字，都允许编译器从赋值操作符的右侧表达式中推断变量的数据类型。数据类型推断示例代码见表2.10。

表2.10　数据类型推断各编程语言代码示例

💻	📄	>>>
[☒]Py	/	/
[☒]C	/	/

续表

<table>
<tr><th></th><th></th><th>>>></th></tr>
<tr><td>[☑]C++
（2038.cpp）</td><td>

```
#include <iostream>
#include <format>
#include <typeinfo>

int main()
{
    auto x = 3.14;
    auto y = 42;
    auto name = "Alice";

    std::cout << std::format("{}:{}\n{}:{};\n{}:{}",
typeid(x).name(), x, typeid(y).name(), y, typeid(name).
name(), name) << std::endl;
}
```

</td><td>

```
double:3.14
int:42;
char const * __
ptr64:Alice
```

</td></tr>
<tr><td>[☑]C#
（2039.cs）</td><td>

```
using System;

class Program
{
    static void Main()
    {
        var x = 3.14;
        var y = 42;
        var name = "Alice";

        Console.WriteLine("{0}:{1}\n{2}:{3};\n{4}:{5}",
x.GetType(), x, y.GetType(), y, name.GetType(), name);
    }
}
```

</td><td>

```
System.
Double:3.14
System.Int32:42;
System.
String:Alice
```

</td></tr>
</table>

注：1. ☑ 表示内置数据类型；○ 表示标准库可支持的数据类型；☒ 表示无该数据类型。

2. 示例中为了查看变量的数据类型，在 C++ 中包含了头文件 *typeinfo*，用 *typeid()* 查看；在 C# 中，可以直接用 *var.GetType()* 方法查看。

（9）object（对象）类型

object类型是 C# 的统一类型系统（unified type system）.NET 中 *System.Object* 的别名。所有类型，包括预定义类型（predefined）、自定义类型（user-defined）、引用类型（reference types）和值类型（value types），都直接或间接地继承于 *System.Object*，可以将任何类型的值赋给object类型的变量。当一个值类型转换为object时，称为装箱（Boxing）；反之，当object 类型转换为值类型时，称为拆箱（Unboxing）。object类型示例代码见表2.11。

表2.11　object类型各编程语言代码示例

<table>
<tr><th></th><th></th><th>>>></th></tr>
<tr><td>[☒]Py</td><td>/</td><td>/</td></tr>
<tr><td>[☒]C</td><td>/</td><td>/</td></tr>
<tr><td>[☒]C++</td><td>/</td><td>/</td></tr>
<tr><td>[☑]C#
（2040.cs）</td><td>

```
using System;

class Program
{
    static void Main()
    {
        int x = 10;
        object obj = x;      // Boxing: x is boxed into obj
        int y = (int)obj;    // Unboxing: obj is unboxed
back into an int
```

</td><td>

```
System.Int32:10
System.Int32:10
System.Int32:10
System.
String:Hello
System.
Double:3.14
```

</td></tr>
</table>

续表

		>>>

[☑]C#	`object objStr = "Hello";`
	`object objDouble = 3.14;`
	`Console.WriteLine("{0}:{1}\n{2}:{3}\n{4}:{5}\n{6}:{7}\n{8}:{9}",`
	`x.GetType(), x, obj.GetType(), obj, y.GetType(), y, objStr.GetType(), objStr, objDouble.GetType(), objDouble);`
	`}`
	`}`
		System.Int32:10
		System.Int32:10
		System.Int32:10
		System.String:Hello
		System.Double:3.14

注：☑ 表示内置数据类型；○ 表示标准库可支持的数据类型；☒ 表示无该数据类型。

2.2　字符串格式化和格式化说明符

字符串格式化是使用字符串插值（string interpolation）[变量替换(variable substitution)] 过程计算得到的包含一个或多个占位符（placeholder）的字符串字面值，从而获得占位符被相应值替换结果的操作。字符串格式化通常是为了生成结构良好、具有可读性，且可自定义的文本输出，这在各种任务中都是必不可少的，例如，以清晰易读的方式呈现信息，控制数据的显示方式，在字符串中插入变量或表达式以反映数据的变化，使字符串的格式适应于不同的语言和地区，保持应用程序不同部分之间或不同应用程序之间的一致性，以及以报告、图表或用户界面的结构化格式呈现数据等。各门语言支持的格式化风格见表2.12。

表2.12　支持的格式化风格

按主要特点分类	Py	C	C++	C#
`%` 风格	☑	☑	☑	☒
{placeholders} 风格	☑	☒	○	☑
字面字符串插值（Literal String Interpolation）风格	☑	☒	☒	☑

注：☑ 表示内置格式化风格；○ 表示标准库可支持格式化风格；☒ 表示无该格式化风格。

（1）`%` 风格

Py

类似C-风格（C-style）的字符串格式化，*'string'%value/(values)/{Ks:Vs}* 的格式化语句语法为 *%[(keyname)][flags][width][.precision]typecode*，如果格式化右侧提供的数据结构为字典形式，则 *keyname* 为字典键名索引；如果提供的为列表，则按顺序索引；也可以为单个值。*flags* 标记包括：

❶ - 　在指定字符宽度时，当字符位数小于宽度则字符左对齐，末尾空格；

❷ + 　在数值前添加整数或负数符号；

❸ *0* 　在指定字符宽度时，当字符位数小于宽度则在字符前用0填充。

如果为空格，则在前添加空格符号位。*width* 为字符宽度。*.precision* 为数值精度（保留小数点位数）。*typecode* 为格式化说明符（Format Specifier）/转换类型代码（conversion type codes），常用部分见表2.13。

表2.13 格式化符号（Python）

格式化符号	描述
%s	字符串，或将非字符类型对象用 str() 转换为字符串
%r	同 s，不过用 repr() 函数转换非字符型对象为字符串
%c	参数为单个字符或者字符的Unicode码时，将Unicode码转换为对应的字符
%d	参数为数值时，转换为带有符号的十进制整数
%i	同 d 转换数值为整数
%u	同 d 转换数值为整数
%o	参数为数值时，转换为带有符号的八进制整数
%x	参数为数值时，转换为带有符号的十六进制整数，字母小写
%X	参数为数值时，转换为带有符号的十六进制整数，字母大写
%e	将数值转换为科学计数法格式，字母小写
%E	将数值转换为科学计数法格式，字母大写
%f	将数值转换为十进制浮点数
%F	同 f，将数值转换为十进制浮点数
%g	浮点格式。如果指数小于−1或不小于精度（默认为6）使用指数格式，否则使用十进制格式
%G	同 g
%%	%%即为字符 %

（2041.py）

```
print("%s says: %d/%d is %.3f." % ("John", 2, 3, 2/3))
print("Hex: %(hex)x, Octal: %(octal)7o" % {"hex":255,"octal":255})
```

\>>>

```
John says: 2/3 is 0.667.
Hex: ff, Octal:     377
```

C

C 语言中，*printf*格式化字符串的方法的格式化语句语法为 %*[flags][width][.precision] typecode*，参数的具体含义同 Python 中 %的格式化方法参数说明。只是格式化时，格式化字符串和输入值间用逗号 , 分割，而不用 %。格式化说明符常用部分见表2.14。

表2.14 格式化符号（C）

格式化符号	描述	数据类型	取值区间	大小（byte）
%d or %i	有符号十进制整数	int	−2147483648 to 2147483647	4 bytes
%f	具有6位精度的浮点数	float	1.2E-38 to 3.4E+38	4 bytes
%lf	具有扩展精度的浮点数	long double	3.4E-4932 to 1.1E+4932	10 or 16 bytes
%c	单字符	char	−128 to 127	1 byte
%s	字符串	char[]	—	—
%p	内存地址（指针）	void *	—	4 or 8 bytes
%ld	有符号长整型	signed long	−2147483648 to 2147483647	4 bytes
%lu	无符号长整型	unsigned long	0 to 4294967295	4 bytes
%lld	有符号长长整型（Signed long long integer）	long long	−9223372036854775808 to 9223372036854775807	8 bytes

续表

格式化符号	描述	数据类型	取值区间	大小（byte）
%llu	无符号长长整型（Unsigned long long integer）	unsigned long long	0 to 18446744073709551615	8 bytes
%x	无符号十六进制	unsigned int	0 to 4294967295	4 bytes
%E	科学记数法中的浮点数	double	2.2E−308 to 1.8E+308	8 bytes
%o	无符号八进制	unsigned int	0 to 4294967295	4 bytes
%u	无符号十进制整数	unsigned int	0 to 4294967295	4 bytes
%hd	有符号短整型	short	−32768 to 32767	2 bytes
%n	换行符	int *	—	—
%hu	无符号短整型	unsigned short	0 to 65535	2 bytes

（2042.c）

```
#include <stdio.h>

int main() {
    printf("%s says: %d/%d is %.3f.\n", "John", 2, 3, 2.0 / 3.0);
    printf("Hex: %x, Octal: %7o", 255, 255);

    return 0;
}
```

\>>>

```
John says: 2/3 is 0.667.
Hex: ff, Octal:     377
```

C++

C++中，*printf*函数族继承自 C 语言，允许使用格式说明符进行格式化输出（2043.cpp）。

```
#include <iostream>

int main()
{
    printf("%s says: %d/%d is %.3f.\n", "John", 2, 3, 2.0 / 3.0);
    printf("Hex: %x, Octal: %7o", 255, 255);

    return 0;
}
```

\>>>

```
John says: 2/3 is 0.667.
Hex: ff, Octal:     377
```

（2）*{placeholders}*风格

Py

*str.format()*支持位置索引和关键字，且可以自由搭配进行格式化，从而形成多种格式化方式。对*str.format()*格式化的字符串配置宽度和数值精度，一般语法为*{index[keyname]:[witdh][.precision]typecode}*，中间由 *:* 分割，其右侧配置相关参数。如果格式化字符串中需要包含*{}*字符，则可以用*{{}}*转义。

绘制长虚线可以对 *-* 字符乘以一个倍数实现，如 *"-"*50*。

（2044.py）

```
print(“{:s} says: {:d}/{:d} is {:.3f}.”.format(“John”, 2, 3, 2/3))
print("Hex: {hex:x}, Octal: {octal:7o}".format(hex=255,octal=255))

print("-"*50)

template='{{name}}:{0},category:{1},score:{2}'
print(template.format('湘村菜馆','美食_中餐厅',4))

template='name:{},category:{},score:{}'
print(template.format('湘村菜馆','美食_中餐厅',4))

template='name:{name},category:{category},score:{score}'
print(template.format(name='湘村菜馆',category='美食_中餐厅',score=4))

info_dict={'name':'湘村菜馆','category':'美食_中餐厅','score':4}

template ='name:{0[name]},category:{0[category]},score:{0[score]}'
print(template.format(info_dict))

template ='name:%(name)s,category:%(category)s,score:%(score)s'
print(template%dict(name='湘村菜馆',category='美食_中餐厅',score=4))

template ='name:{0},category:{category},score:{score}'
print(template.format('湘村菜馆',category='美食_中餐厅',score=4))

import sys
print('My {1[name]} runs {0.platform}.'.format(sys,{'name':'Omen'}))

info_lst = ['湘村菜馆','美食_中餐厅']
print('name:{0[0]},category:{0[1]},score:{1}'.format(info_lst,4))
```

\>>>

```
John says: 2/3 is 0.667.
Hex: ff, Octal:     377
--------------------------------------------------
{name}:湘村菜馆,category:美食_中餐厅,score:4
name:湘村菜馆,category:美食_中餐厅,score:4
name:湘村菜馆,category:美食_中餐厅,score:4
name:湘村菜馆,category:美食_中餐厅,score:4
name:湘村菜馆,category:美食_中餐厅,score:4
name:湘村菜馆,category:美食_中餐厅,score:4
My Omen runs win32.
name:湘村菜馆,category:美食_中餐厅,score:4
```

C++

C++20 中引入了格式化库 *format*，其字符串格式化方法 *std::string()* 的基本语法为 *std::format(FormatString, Args)*，其中 *FormatString* 为格式化字符串，类似 Python 中 *str.format()* 格式化语法，为 *{[index]:[witdh][.precision]typecode}*。如果格式化字符串中需要包含 *{}* 字符，则可以用 *{{}}* 转义。

绘制长虚线则使用了 *std::string(30, '-')* 方法，其中，*std::string()* 为用于处理字符串的类，使用重复字符构造函数，指定重复次数和字符构造字符串对象。

（2045.cpp）

```
#include <iostream>
#include <format>

int main()
{
        std::cout << std::format("{:s} says: {:d} / {:d} is {:.3f}.", "John", 2,
```

```
3, 2.0 / 3.0) << std::endl;
        std::cout << std::format("Hex: {0:x}, Octal: {1:7o}", 255, 255) << std::
endl;

        std::cout << std::string(30, '-') << std::endl;

        std::cout << std::format("{} {}: {}!\n", "Hello", "World", 2024);
        std::cout << std::format("{1} {0}: {2}!\n", "World", "Hello", 2024);
        std::cout << std::format("{0} {1}: {0} {2}!\n", "Hello", "World", 2024);
        std::cout << std::format("{0} {2}!\n", "Hello", "World", 2024);

        return 0;
}
```

\>>>

```
John says: 2 / 3 is 0.667.
Hex: ff, Octal:     377
------------------------------
Hello World: 2024!
Hello World: 2024!
Hello World: Hello 2024!
Hello 2024!
```

C#

String.Format() 方法根据指定的格式将对象的值转换为字符串，并将其插入另一个字符串，其一般常用重载（overload），语法为 *Format([IFormatProvider], String,Objects)*，将 *Objects*（即一个或多个指定对象）转化为 *IFormatProvider* 提供的特定文化（culture-specific）格式化信息对象，例如 *"en-US""fr-FR""de-DE""es-ES"* 等，并插入到 *String* 占位符中，其中 *IFormatProvider* 为可选项。

绘制长虚线则使用了 *new String('-', 50)* 方法，为 *String* 构造函数的一种重载方法，其语法为 *String(Char, Int32)*，是将String类实例化对象为指定重复次数重复给定字符的一个字符串。

格式化说明符常用部分（标准数值格式说明符）见表2.15。

表2.15　格式化符号（C#）

格式化符号	描述	数据类型	示例
"B"("b")	二进制字符串	Binary	42（"B"）→101010 255（"b16"）→0000000011111111
"C"("c")	货币值	Currency	123.456（"C"，en-US）→\$123.46 123.456（"C"，fr-FR）→123,46 €
"D"("d")	带可选负号的整型数字	Decimal	1234（"D"）→1234 −1234（"D6"）→−001234
"E"("e")	科学计数法格式（指数表示法）	Exponential (scientific)	1052.0329112756（"E"，en-US）→ 1.052033E+003 1052.0329112756（"e"，fr-FR）→ 1,052033e+003 −1052.0329112756（"e2"，en-US）→−1.05e+003 −1052.0329112756（"E2"，fr-FR）→−1,05E+003
"F"("f")	带有可选负号的整数和十进制数字	Fixed-point	1234.567（"F"，en-US）→1234.57 −1234.56（"F4"，en-US）→−1234.5600
"G"("g")	Fixed-point 或 scientific (notation)	General	−123.456（"G"，en-US）→−123.456 −1.234567890e−25（"G"，en-US）→−1.23456789E-25
"N"("n")	整数和十进制数字、组分隔符（group separators），和带可选负号的十进制分隔符	Number	1234.567（"N"，en-US）→1,234.57 −1234.56（"N3"，en-US）→−1,234.560

续表

格式化符号	描述	数据类型	示例
"P"("p")	数字乘以100，并以百分号显示	Percent	1（“P”，en-US）→ 100.00 % −0.39678（“P1”，en-US）→ −39.7 %
"R"("r")	一个可以往返（round-trip）到相同数字的字符串	Round-trip	123456789.12345678（“R”）→ 123456789.12345678
"X"("x")	十六进制字符串	Hexadecimal	255（“X”）→ FF 255（“x4”）→ 00ff

（2046.cs）

```
using System;

class Program
{
    static void Main()
    {
        Console.WriteLine(String.Format("{0} says: {1:d} / {2:d} is {3:f3}.",
"John", 2, 3, 2.0 / 3.0));
        Console.WriteLine(String.Format("Hex: {0:x}, Octal: {1:7d}", 255,
Convert.ToString(255, 8)));
        Console.WriteLine("Hex: {0:x}, Octal: {1:7d}", 255, Convert.
ToString(255, 8));

        Console.WriteLine(new String('-', 50));
        Console.WriteLine(String.Format("Scientific: {0:E}", 157));
        Console.WriteLine(String.Format("Percent: {0:P}", 0.157));
        Console.WriteLine(String.Format("Currency: {0:C}", 157));

        System.Globalization.CultureInfo culture = new System.Globalization.
CultureInfo("en-US");
        Console.WriteLine(String.Format(culture, "Currency: {0:C}", 157));
    }
}
```

>>>

```
John says: 2 / 3 is 0.667.
Hex: ff, Octal: 377
Hex: ff, Octal: 377
--------------------------------------------------
Scientific: 1.570000E+002
Percent: 15.70%
Currency: ¥157.00
Currency: $157.00
```

（3）字面字符串插值（Literal String Interpolation）风格

Py

PEP498 (Python Enhancement Proposal，Python 改进提案) 中引入了 f-string（formatted string literals），即添加了一个新的字符串格式化机制：字面字符串插值（Literal String Interpolation）。*f-string()* 提供了一种使用最小语法将表达式嵌入字符串字面值的方法，为一个在运行时求值的表达式（函数），而不是一个常量值。下述示例中用关键字 *def* 定义了一个求平方的函数 *square*。（2047.py）

```
def square(x):
    return x * x
```

```
num1 = 12.34567
num2 = 7
precision = 2
result = f"The sum of {num1:.2f} and {num2} is {(num1 + num2):.{precision}f}.\n
The square of {num2} is {square(num2)}."
print(result)
```

>>>

```
The sum of 12.35 and 7 is 19.35.
 The square of 7 is 49.
```

C#

$ 符号将字符串字面值标识为插值字符串（interpolated string）。插值字符串是可能包含插值表达式的字符串字面值。当将插值字符串解析为结果字符串时，编译器将用表达式结果的字符串表示替换带有插值表达式的项。插值表达式的结构语法为 *{<interpolationExpression>[,<alignment>][:<formatString>]}*，其中 *interpolationExpression* 为要格式化的表达式。当表达式为空时，则输出为空的字符串；*alignment* 其值定义表达式结果的字符串表示形式中的最小字符数。如果为正，则字符串表示为右对齐，如果为负，则左对齐；*formatString* 为表达式结果的类型支持的格式化字符串，例如数值格式化符号、精度（小数位数）等。（2048.cs）

```
using System;
class Program
{
    static double square(double x)
    {
        return x * x;
    }
    static void Main()
    {
        double num1 = 12.34567;
        double num2 = 7;
        string output = $"The sum of {num1:F2} and {num2} is {(num1 + num2):F2}.
\n The square of {num2} is {square(num2)}.";
        Console.WriteLine(output);
    }
}
```

>>>

```
The sum of 12.35 and 7 is 19.35.
 The square of 7 is 49.
```

第3章　基础运算

3.1　算术运算符（arithmetic operators）

C 系列语言并不支持相除并向下取整和乘方/指数，但 C/C++ 可以通过引入数学库头文件，C# 通过 *System* 包含的数学类，使用其中的函数或方法实现。++ 自增运算符（操作符）和 -- 自减运算符将给定的数字变化1并返回结果值，其常用于循环迭代中的计数，使用 ++ 每次迭代向上计数；使用 -- 每次迭代向下计数。++ 和 -- 运算符可以置于一个值的前后，达到不同的效果。如果将数值置于运算符前，值立即发生改变；如果置于其后，则首先记录其值，然后再变化值。但 Python 不支持 ++ 和 --。编程语言支持的算术运算符见表3.1。

表3.1　编程语言支持的算术运算符

运算符（Operator）	运算（Operation）	Py	C	C++	C#
+	加（Addition）	☑	☑	☑	☑
-	减（Subtraction）	☑	☑	☑	☑
*	乘（Multiplication）	☑	☑	☑	☑
/	除（Division）	☑	☑	☑	☑
%	模（Modulus）	☑	☑	☑	☑
//	除并向下取整（Floor Division）	☑	○ 引入头文件 *<math.h>*，使用函数 *floor* 配合 / 实现	○ 引入头文件 *<cmath>*，使用函数 *floor* 配合 / 实现	○ 使用 *System* 命名空间下 *Math* 类的方法 *Math.Floor* 配合 / 实现
**	乘方/指数（Exponential/Power）	☑	○ 引入头文件 *<math.h>*，使用函数 *pow*	○ 引入头文件 *<cmath>*，使用函数 *pow*	○ 使用 *System* 命名空间下 *Math* 类的方法 *Math.Pow*
++	自增（Increment）	☒ 可以使用 += 近似替代	☑	☑	☑
--	自减 (Decrement)	☒ 可以使用 -= 近似替代	☑	☑	☑

注：☑ 表示内置；○ 表示标准库可支持；☒ 表示无该运算符。

Py

（3049.py）

```
a = 10
b = 7

sum_result = a + b
diff = a - b
product = a * b
quotient = a / b
remainder = a % b

print(
    "Sum: %.3f\nDiff: %.3f\nProduct: %.3f\nQuotient: %.3f\nRemainder: %d\n"
```

```
    % (sum_result, diff, product, quotient, remainder)
)
e = 10.0
f = 3.0
floorDivision = e // f
print("Floor division of %.2f / %.2f is: %d\n" % (e, f, floorDivision))
base = 2.0
exponent = 3.0
power = base**exponent
print("%.2f raised to the power of %.2f is : %.2f\n" % (base, exponent, power))
```

\>>>

```
Sum: 17.000
Diff: 3.000
Product: 70.000
Quotient: 1.429
Remainder: 3
Floor division of 10.00 / 3.00 is: 3
2.00 raised to the power of 3.00 is : 8.00
```

C

（3050.c）

```
#include <stdio.h>
#include <math.h>
int main() {
    float a = 10, b = 7;
    float sum, diff, product, quotient;
    int remainder;
    sum = a + b;
    diff = a - b;
    product = a * b;
    quotient = a / b;
    remainder = (int)a % (int)b;
    printf("Sum: %.3f\nDiff: %.3f\nProduct: %.3f\nQuotient: %.3f\nRemainder:
%d\n", sum, diff, product, quotient, remainder);
    int c = 1, d = 1;
    printf("Postfix increment (c): %d\nPrefix increment (d):%d\n", c++, ++d);
    printf("Postfix increment (c): %d\nPrefix increment (d):%d\n", c++, ++d);
    printf("Postfix decrement (c): %d\nPrefix decrement (d):%d\n", c--, --d);
    printf("Postfix decrement (c): %d\nPrefix decrement (d):%d\n", c--, --d);
    printf("(c): %d\n(d):%d\n", c, d);
    float e = 10., f = 3.;
    int floorDivision;
    floorDivision = floor(e / f);
    printf("Floor division of %.2f / %.2f is: %d\n", e, f, floorDivision);
    double base = 2.0, exponent = 3.0;
    double power;
    power = pow(base, exponent);
    printf("%.2f raised to the power of %.2f is : %.2f\n", base, exponent,
power);
```

```
    return 0;
}
```

\>>>

```
Sum: 17.000
Diff: 3.000
Product: 70.000
Quotient: 1.429
Remainder: 3
Postfix increment (c): 1
Prefix increment (d):2
Postfix increment (c): 2
Prefix increment (d):3
Postfix decrement (c): 3
Prefix decrement (d):2
Postfix decrement (c): 2
Prefix decrement (d):1
(c): 1
(d):1
Floor division of 10.00 / 3.00 is: 3
2.00 raised to the power of 3.00 is : 8.00
```

C++

（3051.cpp）

```
#include <iostream>
#include <format>
#include <cmath>

int main()
{
    float a = 10, b = 7;
    float sum, diff, product, quotient;
    int remainder;

    sum = a + b;
    diff = a - b;
    product = a * b;
    quotient = a / b;
    remainder = (int)a % (int)b;

    std::cout << std::format("Sum: {:.3f}\nDiff: {:.3f}\nProduct: {:.3f}\
nQuotient: {:.3f}\nRemainder: {:d}", sum, diff, product, quotient, remainder)
 << std::endl;

    int c = 1, d = 1;
    std::cout << std::format("Postfix increment (c): {}\nPrefix increment (d):
{}", c++, ++d) << std::endl;
    std::cout << std::format("Postfix increment (c): {}\nPrefix increment (d):
{}", c++, ++d) << std::endl;

    std::cout << std::format("Postfix decrement (c): {}\nPrefix decrement (d):
{}", c--, --d) << std::endl;
    std::cout << std::format("Postfix decrement (c): {}\nPrefix decrement (d):
{}", c--, --d) << std::endl;

    std::cout << std::format("(c) : {}\n(d) : {}", c, d) << std::endl;

    float e = 10., f = 3.;
    int floorDivision = std::floor(e / f);
```

```
    std::cout << std::format("Floor division of {:.2f} / {:.2f} is: {:d}",
e, f, floorDivision) << std::endl;

    double base = 2.0, exponent = 3.0;
    double power = std::pow(base, exponent);
    std::cout << std::format("{:.2f} raised to the power of {:.2f} is :
{:.2f}", base, exponent, power) << std::endl;

    return 0;
}
```

>>>

```
Sum: 17.000
Diff: 3.000
Product: 70.000
Quotient: 1.429
Remainder: 3
Postfix increment (c): 1
Prefix increment (d):2
Postfix increment (c): 2
Prefix increment (d):3
Postfix decrement (c): 3
Prefix decrement (d):2
Postfix decrement (c): 2
Prefix decrement (d):1
(c) : 1
(d) : 1
Floor division of 10.00 / 3.00 is: 3
2.00 raised to the power of 3.00 is : 8.00
```

C#

（3052.cs）

```
using System;

class Program
{
    static void Main()
    {
        float a = 10, b = 7;
        float sum, diff, product, quotient;
        int remainder;

        sum = a + b;
        diff = a - b;
        product = a * b;
        quotient = a / b;
        remainder = (int)a % (int)b;

        Console.WriteLine(String.Format("Sum: {0:f3}\nDiff: {1:f3}\nProduct:
{2:f3}\nQuotient: {3:f3}\nRemainder: {4:d}", sum, diff, product, quotient,
remainder));

        int c = 1, d = 1;
        Console.WriteLine(String.Format("Postfix increment(c): {0:d}\nPrefix
increment(d):{1:d}", c++, ++d));
        Console.WriteLine(String.Format("Postfix increment(c): {0:d}\nPrefix
increment(d):{1:d}", c++, ++d));

        Console.WriteLine(String.Format("Postfix decrement(c): {0:d}\nPrefix
```

```
decrement(d):{1:d}", c--, --d));
        Console.WriteLine(String.Format("Postfix decrement(c): {0:d}\nPrefix
decrement(d):{1:d}", c--, --d));

        Console.WriteLine(String.Format("(c): {0:d}\n(d):{1:d}", c, d));

        float e = 10, f = 3;
        int floorDivision = (int)Math.Floor(e / f);
        Console.WriteLine(String.Format("Floor division of {0:f2} / {1:f2} is:
{2:d}", e, f, floorDivision));

        double baseval = 2, exponent = 3;
        double power = Math.Pow(baseval, exponent);
        Console.WriteLine(String.Format("{0:f2} raised to the power of {1:f2}
is : {2:f2}", baseval, exponent, power));

    }
}
```

\>>>

```
Sum: 17.000
Diff: 3.000
Product: 70.000
Quotient: 1.429
Remainder: 3
Postfix increment(c): 1
Prefix increment(d):2
Postfix increment(c): 2
Prefix increment(d):3
Postfix decrement(c): 3
Prefix decrement(d):2
Postfix decrement(c): 2
Prefix decrement(d):1
(c): 1
(d):1
Floor division of 10.00 / 3.00 is: 3
2.00 raised to the power of 3.00 is : 8.00
```

3.2 赋值运算符（assignment operators）

赋值运算符（示例）首先将存储在变量a中的值与存储在变量b中的值按算术运算符计算，然后将结果赋值为存储在变量a中的新值。=运算符理解为“赋值”，而不是“等于”，避免与相等比较运算符==混淆。编程语言支持的赋值运算符见表3.2。

表3.2 编程语言支持的赋值运算符

运算符	等价于（Equivalent）	Py	C	C++	C#
=	a = b	☑	☑	☑	☑
+=	a = (a+b)	☑	☑	☑	☑
-=	a = (a-b)	☑	☑	☑	☑
*=	a = (a*b)	☑	☑	☑	☑
/=	a = (a/b)	☑	☑	☑	☑
%=	a = (a%b)	☑	☑	☑	☑
//=	a = (a//b)	☑	☒	☒	☒
**=	a = (a**b)	☑	☒	☒	☒

注：☑ 表示内置；☒ 表示无该运算符。

Py

（3053.py）

```
a = 5
b = 3

a += b
print(f"Variable a = {a}, b = {b}")

a -= b
print(f"Variable a = {a}, b = {b}")

a *= b
print(f"Variable a = {a}, b = {b}")

a /= b
print(f"Variable a = {a}, b = {b}")

a %= b
print(f"Variable a = {a}, b = {b}")

a **= b
print(f"Variable a = {a}, b = {b}")

a //= b
print(f"Variable a = {a}, b = {b}")
```

\>>>

```
Variable a = 8, b = 3
Variable a = 5, b = 3
Variable a = 15, b = 3
Variable a = 5.0, b = 3
Variable a = 2.0, b = 3
Variable a = 8.0, b = 3
Variable a = 2.0, b = 3
```

C

（3054.c）

```
#include <stdio.h>

int main() {
    int a = 5, b = 3;

    a += b;
    printf("Variable a = %d, b = %d\n", a, b);

    a -= b;
    printf("Variable a = %d, b = %d\n", a, b);

    a *= b;
    printf("Variable a = %d, b = %d\n", a, b);

    a /= b;
    printf("Variable a = %d, b = %d\n", a, b);

    a %= b;
    printf("Variable a = %d, b = %d\n", a, b);

    return 0;
}
```

\>>>

```
Variable a = 8, b = 3
```

```
Variable a = 5, b = 3
Variable a = 15, b = 3
Variable a = 5, b = 3
Variable a = 2, b = 3
```

C++

使用继承 C 语言的格式说明符进行格式化输出。因此下述代码除了引入的头文件不同外，与 C 保持一致。（3055.cpp）

```
#include <iostream>

int main()
{
    int a = 5, b = 3;

    a += b;
    printf("Variable a = %d, b = %d\n", a, b);

    a -= b;
    printf("Variable a = %d, b = %d\n", a, b);

    a *= b;
    printf("Variable a = %d, b = %d\n", a, b);

    a /= b;
    printf("Variable a = %d, b = %d\n", a, b);

    a %= b;
    printf("Variable a = %d, b = %d\n", a, b);

    return 0;
}
```

>>>

```
Variable a = 8, b = 3
Variable a = 5, b = 3
Variable a = 15, b = 3
Variable a = 5, b = 3
Variable a = 2, b = 3
```

C#

使用由 $ 标识的插值字符串格式化字符。（3056.cs）

```
using System;

class Program
{
    static void Main()
    {
        int a = 5, b = 3;

        a += b;
        Console.WriteLine($"Variable a = {a}, b = {b}", a, b);

        a -= b;
        Console.WriteLine($"Variable a = {a}, b = {b}", a, b);

        a *= b;
        Console.WriteLine($"Variable a = {a}, b = {b}", a, b);

        a /= b;
```

```
            Console.WriteLine($"Variable a = {a}, b = {b}", a, b);

            a %= b;
            Console.WriteLine($"Variable a = {a}, b = {b}", a, b);

        }
    }
```

\>>>

```
Variable a = 8, b = 3
Variable a = 5, b = 3
Variable a = 15, b = 3
Variable a = 5, b = 3
Variable a = 2, b = 3
```

3.3 比较运算符（comparison/relational operators）

比较运算中，Python 和 C# 的比较运算结果为布尔值（True 或 False）；C/C++ 返回值为 1（即为 True）和 0（即为 False）。

Py

（3057.py）

```
a = 5
b = 3
c = 3
print(f"Equality (a==b): {a == b}")
print(f"Inequality (a!=b): {a != b}")
print(f"Greater than (a>b): {a > b}" )
print(f"Less than (a<b): {a < b}")
print(f"Greater or equal (b>=c): {b >= c}")
print(f"Less or equal (b<=c): {b <= c}")
```

\>>>

```
Equality (a==b): False
Inequality (a!=b): True
Greater than (a>b): True
Less than (a<b): False
Greater or equal (b>=c): True
Less or equal (b<=c): True
```

C

（3058.c）

```
#include <stdio.h>

int main() {
    int a = 5, b = 3, c = 3;

    printf("Equality (a==b): %d\n", a == b);
    printf("Inequality (a!=b): %d\n", a != b);
    printf("Greater than (a>b): %d\n", a > b);
    printf("Less than (a<b): %d\n", a < b);
    printf("Greater or equal (b>=c): %d\n", b >= c);
    printf("Less or equal (b<=c): %d\n", b <= c);

    return 0;
```

```
}
```

\>>>

```
Equality (a==b): 0
Inequality (a!=b): 1
Greater than (a>b): 1
Less than (a<b): 0
Greater or equal (b>=c): 1
Less or equal (b<=c): 1
```

C++

（3059.cpp）

```
#include <iostream>
using namespace std;

int main()
{
    int a = 5, b = 3, c = 3;

    cout << "Equality (a==b): " << (a == b) << endl;
    cout << "Inequality (a!=b): " << (a != b) << endl;
    cout << "Greater than (a>b): " << (a > b) << endl;
    cout << "Less than (a<b): " << (a < b) << endl;
    cout << "Greater or equal (b>=c): " << (b >= c) << endl;
    cout << "Less or equal (b<=c): " << (b <= c) << endl;

    return 0;
}
```

\>>>

```
Equality (a==b): 0
Inequality (a!=b): 1
Greater than (a>b): 1
Less than (a<b): 0
Greater or equal (b>=c): 1
Less or equal (b<=c): 1
```

`using namespace std;`为引入标准命名空间`std`，从而可以直接使用`std`中的类和函数［其中包括常用的输入输出、数学函数和容器（containers）等］，而无需每次都加上`std::`的前缀。命名空间用于组织代码以避免命名冲突，而在大型项目中使用`using namespace std;`可能会导致命名冲突，尤其是当其他库也使用相同的命名时。因此，为了避免命名冲突，应避免在头文件中使用该命令，而可以在源文件中使用；可以在特定的作用域内使用，例如函数内部，以减少潜在的命名冲突；或者，只引入特定的名称，而不是整个命名空间，从而更好地控制命名空间的使用，避免潜在的命名冲突。示例代码如下。

```
#include <iostream>
using std::cout;
using std::endl;

int main()
{
    cout << "Hello World!" << endl;

    return 0;
}
```

```
>>>
Hello World!
```

C#

（3060.cs）

```
using System;
using static System.Console;

class Program
{
    static void Main()
    {
        int a = 5, b = 3, c = 3;

        WriteLine($"Equality (a==b): {a == b}");
        WriteLine($"Inequality (a!=b): {a != b}");
        WriteLine($"Greater than (a>b): {a > b}");
        WriteLine($"Less than (a<b): {a < b}");
        WriteLine($"Greater or equal (b>=c): {b >= c}");
        WriteLine($"Less or equal (b<=c): {b <= c}");
    }
}
```

```
>>>
Equality (a==b): False
Inequality (a!=b): True
Greater than (a>b): True
Less than (a<b): False
Greater or equal (b>=c): True
Less or equal (b<=c): True
```

*using static System.Console;*是一种使用静态导入的语法，从而可以直接访问静态类中的静态成员，而不需要每次都写出类名，例如，直接调用*Console*类中的静态成员*WriteLine*，而无需每次写成*Console.WriteLine*，从而使代码更加简洁和易读。但是，如果在同一文件中使用多个命名空间的静态成员，可能会导致命名冲突，最好使用完整的类名；且虽然静态导入可以减少冗余的代码，但也通常会降低代码的可读性。

3.4 逻辑运算符（logical operators）

逻辑运算符常用于条件语句，通过测试两个条件来确定是否满足要求，进而确定进一步采取何种策略。编程语言支持的逻辑运算符见表3.3。

表3.3 编程语言支持的逻辑运算符及其表示

运算符	说明	Py	C	C++	C#
支持描述		支持*1*和*0*；支持*True*和*False*	支持*1*和*0*；不支持*true*(*True*)和*false*(*False*)	支持*1*和*0*；支持*true*和*false*	不支持*1*和*0*；支持*true*和*false*
&&(&, *and*)	都为*True*(*1*)时，返回*True*（*1*）	支持&和*and*	支持&&	支持&&和*and*	支持&&
||(|, *or*)	至少一个为*True*（*1*）时，返回*True*（*1*）	支持|和*or*	支持||	支持||和*or*	支持||

续表

运算符	说明	Py	C	C++	C#
！（*not*）	为 *True*（*1*） 时返回 *False*（*0*），为 *False*（*0*） 时返回 *True*（*1*）	支持*not*	支持！	支持！和*not*	支持！

Py

（3061.py）

```
yes = 1
no = 0
print("AND (no&&no): %d", no & no)
print("AND (yes&&yes): %d", yes & yes)
print("AND (yes&&no): %d", yes & no)
print("OR (no||no): %d", no | no)
print("OR (yes||yes): %d", yes | yes)
print("OR (yes||no): %d", yes | no)
print("NOT (!yes): %d", not yes)
print("NOT (!no): %d", not no)
print("-"*50)
yes = True
no = False
print("AND (no&&no): %d", no & no)
print("AND (yes&&yes): %d", yes & yes)
print("AND (yes&&no): %d", yes & no)
print("OR (no||no): %d", no | no)
print("OR (yes||yes): %d", yes | yes)
print("OR (yes||no): %d", yes | no)
print("NOT (!yes): %d", not yes)
print("NOT (!no): %d", not no)
print("-"*50)
print("AND (yes&&yes): %d", yes and yes)
print("OR (yes||no): %d", yes or no)
```

\>>>

```
AND (no&&no): %d 0
AND (yes&&yes): %d 1
AND (yes&&no): %d 0
OR (no||no): %d 0
OR (yes||yes): %d 1
OR (yes||no): %d 1
NOT (!yes): %d False
NOT (!no): %d True
--------------------------------------------------
AND (no&&no): %d False
AND (yes&&yes): %d True
AND (yes&&no): %d False
OR (no||no): %d False
OR (yes||yes): %d True
OR (yes||no): %d True
NOT (!yes): %d False
NOT (!no): %d True
```

```
--------------------------------------------------
AND (yes&&yes): %d True
OR (yes||no): %d True
```

C

（3062.c）

```c
#include <stdio.h>

int main() {
    int yes = 1, no = 0;

    printf("AND (no&&no): %d\n", no && no);
    printf("AND (yes&&yes): %d\n", yes && yes);
    printf("AND (yes&&no): %d\n", yes && no);
    printf("OR (no||no): %d\n", no || no);
    printf("OR (yes||yes): %d\n", yes || yes);
    printf("OR (yes||no): %d\n", yes || no);
    printf("NOT (!yes): %d\n", !yes);
    printf("NOT (!no): %d\n", !no);

    return 0;
}
```

\>>>

```
AND (no&&no): 0
AND (yes&&yes): 1
AND (yes&&no): 0
OR (no||no): 0
OR (yes||yes): 1
OR (yes||no): 1
NOT (!yes): 0
NOT (!no): 1
```

C++

（3063.cpp）

```cpp
#include <iostream>

int main()
{
    int yes = 1, no = 0;

    std::cout << "AND (no&&no): " << (no && no) << std::endl;
    std::cout << "AND (yes&&yes): " << (yes && yes) << std::endl;
    std::cout << "AND (yes&&no): " << (yes && no) << std::endl;
    std::cout << "OR (no||no): " << (no || no) << std::endl;
    std::cout << "OR (yes||yes): " << (yes || yes) << std::endl;
    std::cout << "OR (yes||no): " << (yes || no) << std::endl;
    std::cout << "NOT (!yes): " << (!yes) << std::endl;
    std::cout << "NOT (!no): " << (!no) << std::endl;

    std::cout << std::string(50, '-') << std::endl;
    bool yesB = true, noB = false;

    std::cout << "AND (no&&no): " << (noB && noB) << std::endl;
    std::cout << "AND (yes&&yes): " << (yesB && yesB) << std::endl;
    std::cout << "AND (yes&&no): " << (yesB && noB) << std::endl;
    std::cout << "OR (no||no): " << (noB || noB) << std::endl;
    std::cout << "OR (yes||yes): " << (yesB || yesB) << std::endl;
```

```
    std::cout << "OR (yes||no): " << (yesB || noB) << std::endl;
    std::cout << "NOT (!yes): " << (!yesB) << std::endl;
    std::cout << "NOT (!no): " << (!noB) << std::endl;

    std::cout << std::string(50, '-') << std::endl;

    std::cout << "AND (yes&&yes): " << (yesB and yesB) << std::endl;
    std::cout << "OR (yes||no): " << (yesB or noB) << std::endl;
    std::cout << "NOT (!no): " << (not noB) << std::endl;

    return 0;
}
```

>>>

```
AND (no&&no): 0
AND (yes&&yes): 1
AND (yes&&no): 0
OR (no||no): 0
OR (yes||yes): 1
OR (yes||no): 1
NOT (!yes): 0
NOT (!no): 1
--------------------------------------------------
AND (no&&no): 0
AND (yes&&yes): 1
AND (yes&&no): 0
OR (no||no): 0
OR (yes||yes): 1
OR (yes||no): 1
NOT (!yes): 0
NOT (!no): 1
--------------------------------------------------
AND (yes&&yes): 1
OR (yes||no): 1
NOT (!no): 1
```

C#

（3064.cs）

```
using System;

class Program
{
    static void Main()
    {
        bool yes = true, no = false;

        Console.WriteLine($"AND (no&&no): {no && no}");
        Console.WriteLine($"AND (yes&&yes): {yes && yes}");
        Console.WriteLine($"AND (yes&&no): {yes && no}");
        Console.WriteLine($"OR (no||no): {no || no}");
        Console.WriteLine($"OR (yes||yes): {yes || yes}");
        Console.WriteLine($"OR (yes||no): {yes || no}");
        Console.WriteLine($"NOT (!yes): {!yes}");
        Console.WriteLine($"NOT (!no):{!no}");
    }
}
```

>>>

```
AND (no&&no): False
AND (yes&&yes): True
AND (yes&&no): False
OR (no||no): False
OR (yes||yes): True
OR (yes||no): True
NOT (!yes): False
NOT (!no):True
```

3.5 按位运算符（bitwise operators）

按位运算符（表3.4）常用于嵌入式系统等电子领域，多个输入输出端口（高低电平）表示的命令操作中；以及用于数据压缩（通过使用位掩码，将多个布尔值存储在一个整数的不同位中，以减少内存使用）、图像处理（可以快速地调整图像的亮度、对比度或者实现颜色的混合）、加密运算（对数据进行加密和解密）、网络编程（用于处理IP地址或子网掩码等）、性能优化（按位运算比一般乘除运算快）、游戏开发（用于状态标志管理）和错误检测和纠正（在数据传输中，用于生成和检测校验位，确保数据传输过程中没有发生错误）等。

Python、C++ 和 C# 同时支持整数和以 0b开头标识的二进制数值的按位运算；C 只支持整数按位操作，没有类似 0b的二进制表示。

表3.4 按位运算符

符号	描述	运算规则	示例
&	按位与	两个位都为1时，结果才为1	1010 & 1100 = 1000
|	按位或	两个位都为0时，结果才为0	1010 | 0101 = 1111
^	按位异或	两个位相同为0，相异为1	1010 ^ 0100 = 1110
~	按位取反	0变1、1变0	~1010 = 0101
<<	左移	各二进位全部左移指定位数，高位丢弃，低位补0	0010 << 2 = 1000
>>	右移	各二进位全部右移指定位数，对无符号数，高位补0；有符号数，各编译器处理方法不一，可补符号位(算术右移)、可补0(逻辑右移)	1000 >> 2 = 0010

典型用法如下。

• & 按位与典型用法

a. 取一个位串信息的某几位，例如x& 0xF0(P2 & 0xF0)，如果x为10010101，即10010101&11110000，结果为1001000，可见高4位被提取出来保持数值不变，低4位全部为0。

b. 让某变量保留某几位，例如x&= 0xF0，&=为复合赋值运算符：逻辑与赋值，相当于x=x & 0xF0。0xF0为设计好的一个常数，该常数中只有需要的位是1，不需要的位则为0。

• | 按位或典型用法　将一个位串信息的某几位置1。例如x|=0xF0(P2 |=0xF0)，|=为复合赋值运算符：逻辑或赋值，相当于x=x|0xF0。如果x为10010101，即10010101|11110000，结果为11110101，高4位全部变成1，低4位保持不变。

• ^按位异或典型用法　求一个位串信息某几位信息的反。例如x^=0xF0，^=为复合赋值运算符：逻辑异或赋值，相当于x=x ^ 0xF0，如果x=10010101，即10010101|11110000，结果为01100101，高4位求得其反，低4位保持不变。

• ~ 按位取反典型用法　相关于一个已知常数，将一个位串信息的某几位置0。例如 *x=x & ~0xF0*，如果*x*为*10010101*，即*10010101 & ~11110000=10010101 & 00001111=00000101*，可见高4位置0，低4位保持不变。

• << 左移与 >> 右移典型用法　配合位运算能够实现多种位串运算有关的复杂计算。

a. *~(~0«n)*，实现最低*n*位为1，其余位为0的位串信息，注意优先级计算；

b. *(x»(1+p-n)) & ~(~0«n)*，截取变量*x*自*p*位开始，右边*n*位的信息；

c. *new|= ((old»row)&1)«(15-k)*，截取*old*变量第*row*位，并将该位信息装配到变量*new*的第*15-k*位；

d. *s&= ~(1«j)*，将变量*s*的第*j*位置置0，其余位保持不变；

e. *for(j=0;((1«j)&s)==0;j++)*，设*s*不等于全0，代码寻找最右边为1的位的序号*j*。

Py

Python 中使用补码（见本章知识拓展）表示法来处理整数，因此按位取反运算符 ~ 会对整数的每一位进行翻转，结果为 *-n-1*，其中*n*是原数。如对*1010*（10）取反，其结果为*-10-1=-11*，对应二进制数为*0b-1011*（Pyton 中负数也可以用 *0b*表示）。因此对于用补码表示法处理整数的 Python，按位取反后的结果是负数的补码，而不是简单的按位取反后的正数。

（3065.py）

```
a = 10
b = 5
c = 12
d = 4
e = 2
f = 8

print(f"DEC a={a};BIN a={bin(a)}")
print(f"DEC b={b};BIN b={bin(b)}")
print(f"DEC c={c};BIN c={bin(c)}")
print(f"DEC d={d};BIN d={bin(d)}")
print(f"DEC e={e};BIN e={bin(e)}")
print(f"DEC f={f};BIN f={bin(f)}")

and_result = a & c
print(f"a & c={bin(and_result)}")

or_result = a | b
print(f"a | b={bin(or_result)}")

xor_result = a ^ d
print(f"a ^ d={bin(xor_result)}")

not_result = ~a
print(f"~a={bin(not_result)}")

leftShift_result = e << 2
print(f"e << 2={bin(leftShift_result)}")

rightShift_result = f >> 2
print(f"f >> 2={bin(rightShift_result)}")
```

>>>

```
DEC a=10;BIN a=0b1010
DEC b=5;BIN b=0b101
DEC c=12;BIN c=0b1100
DEC d=4;BIN d=0b100
DEC e=2;BIN e=0b10
```

```
DEC f=8;BIN f=0b1000
a & c=0b1000
a | b=0b1111
a ^ d=0b1110
~a=-0b1011
e << 2=0b1000
f >> 2=0b10
```

直接用 *0b* 前缀表示的二进制数。定义了一个函数 *print_binary()* 辅助十进制数转化显示为二进制数为指定的位数（bits）。（3066.py）

```
def print_binary(n, bits):
    return (
        bin(n).replace("0b", "").zfill(bits)
    )  # 转换为二进制并以零填充

a = 0b1010
b = 0b0101
c = 0b1100
d = 0b0100
e = 0b0010
f = 0b1000

bits = 4

print(f"DEC a={a};BIN a={print_binary(a,bits)}")
print(f"DEC b={b};BIN b={print_binary(b,bits)}")
print(f"DEC c={c};BIN c={print_binary(c,bits)}")
print(f"DEC d={d};BIN d={print_binary(d,bits)}")
print(f"DEC e={e};BIN e={print_binary(e,bits)}")
print(f"DEC f={f};BIN f={print_binary(f,bits)}")

and_result = a & c
print(f"a & c={print_binary(and_result,bits)}")

or_result = a | b
print(f"a | b={print_binary(or_result,bits)}")

xor_result = a ^ d
print(f"a ^ d={print_binary(xor_result,bits)}")

not_result = ~a
print(f"~a={print_binary(not_result,bits)}")

leftShift_result = e << 2
print(f"e << 2={print_binary(leftShift_result,bits)}")

rightShift_result = f >> 2
print(f"f >> 2={print_binary(rightShift_result,bits)}")
```

\>>>

```
DEC a=10;BIN a=1010
DEC b=5;BIN b=0101
DEC c=12;BIN c=1100
DEC d=4;BIN d=0100
DEC e=2;BIN e=0010
DEC f=8;BIN f=1000
a & c=1000
a | b=1111
a ^ d=1110
~a=-1011
```

```
e << 2=1000
f >> 2=0010
```

C

定义*printBinary()*函数辅助十进制整数值转化显示为二进制表示。（3067.c）

```c
#include <stdio.h>

void printBinary(unsigned int number, int bits) {
    for (int i = bits - 1; i >= 0; i--) {
        // 打印每个位
        printf("%d", (number >> i) & 1);

        // 每 4 位添加一个空格，以提高可读性
        if (i % 4 == 0 && i != 0) {
            printf(" ");
        }
    }
    printf("\n");
}

int main() {
    int a = 10, b = 5, c = 12, d = 4, e = 2, f = 8;
    int bits = 4;

    printf("DEC a=%d;BIN a=", a);
    printBinary(a, bits);

    printf("DEC b=%d;BIN b=", b);
    printBinary(b, bits);

    printf("DEC c=%d;BIN c=", c);
    printBinary(c, bits);

    printf("DEC d=%d;BIN d=", d);
    printBinary(d, bits);

    printf("DEC e=%d;BIN e=", e);
    printBinary(e, bits);

    printf("DEC f=%d;BIN f=", f);
    printBinary(f, bits);

    int and_result = a & c;
    printf("a & c=0b");
    printBinary(and_result, bits);

    int or_result = a | b;
    printf("a | b=0b");
    printBinary(or_result, bits);

    int xor_result = a ^ d;
    printf("a ^ d=0b");
    printBinary(xor_result, bits);

    int not_result = ~a;
    printf("~a =0b");
    printBinary(not_result, bits);

    int leftShift_result = e << 2;
    printf("e << 2 =0b");
    printBinary(leftShift_result, bits);
```

```
    int rightShift_result = f >> 2;
    printf("f >> 2 =0b");
    printBinary(rightShift_result, bits);

    return 0;
}
```

\>>>

```
DEC a=10;BIN a=1010
DEC b=5;BIN b=0101
DEC c=12;BIN c=1100
DEC d=4;BIN d=0100
DEC e=2;BIN e=0010
DEC f=8;BIN f=1000
a & c=0b1000
a | b=0b1111
a ^ d=0b1110
~a =0b0101
e << 2 =0b1000
f >> 2 =0b0010
```

C++

（3068.cpp）

```
#include <iostream>
#include <bitset>
#include <format>

int main()
{
    int a = 10, b = 5, c = 12, d = 4, e = 2, f = 8;

    std::cout << std::format("DEC a={};BIN a=", a) << std::bitset<4>(a) << std::
endl;
    std::cout << std::format("DEC b={};BIN b=", b) << std::bitset<4>(b) << std::
endl;
    std::cout << std::format("DEC c={};BIN c=", c) << std::bitset<4>(c) << std::
endl;
    std::cout << std::format("DEC d={};BIN d=", d) << std::bitset<4>(d) << std::
endl;
    std::cout << std::format("DEC e={};BIN e=", e) << std::bitset<4>(e) << std::
endl;
    std::cout << std::format("DEC f={};BIN f=", f) << std::bitset<4>(f) << std::
endl;

    int and_result = a & c;
    std::cout << "a & c=0b" << std::bitset<4>(and_result) << std::endl;

    int or_result = a | b;
    std::cout << "a | b=0b" << std::bitset<4>(or_result) << std::endl;

    int xor_result = a ^ d;
    std::cout << "a ^ d=0b" << std::bitset<4>(xor_result) << std::endl;

    int not_result = ~a;
    std::cout << "~a=0b" << std::bitset<4>(not_result) << std::endl;

    int leftShift_result = e << 2;
    std::cout << "e << 2=0b" << std::bitset<4>(leftShift_result) << std::endl;

    int rightShift_result = f >> 2;
```

```
    std::cout << "f >> 2=0b" << std::bitset<4>(rightShift_result) << std::endl;

    return 0;
}
```

\>>>

```
DEC a=10;BIN a=1010
DEC b=5;BIN b=0101
DEC c=12;BIN c=1100
DEC d=4;BIN d=0100
DEC e=2;BIN e=0010
DEC f=8;BIN f=1000
a & c=0b1000
a | b=0b1111
a ^ d=0b1110
~a=0b0101
e << 2=0b1000
f >> 2=0b0010
```

直接用 *0b* 前缀表示的二进制数。（3069.cpp）

```
#include <iostream>
#include <bitset>
#include <format>

int main()
{
    int a = 0b1010, b = 0b0101, c = 0b1100, d = 0b0100, e = 0b0010, f = 0b1000;

    std::cout << std::format("DEC a={};BIN a=", a) << std::bitset<4>(a) << std::::
endl;
    std::cout << std::format("DEC b={};BIN b=", b) << std::bitset<4>(b) << std::
endl;
    std::cout << std::format("DEC c={};BIN c=", c) << std::bitset<4>(c) << std::
endl;
    std::cout << std::format("DEC d={};BIN d=", d) << std::bitset<4>(d) << std::
endl;
    std::cout << std::format("DEC e={};BIN e=", e) << std::bitset<4>(e) << std::
endl;
    std::cout << std::format("DEC f={};BIN f=", f) << std::bitset<4>(f) << std::
endl;

    int and_result = a & c;
    std::cout << "a & c=0b" << std::bitset<4>(and_result) << std::endl;

    int or_result = a | b;
    std::cout << "a | b=0b" << std::bitset<4>(or_result) << std::endl;

    int xor_result = a ^ d;
    std::cout << "a ^ d=0b" << std::bitset<4>(xor_result) << std::endl;

    int not_result = ~a;
    std::cout << "~a=0b" << std::bitset<4>(not_result) << std::endl;

    int leftShift_result = e << 2;
    std::cout << "e << 2=0b" << std::bitset<4>(leftShift_result) << std::endl;

    int rightShift_result = f >> 2;
    std::cout << "f >> 2=0b" << std::bitset<4>(rightShift_result) << std::endl;

    return 0;
}
```

>>>

```
DEC a=10;BIN a=1010
DEC b=5;BIN b=0101
DEC c=12;BIN c=1100
DEC d=4;BIN d=0100
DEC e=2;BIN e=0010
DEC f=8;BIN f=1000
a & c=0b1000
a | b=0b1111
a ^ d=0b1110
~a=0b0101
e << 2=0b1000
f >> 2=0b0010
```

*std::bitset*为 C++ 标准库中的一个模板类，用于管理和操作固定大小的二进制位序列。在创建*std::bitset*时，必须指定位的大小，如*std::bitset<8> b*中的*<8>*为8位，并可以将*std::bitset*转换为字符串或整数类型。常用的成员函数包括以下几种。

- *set()*　设置所有位为1，或设置特定位置的位为1。
- *reset()*　将所有位设置为0，或者重置特定位置的位。
- *flip()*　翻转所有位，或者翻转特定位置的位。
- *test()*　检查特定位置的位是否为1。
- *count()*　返回当前值为1的位的数量。
- *size()*　返回位集的大小。
- *to_string()*　将*std::bitset*转换为字符串表示。
- *to_ulong()*　将*std::bitset*转换为无符号长整型。

（3070.cpp）

```
#include <iostream>
#include <bitset>
#include <string>

int main() {
    // 创建一个包含 8 位的 bitset
    std::bitset<8> b;

    // 设置特定位
    b.set(3);  // 设置第 3 位
    b.set(5);  // 设置第 5 位
    std::cout << "After setting bits: " << b << std::endl;

    // 清除特定位
    b.reset(3); // 清除第 3 位
    std::cout << "After resetting bit 3: " << b << std::endl;

    // 翻转所有位
    b.flip(); // 翻转位
    std::cout << "After flipping: " << b << std::endl;

    // 检查特定位
    std::cout << "Bit at position 5: " << b.test(5) << std::endl;

    // 统计为 1 的位数
    std::cout << "Number of bits set to 1: " << b.count() << std::endl;

    // 转换为字符串
    std::string str = b.to_string();
    std::cout << "String representation: " << str << std::endl;
```

```
    // 转换为无符号长整型
    unsigned long value = b.to_ulong();
    std::cout << "Unsigned long representation: " << value << std::endl;

    return 0;
}
```

\>>>

```
After setting bits: 00101000
After resetting bit 3: 00100000
After flipping: 11011111
Bit at position 5: 0
Number of bits set to 1: 7
String representation: 11011111
Unsigned long representation: 223
```

C#

定义 *printBinary()* 方法辅助十进制整数值转化显示为二进制表示。（3071.cs）

```
using System;

class Program
{
    static void printBinary(int number, int bits)
    {
        // 将数字转换为二进制并用前导零填充
        string binary = Convert.ToString(number, 2).PadLeft(bits, '0');

        // 将输出格式化，每 4 位添加一个空格以提高可读性
        for (int i = 0; i < binary.Length; i++)
        {
            Console.Write(binary[i]);
            if ((i + 1) % 4 == 0 && i != binary.Length - 1)
            {
                Console.Write(" ");
            }
        }
        Console.WriteLine();
    }

    static void Main()
    {
        int a = 10, b = 5, c = 12, d = 4, e = 2, f = 8;
        int bits = 4;

        Console.Write($"DEC a={a};BIN a=");
        printBinary(a, bits);

        Console.Write($"DEC b={b};BIN b=");
        printBinary(b, bits);

        Console.Write($"DEC c={c};BIN c=");
        printBinary(c, bits);

        Console.Write($"DEC d={d};BIN d=");
        printBinary(d, bits);

        Console.Write($"DEC e={e};BIN e=");
        printBinary(e, bits);

        Console.Write($"DEC f={f};BIN f=");
```

```
        printBinary(f, bits);

        int and_result = a & c;
        Console.Write("a & c=0b");
        printBinary(and_result, bits);

        int or_result = a | b;
        Console.Write("a | b=0b");
        printBinary(or_result, bits);

        int xor_result = a ^ d;
        Console.Write("a ^ d=0b");
        printBinary(xor_result, bits);

        int not_result = ~a;
        Console.Write("~a =0b");
        printBinary(not_result, bits);

        int leftShift_result = e << 2;
        Console.Write("e << 2 =0b");
        printBinary(leftShift_result, bits);

        int rightShift_result = f >> 2;
        Console.Write("f >> 2 =0b");
        printBinary(rightShift_result, bits);
    }
}
```

>>>

```
DEC a=10;BIN a=1010
DEC b=5;BIN b=0101
DEC c=12;BIN c=1100
DEC d=4;BIN d=0100
DEC e=2;BIN e=0010
DEC f=8;BIN f=1000
a & c=0b1000
a | b=0b1111
a ^ d=0b1110
~a =0b1111 1111 1111 1111 1111 1111 1111 0101
e << 2 =0b1000
f >> 2 =0b0010
```

直接用 *0b* 前缀表示的二进制数。（3072.cs）

```
using System;

class Program
{
    static void Main()
    {
        int a = 0b1010, b = 0b0101, c = 0b1100, d = 0b0100, e = 0b0010, f =
0b1000;
        Console.WriteLine($"DEC a={a};BIN a={Convert.ToString(a, 2)}");
        Console.WriteLine($"DEC b={b};BIN b={Convert.ToString(b, 2)}");
        Console.WriteLine($"DEC c={c};BIN c={Convert.ToString(c, 2)}");
        Console.WriteLine($"DEC d={d};BIN d={Convert.ToString(d, 2)}");
        Console.WriteLine($"DEC e={e};BIN e={Convert.ToString(e, 2)}");
        Console.WriteLine($"DEC f={f};BIN f={Convert.ToString(f, 2)}");

        int and_result = a & c;
        Console.WriteLine($"a & c=0b{Convert.ToString(and_result, 2)}");
```

```
            int or_result = a | b;
            Console.WriteLine($"a | b=0b{Convert.ToString(or_result, 2)}");

            int xor_result = a ^ d;
            Console.WriteLine($"a ^ d=0b{Convert.ToString(xor_result, 2)}");

            int not_result = ~a;
            Console.WriteLine($"~a=0b{Convert.ToString(not_result, 2)}");

            int leftShift_result = e << 2;
            Console.WriteLine($"e << 2=0b{Convert.ToString(leftShift_result, 2)}");

            int rightShift_result = f >> 2;
            Console.WriteLine($"f >> 2=0b{Convert.ToString(rightShift_result, 2)}");
        }
    }
```

>>>

```
DEC a=10;BIN a=1010
DEC b=5;BIN b=101
DEC c=12;BIN c=1100
DEC d=4;BIN d=100
DEC e=2;BIN e=10
DEC f=8;BIN f=1000
a & c=0b1000
a | b=0b1111
a ^ d=0b1110
~a=0b11111111111111111111111111110101
e << 2=0b1000
f >> 2=0b10
```

3.6 成员运算符（membership operators）

C 系列语言并没有类似 Python 中的成员运算符，一般通过迭代循环或提供的方法实现。如表 3.5 所示为编程语言支持的成员运算符。

表3.5 编程语言支持的成员运算符

运算	说明	Py	C	C++	C#
a in b	如果 *a* 在序列 *b* 中，则为 *True*	☑	☒ 通过迭代循环比较值的方法实现	☒ 可用 *std::find* 等方法替代	☒ 可用 *Array.Exists()*、*List.Contains()* 和 *string.Contains()* 等方法替代
a not in b	如果 *a* 不在序列 *b* 中，则为 *True*	☑	☒	☒	☒

注：☑ 表示支持；☒ 表示不支持。

Py

（3073.py）

```
numbers = [1, 2, 3, 4, 5, 6]
searchNum = 3

if searchNum in numbers:
    print(f"{searchNum} is in the array.")
else:
```

```
    print(f"{searchNum} is not in the array.")

searchNum = 9

if searchNum not in numbers:
    print(f"{searchNum} is not in the array.")
else:
    print(f"{searchNum} is in the array.")

fruits = ["apple", "banana", "cherry"]
searchFruit = "banana"

if searchFruit in fruits:
    print(f"{searchFruit} is in the list.")
else:
    print(f"{searchFruit} is not in the list.")

sentence = "Hello world!"
searchChar = "o"

if searchChar in sentence:
    print(f"The character '{searchChar}' is in the sentence.")
else:
    print(f"The character '{searchChar}' is not in the sentence.")
```

>>>

```
3 is in the array.
9 is not in the array.
banana is in the list.
The character 'o' is in the sentence.
```

C

C 中没有像Python中的`in`和`not in`运算符，通常使用数组（array）或结构体（structures），通过迭代循环用==运算符检查一个值是否存在于给定的数组中，如定义的`contains()`函数。（3074.c）

```
#include <stdio.h>

int contains(int arr[], int size, int value) {
    for (int i = 0; i < size; i++) {
        if (arr[i] == value) {
            return 1; // 找到值
        }
    }
    return 0; // 未找到值
}

int main() {
    int numbers[] = { 1,2,3,4,5 };
    int value2find = 3;

    if (contains(numbers, sizeof(numbers) / sizeof(numbers[0]), value2find)) {
        printf("%d is in the array.\n", value2find);
    }
    else {
        printf("%d is not in the array.\n", value2find);
    }

    return 0;
}
```

>>>

```
3 is in the array.
```

C++

C++ 中没有像 Python 中的*in*和*not in*运算符，但提供了*std::vector*和*std::set*这样的容器（container），可以使用*std::find*方法来检查成员关系。（3075.cpp）

```
#include <iostream>
#include <vector>
#include <algorithm> // 包含 std::find

int main() {
    std::vector<int> numbers = { 1,2,3,4,5 };
    int value2find = 3;

    //用 std::find 检查是否为成员
    if (std::find(numbers.begin(), numbers.end(), value2find) != numbers.end()) {
        std::cout << value2find << " is in the vector." << std::endl;
    }
    else {
        std::cout << value2find << " is not in the vector." << std::endl;
    }

    return 0;
}
```

>>>

```
3 is in the vector.
```

C#

C# 中没有像 Python 中的*in*和*not in*运算符，但是对于数组（Array）可以用*Exists()*方法；对于列表（List）和字符串（string）可以用*Contains()*方法。（3076.cs）

```
using System;

class Program
{
    static void Main()
    {
        // 数组示例
        int[] numbers = { 1, 2, 3, 4, 5, 6 };
        int searchNum = 3;

        if (Array.Exists(numbers, element => element == searchNum))
        {
            Console.WriteLine($"{searchNum} is in the array.");
        }
        else
        {
            Console.WriteLine($"{searchNum} is not in the array.");
        }

        // 列表示例
        List<string> fruits = new List<string> { "apple", "banana", "cherry" };
        string searchFruit = "banana";

        if (fruits.Contains(searchFruit))
        {
```

```
            Console.WriteLine($"{searchFruit} is in the list.");
        }
        else
        {
            Console.WriteLine($"{searchFruit} is not in the list.");
        }

        string sentence = "Hello world!";
        char searchChar = 'o';

        if (sentence.Contains(searchChar))
        {
            Console.WriteLine($"The character '{searchChar}' is in the
sentence.");
        }
        else
        {
            Console.WriteLine($"The character '{searchChar}' is not in the
sentence.");
        }

    }
}
```

>>>

```
3 is in the array.
banana is in the list.
The character 'o' is in the sentence.
```

3.7　同一运算符（identity operators）

C 系列语言并没有 Python 支持的同一运算符`is`和`is not`（表3.6），但是对于 C/C++ 可以通过==和 !=运算符比较两个变量值是否相等，并比较其指针（pointer）所指向的存储地址是否为同一地址；C# 可以直接使用==和 !=。虽然 C# 同样支持指针，但其被认为是不安全的，通常仅限于关键性能优化和较低等级的内存操作等场景中使用。

表3.6　编程语言支持的同一运算符号

运算	说明	Py	C	C++	C#
`a is b`	如果变量 a 和 b 指向同一个 Python 对象，则结果为 True	☑	☒	☒	☒
`a is not b`	如果变量 a 和 b 指向不同的 Python 对象，则结果为 True	☑	☒	☒	☒

注：☑ 表示支持；☒ 表示不支持。

Py

（3077.py）

```
a = 5,
b = 5
c = a

if a is c:
        print("a is equal to c.")
else:
        print("a is not equal to c.")

if a is not c:
        print("a is not equal to c.")
```

```
else:
        print("a is equal to c.")

if a is b:
        print("a is equal to b.")
else:
        print("a is not equal to b.")

print(f"a id={id(a)}\nb id={id(b)}\nc id={id(c)}")

if id(a)==id(b):
        print("a and b point to the same address.")
else:
        print("a and b point to different addresses.")
```

\>>>

```
a is equal to c.
a is equal to c.
a is not equal to b.
a id=2702593099088
b id=140736187992632
c id=2702593099088
a and b point to different addresses.
```

C

（3078.c）

```
#include <stdio.h>

int main() {
    int a = 5, b = 5;
    int c = a;
    int* ptr1 = &a; // & 为取址运算符，用于获取变量的内存地址
    int* ptr2 = &b;
    int* ptr3 = &c;

    // Comparing values
    if (a == c) {
        printf("a is equal to c.\n");
    }
    else {
        printf("a is not equal to c.\n");
    }
    //Comparing pointers
    if (ptr1 == ptr2) {
        printf("ptr1 and ptr2 point to the same address.\n");
    }
    else {
        printf("ptr1 and ptr2 point to different addresses.\n");
    }

    if (ptr1 == ptr3) {
        printf("ptr1 and ptr3 point to the same address.\n");
    }
    else {
        printf("ptr1 and ptr3 point to different addresses.\n");
    }

    return 0;
}
```

>>>

```
a is equal to c.
ptr1 and ptr2 point to different address.
ptr1 and ptr3 point to different address.
```

C++

（3079.cpp）

```cpp
#include <iostream>

int main() {
    int a = 5, b = 5;
    int c = a;
    int* ptr1 = &a; // & 为取址运算符，用于获取变量的内存地址
    int* ptr2 = &b;
    int* ptr3 = &c;
    // Comparing values
    if (a == c) {
        std::cout << "a is equal to c." << std::endl;
    }
    else {
        std::cout << "a is not equal to c" << std::endl;
    }

    //Comparing pointers
    if (ptr1 == ptr2) {
        std::cout << "ptr1 and ptr2 point to the same address." << std::endl;
    }
    else {
        std::cout << "ptr1 and ptr2 point to different addresses." << std::endl;
    }

    if (ptr1 == ptr3) {
        std::cout << "ptr1 and ptr3 point to the same address." << std::endl;
    }
    else {
        std::cout << "ptr1 and ptr3 point to different addresses." << std::endl;
    }

    return 0;
}
```

>>>

```
a is equal to c.
ptr1 and ptr2 point to different address.
ptr1 and ptr3 point to different address.
```

C#

（3080.cs）

```csharp
using System;

class Program
{
    static void Main()
    {
        object obj1 = new object();
        object obj2 = obj1; // obj2 引用与 obj1 相同的对象
```

```
        object obj3 = new object(); // 一个不同的对象
        //引用相等性
        Console.WriteLine($"obj1==obj2: {obj1 == obj2}");
        Console.WriteLine($"obj1==obj3:{obj1 == obj3}");
        //值类型示例
        int a = 5, b = 5;
        Console.WriteLine($"a==b: {a == b}");
    }
}
```

\>>>

```
obj1==obj2: True
obj1==obj3:False
a==b: True
```

3.8 运算符优先级（precedence and associativity rule of operators）

包括多个运算符时，优先顺序可以从各个语言对应的表格中查询，见表3.7。4门语言的运算符优先级顺序基本保持一致，因为 Python 和 C 系列语言的运算符有所差异，相较 C 系列语言之间的细微差异，Python 与 C 系列之间的差异稍大一些。

当运算符具有相同的优先级时（处于表中的同一行），其“结合性”决定了表达式如何分组。例如，减法是左关联的，将从左到右分组(L2R)，因此 `9-3-1` 可分组为 `(9-3)-1`；而有些运算符是右关联的，例如 `a+=1`，是将右侧的值与左侧变量的值相加并赋值给左侧的变量（R2L）。L2R 表示 left to right（从左到右）；R2L 表示 right to left（从右到左）。

表3.7　Python / C / C++ / C# 运算符优先级对比表（由高到低）

优先级	类别	Python 运算符	C 运算符	C++ 运算符	C# 运算符	结合性
1	函数/成员访问	()、[]、.	()、[]、.、->	()、[]、.、->	()、[]、.、->、?	L→R
2	幂运算	**	无	无	无	R→L
3	一元运算	+x、-x、~x、not x	+、-、!、~、*（解引用）、&（地址）、sizeof	+、-、!、~、*、&、sizeof、::	+、-、!、~、*、&、sizeof、typeof、await、++、--	R→L
4	乘除取模	*、/、//、%	*、/、%	*、/、%	*、/、%	L→R
5	加减	+、-	+、-	+、-	+、-	L→R
6	位移	<<、>>	<<、>>	<<、>>	<<、>>	L→R
7	比较（大小）	<、<=、>、>=	<、<=、>、>=	<、<=、>、>=	<、<=、>、>=	L→R
8	等值比较	==、!=、is、is not	==、!=	==、!=	==、!=、is、as	L→R
9	成员/身份	in、not in	无	无	is、as	L→R
10	位与	&	&	&	&	L→R

续表

优先级	类别	Python 运算符	C 运算符	C++ 运算符	C# 运算符	结合性
11	位异或	^	^	^	^	L→R
12	位或	|	|	|	|	L→R
13	逻辑与	*and*	&&	&&	&&	L→R
14	逻辑或	*or*	||	||	||	L→R
15	条件表达式	*x if cond else y*	*cond ? x : y*	*cond ? x : y*	*cond ? x : y*	R→L
16	赋值	=、+=、-=、*=、/=、//=、**=、%=	=、+=、-=、*=、/=、%=、<<=、>>=、&=、^=、|=	同左	同左	R→L
17	逗号表达式	,（仅限元组、参数，不是表达式链）	,（表达式链）	,（表达式链）	,（仅用于 *for*，表达式中不推荐）	L→R

3.9　知识拓展

补码（complement）是一种用二进制表示有符号数的方法，也是一种将数字的正负号变号的方式。整数和0的补数就是该数字本身再补上最高位为0（最高位恒为0）。负数的补数则是将其绝对值按位取反再加1（最高位恒为1）。补数系统的最大优点是在加法或减法处理中不需要为数字的正负而使用不同的计算方式。例如，以4位补数说明补数系统的数字表示方法，其补数和十进位对应值见表3.8。

表3.8　补数和十进位对应值

补数	十进位
0111	7
0110	6
…	…
0010	2
0001	1
0000	0
1111	−1
1110	−2
…	…
1001	−7
1000	−8

4位元的补数正数最大数字位 0111(7)；绝对值最大的负数是 1000（−8）。用补数系统计算方式如下：

```
  0011 (3)
+ 1111 (-1)
--------------
 10010 (2)
```

将结果 10010（5位）忽略掉第5位（从右开始数），结果为 0010(2)，即为正确计算结果。若将二进位的 1111（−1）变号为 0001(1)，以上的式子可以计算减法：3−1 = 2。

第4章 数据结构

4.1 数据结构

数据结构是计算机科学中的一个核心概念，是以特定方式组织、管理和存储数据的集合，以便高效地访问和修改数据，是程序设计的基础。不同的数据结构具有不同的特性和用途，选择合适的数据结构可以提高程序的性能和可维护性。在实际的应用中，了解不同数据结构的特性和使用场景，可以帮助开发者做出更有效的设计决策。表4.1列出了常见数据结构的解释及对应编程语言的实现方法。

表4.1 数据结构的解释及对应编程语言的实现方法

数据结构	解释	Python	C	C++	C#
数组（Array）	数组是一种固定大小的线性数据结构，其中的元素在内存中顺序存储。支持随机访问，通过索引可以直接访问任何元素。但其大小在其创建时便固定，不支持动态调整。数组适用于存储图像像素、数据表等需要快速访问的场景	动态数组（list）	固定大小（使用数组）	STL（标准模板库）中的 `vector`	数组（可变大小的 `List`）
链表（Linked List）	链表是一种动态大小的线性数据结构，由一系列节点组成，每个节点包含数据和指向下一个节点的指针。支持动态大小，插入和删除操作，具有较高的效率。不支持随机访问，访问元素需要从头遍历。适合于实现队列、栈等频繁插入和删除元素的场景	使用自定义类实现	通过定义结构体和函数实现	STL 中的 `list`	使用自定义类实现或 `LinkedList`
栈（Stack）	栈是一种后进先出（last-in first-out, LIFO）的线性数据结构，只允许在一端进行插入和删除的操作。其只有一个出口（栈顶），先进后出。常用操作包括压栈（push）、弹栈（pop）和查看栈顶元素（peek）。适用于函数调用管理、表达式求值和回溯算法等	使用列表或 `collections.deque`	通过定义结构体和函数实现	STL 中的 `stack`	使用 `Stack<T>`
队列（Queue）	队列是一种先进先出（first-in first-out，FIFO）的线性数据结构，允许在一端插入元素（队尾）并在另一端（队头）删除元素。元素按照插入顺序处理，常用操作包括入队（enqueue）、出队（dequeue）和查看队头元素。适用于任务调度、异步数据处理等场景	使用 `collections.deque`	通过定义结构体和函数实现	STL 中的 `queue`	使用 `Queue<T>`
哈希表（Hash Table）	哈希表是一种基于键值对的非线性数据结构，使用哈希函数将键映射到特定的数组索引。能够提供快速的查找、插入和删除操作。适用于实现字典、缓存和数据库索引等场景	字典（dict）	通过定义结构体和函数实现	STL 中的 `unordered_map`	使用 `Dictionary<TKey, TValue>`

续表

数据结构	解释	Python	C	C++	C#
树（Tree）	树是一种非线性数据结构，由节点组成，具有层级关系。每个节点有零个或多个子节点，根节点是树的顶层节点。支持层级存储和快速查找。二叉树是最常见的树结构，其每个节点最多有两个子节点。适用于表示层级结构，如文件系统、组织结构等场景	自定义类实现，或者使用 anytree、treelib等 Python 库	通过定义结构体和函数实现	使用 STL 的容器组合来实现树（自定义类）	自定义类或使用 SortedSet、SortedDictionary
图（Graph）	图是一种由节点（顶点）和边组成的非线性数据结构，边表示节点直接的关系。可以是有向图（边有方向）或无向图（边无方向）。有邻接矩阵和邻接列表等表示方式。适用于网络结构，如社交网络、交通网络等场景，可以解决最短路径、连通性等问题	自定义类实现，或者使用 networkx、igraph 等 Python 库	通过定义结构体和函数实现	使用 STL 容器的 vector、list 或 unordered_map 等实现（自定义类）	自定义类实现，或者使用 QuickGraph、GraphX等库
集合（Set）	集合是一种无序且元素不重复的集合。支持基本的集合运算，如并集、交集和差集等。可以使用哈希表实现，提供快速查找。适用于去重、统计和数学运算等场景	集合（set）	通过定义结构体和函数实现	STL 中的 unordered_set	使用 HashSet<T>

4.2 C/C++和C#的数组（array）

为了使一个变量不只是存储一个单一数据项，而是能够存储多个数据项，其中一种方式是创建数组（array）。C/C++ 创建数组方式基本保持一致，C# 则有较大不同，见比较表4.2。

表4.2 数组的声明、初始化与访问

编程语言	C/C++	C#
语法	`data-type array-name [number-of-elements]`	`data-type[] array-name = new data-type[number-of-elements]`
声明数组	`int myArray[5];`	`int[] myArray = new int[5];` 或`int[] myArray;myArray=new int[5];`
声明数组后赋值	`myArray[2]=3;`	`myArray[2]=3;`
声明数组时赋值	`int myArray[5] = { 1,2,3,4,5 };`	`int[] myArray = new int[5] { 1, 2, 3, 4, 5 };`
声明和初始化数组时不指定数组大小	`int myArray[] = { 1,2,3,4,5 };`	`int[] myArray = { 1, 2, 3, 4, 5 };`
多维数组（矩阵）	`int myMatrix[3][3] = { {1, 2, 3}, {4, 5, 6},{7, 8, 9} };`	`int[,] myMatrix =new int[3,3] {{1,2,3},{4,5,6},{7,8,9}};`
访问多维数组	`int valOFmatrix = myMatrix[1][2];`	`int valOFmatrix = myMatrix[1, 2];`

如果以C的数组为参照，C++通过引入头文件`#include <array>`和`#include <vector>`，还可以使用`std::array<int, 5>`和`std::vector<int>`来声明数组，其中`Vector`向量属于 C++ 的标准模板库（standard template library，STL）中一种自定义的数据类型，可以认为是数组的增强版；而 C# 内置的数组类型`Array`类，具有丰富的属性和方法。首先通过下述代码示例比较使用 C 系列语言基础数组的使用方法。（4081.c）

```
#include <stdio.h>
#include <string.h>
// 打印整数型1维数组
void printArrayInt(int arr[], int size) {
    printf("{");
    for (int i = 0; i < size; i++) {
        printf("%d", arr[i]);
        if (i < size - 1) printf(", ");
    }
    printf("}\n");
}
// 打印整数、浮点（单精度和双精度）型1维数组
void printArrayAny(void* arr, int size, char type) {
    printf("{");
    for (int i = 0; i < size; i++) {
        if (type == 'i') { // Integer array
            printf("%d", ((int*)arr)[i]);
        }
        else if (type == 'f') { // Float array
            printf("%f", ((float*)arr)[i]);
        }
        else if (type == 'd') { // Double array
            printf("%lf", ((double*)arr)[i]);
        }
        if (i < size - 1) printf(", ");
    }
    printf("}\n");
}
// 打印整数、浮点（单精度和双精度）型多维数组（矩阵）
void printMatrix(void* matrix, int rows, int cols, char type) {
    for (int i = 0; i < rows; i++) {
        for (int j = 0; j < cols; j++) {
            if (type == 'i') {
                printf("%d ", *((int*)matrix + i * cols + j));
            }
            else if (type = 'f') {
                printf("%f ", *((int*)matrix + i * cols + j));
            }
            else if (type = 'd') {
                printf("%lf ", *((int*)matrix + i * cols + j));
            }
        }
        printf("\n");
    }
}

int main() {
    // 声明数组同时赋值
    int arrayA[5] = { 1,2,3,4,5 };
    printArrayInt(arrayA, sizeof(arrayA) / sizeof(arrayA[0]));
    // 声明数组后赋值
    int arrayB[5];
    arrayB[0] = 1;
    printArrayAny(arrayB, sizeof(arrayB) / sizeof(arrayB[0]), 'i');
```

```
    arrayB[3] = 4;
    printArrayAny(arrayB, sizeof(arrayB) / sizeof(arrayB[0]), 'i');

    // 复制数组
    memcpy(arrayB, arrayA, sizeof(arrayA));
    printArrayAny(arrayB, sizeof(arrayB) / sizeof(arrayB[0]), 'i');

    // 部分初始化一个数组
    float arrayC[5] = { 1.,2. };
    printArrayAny(arrayC, sizeof(arrayC) / sizeof(arrayC[0]), 'f');

    // 更新数组指定索引位置的值
    arrayB[4] = 2024;
    printArrayAny(arrayB, sizeof(arrayB) / sizeof(arrayB[0]), 'i');

    // 循环遍历数组
    for (int i = 0; i < 5; i++) {
        printf("Element at index %d: %d\n", i, arrayB[i]);
    }

    // 声明和初始化数组时不指定数组大小
    int arrayD[] = { 1,2,3,4,5 };
    printArrayAny(arrayD, sizeof(arrayD) / sizeof(arrayD[0]), 'i');

    // 多维数组
    int matrix[3][3] = {
        {1, 2, 3},
        {4, 5, 6},
        {7, 8, 9}
    };
    printMatrix(matrix, 3, 3, 'i');

    // 访问多维数组
    int idx0 = 1, idx1 = 2;
    int valOFmatrix = matrix[idx0][idx1];
    printf("Element at index [%d,%d]: %d\n", idx0, idx1, valOFmatrix);

    return 0;
}
```

>>>

```
{1, 2, 3, 4, 5}
{1, -858993460, -858993460, -858993460, -858993460}
{1, -858993460, -858993460, 4, -858993460}
{1, 2, 3, 4, 5}
{1.000000, 2.000000, 0.000000, 0.000000, 0.000000}
{1, 2, 3, 4, 2024}
Element at index 0: 1
Element at index 1: 2
Element at index 2: 3
Element at index 3: 4
Element at index 4: 2024
{1, 2, 3, 4, 5}
1 2 3
4 5 6
7 8 9
Element at index [1,2]: 6
```

C++

将 C 中使用数组的试验代码迁移至 C++ 中，其主要区别如下。

❶ I/O（输入/输出） 将 C 风格的 *printf* 转换为 C++ I/O 的标准方式 *cout*。

❷ 类型强制转换 在 C++ 中，优先使用 *static_cast<>()* 用于类型强制转换，而不是 C 风格的强制转换，其会在编译时进行类型检查，确保转换是合法的，提供了更好的类型安全性；而代码中显示的使用 *static_cast<>()* 可以增强代码的可读性和意图表达。

C 和 C++ 除了上述主要区别外，代码基本相同。（4082.cpp）

```
#include <iostream>
#include <cstring> // 包含 memcpy

using namespace std;

// 打印一个一维整数数组
void printArrayInt(int arr[], int size) {
    cout << "{";
    for (int i = 0; i < size; i++) {
        cout << arr[i];
        if (i < size - 1) cout << ", ";
    }
    cout << "}\n";
}

// 打印一个一维整数、浮点数或双精度数组
void printArrayAny(void* arr, int size, char type) {
    cout << "{";
    for (int i = 0; i < size; i++) {
        if (type == 'i') { // 整数数组
            cout << static_cast<int*>(arr)[i];
        }
        else if (type == 'f') { // 浮点数组
            cout << static_cast<float*>(arr)[i];
        }
        else if (type == 'd') { // 双精度数组
            cout << static_cast<double*>(arr)[i];
        }
        if (i < size - 1) cout << ", ";
    }
    cout << "}\n";
}

// 打印一个二维数组（矩阵），包含整数、浮点数或双精度数
void printMatrix(void* matrix, int rows, int cols, char type) {
    for (int i = 0; i < rows; i++) {
        for (int j = 0; j < cols; j++) {
            if (type == 'i') {
                cout << *((int*)matrix + i * cols + j) << " ";
            }
            else if (type == 'f') {
                cout << *((float*)matrix + i * cols + j) << " ";
            }
            else if (type == 'd') {
                cout << *((double*)matrix + i * cols + j) << " ";
            }
        }
        cout << "\n";
    }
}

int main() {
```

```
    // 声明并初始化一个数组
    int arrayA[5] = { 1, 2, 3, 4, 5 };
    printArrayInt(arrayA, sizeof(arrayA) / sizeof(arrayA[0]));

    // 声明数组并赋值
    int arrayB[5];
    arrayB[0] = 1;
    printArrayAny(arrayB, sizeof(arrayB) / sizeof(arrayB[0]), 'i');
    arrayB[3] = 4;
    printArrayAny(arrayB, sizeof(arrayB) / sizeof(arrayB[0]), 'i');

    // 使用 memcpy 复制数组
    memcpy(arrayB, arrayA, sizeof(arrayA));
    printArrayAny(arrayB, sizeof(arrayB) / sizeof(arrayB[0]), 'i');

    // 部分初始化一个浮点数组
    float arrayC[5] = { 1., 2. };
    printArrayAny(arrayC, sizeof(arrayC) / sizeof(arrayC[0]), 'f');

    // 更新数组中的特定索引
    arrayB[4] = 2024;
    printArrayAny(arrayB, sizeof(arrayB) / sizeof(arrayB[0]), 'i');

    // 遍历并打印数组的元素
    for (int i = 0; i < 5; i++) {
        cout << "Element at index " << i << ": " << arrayB[i] << endl;
    }

    // 声明并初始化一个数组，而不指定其大小
    int arrayD[] = { 1, 2, 3, 4, 5 };
    printArrayAny(arrayD, sizeof(arrayD) / sizeof(arrayD[0]), 'i');

    // 二维数组（矩阵）
    int matrix[3][3] = {
        {1, 2, 3},
        {4, 5, 6},
        {7, 8, 9}
    };
    printMatrix(matrix, 3, 3, 'i');

    // 访问二维数组中的特定元素
    int idx0 = 1, idx1 = 2;
    int valOFmatrix = matrix[idx0][idx1];
    cout << "Element at index [" << idx0 << "," << idx1 << "]: " << valOFmatrix
<< endl;

    return 0;
}
```

\>>>

```
{1, 2, 3, 4, 5}
{1, -858993460, -858993460, -858993460, -858993460}
{1, -858993460, -858993460, 4, -858993460}
{1, 2, 3, 4, 5}
{1, 2, 0, 0, 0}
{1, 2, 3, 4, 2024}
Element at index 0: 1
Element at index 1: 2
Element at index 2: 3
Element at index 3: 4
Element at index 4: 2024
{1, 2, 3, 4, 5}
```

```
1 2 3
4 5 6
7 8 9
Element at index [1,2]: 6
```

C#

将 C 中使用数组的试验代码迁移至 C# 中，其主要区别如下。

❶ *Array* 类　C# 使用内置的数组类型 *Array*类，其是 C# 中所有数组的基类，位于 *System*命名空间下。*Array*具有丰富的属性和方法，可以高效地提升编写 C# 程序的效率。

❷ I/O（输入/输出）　使用 *Console.WriteLine()* 或 *Console.Write()* 替代 C 下的 *printf*。

❸ 类型转换　使用内置功能处理数组和数据类型，使类型转换更容易，也更安全。

❹ 数组的复制　直接使用 *Array*类的方法 *Array.Copy* 实现。

在定义数组打印的 *printArrayAny()* 和 *printMatrix()* 方法时，Array 类提供的方法方便并简化了代码书写的繁杂程度。（4083.cs）

```
using System;

class Program
{
    static void printArrayAny(Array arr)
    {
        Console.Write("{");
        for (int i = 0; i < arr.Length; i++)
        {
            if (i == arr.Length - 1)
            {
                Console.Write($"{arr.GetValue(i)}}}\n");
            }
            else
            {
                Console.Write($"{arr.GetValue(i)},");
            }

        }
    }
    static void printMatrix(Array matrix)
    {
        for (int i = 0; i < matrix.GetLength(0); i++)
        {
            for (int j = 0; j < matrix.GetLength(1); j++)
            {
                Console.Write(matrix.GetValue(i, j).ToString() + '\t');
            }
            Console.WriteLine();
        }
    }

    static void Main()
    {
        // 声明数组同时赋值
        int[] arrayA = new int[5] { 1, 2, 3, 4, 5 };
        Console.WriteLine(String.Join(",", arrayA)); // 使用 String.Join()方法打印
数组
```

```
        Array.ForEach(arrayA, x => Console.Write($"{x},")); // 使用 Array.ForEach
()方法打印数组
        Console.WriteLine();
        printArrayAny(arrayA); // 使用包含 for 循环的自定义函数 printArrayAny() 方法打
印数组
        // 声明数组后赋值
        int[] arrayB = new int[5];
        arrayB[0] = 1;
        printArrayAny(arrayB);
        arrayB[3] = 4;
        printArrayAny(arrayB);
        // 复制数组
        Array.Copy(arrayA, arrayB, arrayB.Length);
        printArrayAny(arrayB);
        // 部分初始化一个数组
        float[] arrayC = new float[5] { 1f, 2f, 0f, 0f, 0f };
        printArrayAny(arrayC);
        // 循环遍历数组
        for (int i = 0; i < arrayB.Length; i++)
        {
            Console.WriteLine($"Element at index {i}: {arrayB[i]}");
        }
        foreach (var element in arrayB)
        {
            Console.Write($"{element},");
        }
        Console.WriteLine();
        // 声明和初始化数组时不指定数组大小
        int[] arrayD = { 1, 2, 3, 4, 5 };
        printArrayAny(arrayD);
        // 多维数组
        int[,] matrix =
        {
            {1,2,3 },
            {4,5,6 },
            {7,8,9 }
        };
        printMatrix(matrix);
        // 访问多维数组
        int idx0 = 1, idx1 = 2;
        int valOFmatrix = matrix[idx0, idx1];
        Console.WriteLine($"Element at index [{idx0},{idx1}]: {valOFmatrix}");
    }
}
```

>>>

```
1,2,3,4,5
1,2,3,4,5,
{1,2,3,4,5}
{1,0,0,0,0}
{1,0,0,4,0}
{1,2,3,4,5}
{1,2,0,0,0}
Element at index 0: 1
```

```
Element at index 1: 2
Element at index 2: 3
Element at index 3: 4
Element at index 4: 5
1,2,3,4,5,
{1,2,3,4,5}
1       2       3
4       5       6
7       8       9
Element at index [1,2]: 6
```

C++

4.3 C++ 的容器（container）

C++ 中的容器（container）是一个持有对象的对象，用于存储其他对象（作为容器的元素）的集合。其作为类模板（class templates）实现，支持多种灵活的元素类型。容器管理元素的存储空间，并提供成员函数（member function），以直接的方式或者迭代器（其引用对象与指针的属性类似）访问元素。容器复现了编程中常用的结构，如动态数组（*vector*）、队列（*queue*）、栈（*stack*）、堆（*priority_queue*）、链表（*list*）、集合（*set*）和关联数组（*map*）等。许多容器有多个共同的成员函数，并共享某些功能。栈（*stack*）、队列（*queue*）和优先队列（*priority_queue*）作为容器适配器（container adaptors）实现。容器适配器不是完整的容器类，而是提供特定接口的类，依赖于某个容器类（如 *deque* 或 *list*）的对象处理元素。底层容器以一种方式被封装，以便通过容器适配器的成员独立于所使用的底层容器类来访问其元素。

容器类模板（container class templates）可以归类如表4.3。

表4.3　C++ 容器类模板归类

分类	容器	说明
序列式容器（Sequence containers）	数组（*array*）	静态连续数组
	向量（*vector*）	动态连续数组
	双端队列（*deque*）	双端队列
	单向链表（*forward_list*）	单链表
	链表（*list*）	双链表
关联式容器（Associative containers）	集合（*set*）	唯一键的集合，并按键排序
	映射（*map*）	键值对的集合，按键排序，键唯一
	多重集合（*multiset*）	键的集合，按键排序，元素可不唯一
	多重映射（*multimap*）	键值对的集合，按键排序，键值可不唯一
无序关联式容器（Unordered associative containers）	无序集合（*unordered_set*）	唯一键的集合，按键散列（哈希表）
	无序映射（*unordered_map*）	键值对的集合，按键散列，键是唯一的
	无序多重集合（*unordered_multiset*）	键的集合，按键散列，元素可不唯一
	无序多重映射（*unordered_multimap*）	键值对的集合，按键散列，键值可不唯一
容器适配器（Container adaptors）	栈（*stack*）	后进先出数据结构［(last-in first-out）LIFO stack］
	队列（*queue*）	先进先出数据结构［(first-in first-out）FIFO queue］
	优先队列（*priority_queue*）	最高优先出

选择特定需求所用的容器类型（图4.1、图4.2）通常不仅依赖于容器所提供的功能，还与其某些成员的效率（时间/空间复杂度）有关。这在序列式容器中表现明显，它们在插入/删除元素和访问元素之间提供了不同的复杂度权衡。

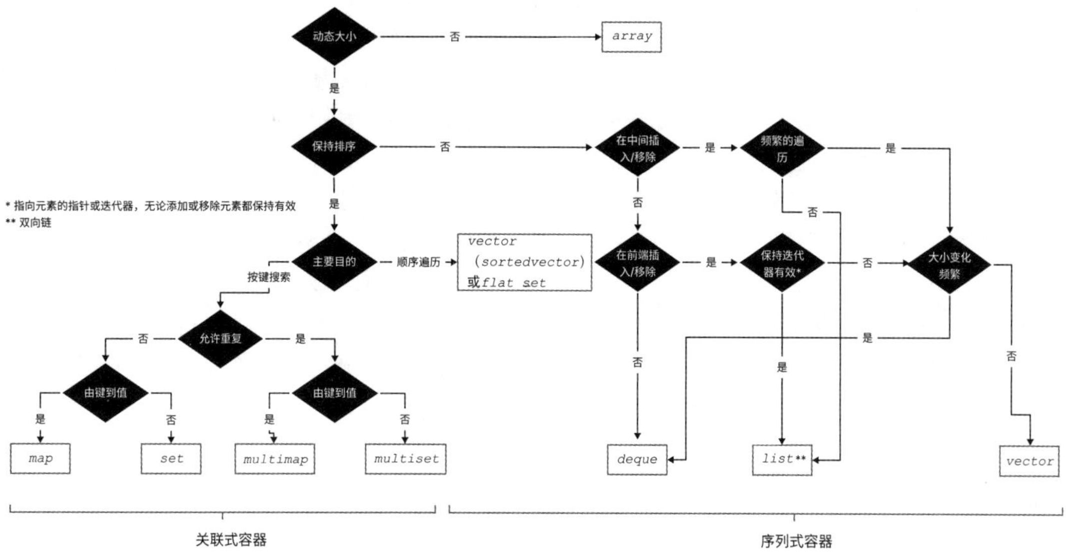

图4.1 序列式容器和关联式容器选择流程图

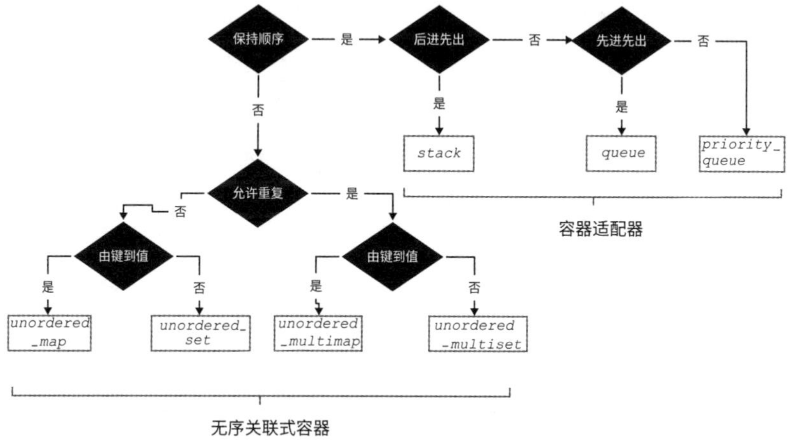

图4.2 无序关联式容器和容器适配器选择流程图

4.3.1 序列式容器

（1）向量

向量（vector）是一个序列式容器（sequence containers），表示可以改变大小的数组（array）。与数组一样，向量的元素（elements）存储在连续的内存位置，因此可以使用指向其元素的常规指针偏移量来访问这些元素，访问效率与数组相同。但是，与数组不同的是，向量的大小可以动态变化，容器会自动管理其存储。向量使用动态分配的数组来存储元素，当需要增加大小以插入新元素时，可能需要重新分配这个数组，意味着分配一个新数组并将所有元素移动过去。这是一项相对耗时的操作，因此向量不会在每次添加元素时都进行重新分配。相反，向量容器通常会预分配一些额外的存储空间，以适应未来可能的增长，因此其实际的容量（capacity）可能大于所需的元素存储空间（即其大小，size）。该库实现了不同的增长策略，以在内存使用和重新分配之间保持平衡。虽然向量比数组消耗更多内存，但换来了更有效的存储管理和动态增长能力。与其他动态序列式容器相比［如双端队列（*deques*）、链表（*list*）和前向列表（*forward_list*）］，向量在访问其元素时效率更高，并且在末尾添加和删除元素时性能也相对较好。然而，在向量的中间位置进行插入或删除操作时，其性能要逊于其他位置，且迭代器（iterators）和引用（references）的稳定性不如链表和前向链表。

下述示例展示了建立向量、添加元素、访问元素、迭代向量、移除元素、返回向量大小和容量及清除向量和检查向量是否为空等常用方法。初始化一个向量时，可以传入一个列表（数组）给向量构造函数以创建指定元素的一个向量，其语法为 `std::vector<dataType> name({ value1, value2, value3 ....});`；或者指定向量的大小，给定一个值来初始化向量的每一个元素，其语法为 `std::vector<dataType> name(size, value);`；亦可仅指定向量大小，则填充值默认为0，其语法为 `std::vector<dataType> name(size);`；也可以初始化一个其他向量的复制对象，其语法为 `std::vector<dataType> name(other_vec);`。

（4084.cpp）

```
#include <iostream>
#include <vector>
#include <string>
#include <format>

template<typename T>
void printVector(const std::vector<T>& vec, std::string varname) {
    std::cout << varname << " = {";
    /*
    for (const auto& element : vec) {
        std::cout << element << ",";
    }
    */
    for (size_t i = 0; i < vec.size(); i++) {
        std::cout << vec[i];
        if (i != vec.size() - 1) {
            std::cout << ", ";
        }
    }
    std::cout << "}" << std::endl;
}

int main() {
    // 建立 vector
    std::vector<int> vec; // 建立一个空的 vector
    std::vector<int> vec2(5); // 建立一个长度为 5 的 vector，初始化值默认为 0
    std::vector<int> vec3(5, 10); // 建立一个长度为 5 的 vector，初始化值为 10

    // 用定义的 printVector() 函数打印 vector
    printVector(vec, "vec");
    printVector(vec2, "vec2");
    printVector(vec3, "vec3");

    // 使用 push_back() 向 vector 对象添加元素
    vec.push_back(1);
    vec.push_back(2);
    vec.push_back(3);
    vec.push_back(4);
    printVector(vec, "vec");
```

```
    vec2.push_back(7);
    printVector(vec2, "vec2");

    // 访问元素
    std::cout << std::format("Using index operator []: {}; or the at() method: {}",
vec[1], vec.at(1)) << std::endl;

    // 迭代 vector——使用 range-based for loop 方法
    for (int value : vec) {
        std::cout << value << " ";
    }
    std::cout << std::endl;
    // 迭代 vector——使用迭代器（iterator）
    for (std::vector<int>::iterator it = vec.begin(); it != vec.end(); ++it)
{ // 可用 auto 替代 std::vector<int>::iterator
         std::cout << *it << " ";
    }
    std::cout << std::endl;
    // 迭代 vector——使用逆向迭代器（reverse_iterator）
    for (std::vector<int>::reverse_iterator it = vec.rbegin(); it != vec.rend();
it++) {
         std::cout << *it << " ";
    }
    std::cout << std::endl;

    // 移除元素——使用 pop_back()方法移除最后一个元素
    vec.pop_back();
    printVector(vec, "vec");
    // 移除元素——使用 erase()方法移除指定的元素
    vec.erase(vec.begin() + 1);
    printVector(vec, "vec");

    // size() 返回元素的数量
    std::cout << std::format("vec size = {}", vec.size()) << std::endl;
    // capacity() 返回 vector 容器在需要调整大小之前可以容纳的元素数量
    std::cout << std::format("vec capacity = {}", vec.capacity()) << std::endl;
    // clear() 从 vector 容器中移除所有元素
    vec.clear();
    // empty() 检查 vector 是否为空
    std::cout << std::format("vec is empty = {}", vec.empty()) << std::endl;

    return 0;
}
```

>>>

```
vec = {}
vec2 = {0, 0, 0, 0, 0}
vec3 = {10, 10, 10, 10, 10}
vec = {1, 2, 3, 4}
vec2 = {0, 0, 0, 0, 0, 7}
Using index operator []: 2; or the at() method: 2
1 2 3 4
1 2 3 4
4 3 2 1
vec = {1, 2, 3}
vec = {1, 3}
vec size = 2
vec capacity = 4
vec is empty = true
```

size_t 是 C++ 中用于表示对象大小或数组索引的一种无符号整数类型，其通常用于表示对象的大小（如内存分配的字节数）和容器的元素数量（如 *std::vector* 的大小）。由于 *size_t* 是无符号类型，其能有效地表示从 0 开始的数量，避免负数带来的潜在问题。*size_t* 的大小和范围取决于系统架构（32 位或 64 位），这使得它在不同平台上具有良好的兼容性。

将 & 用于函数参数时，表示传递参数的引用。这种方式允许函数直接操作传入的变量，而不是对其进行复制。使用引用参数可以提高效率，尤其在处理大型数据结构时。示例代码如下。

（4085.cpp）

```
#include <iostream>

void modify(int& num) {
    num += 10;
    std::cout << "Executed function modify().\n";
}

void modifyC(int num) {
    num += 10;
    std::cout << "Executed function modifyC().\n";
}

int main() {
    int value = 5;
    modify(value);
    std::cout << "Modified value: " << value << std::endl;

    modifyC(value);
    std::cout << "Modified value: " << value << std::endl;

    return 0;
}
```

\>>>

```
Executed function modify().
Modified value: 15
Executed function modifyC().
Modified value: 15
```

将 *const* 关键字用于函数参数，以确保在函数内部不修改该参数，其可用于基础数据类型和应用类型。例如，修改上述代码 *modify(int& num)* 函数传入的参数为 *modify (const int& num)*，则会提示错误信息 *E0137 expression must be a modifiable lvalue* 和 *C3892 'num': you cannot assign to a variable that is const*。

基于范围的 for 循环（range-based for loop）可以直接迭代容器中的所有元素，其语法可表示为 *for (data-type range_declaration : range_expression)*。示例代码如下。

（4086.cpp）

```
#include <iostream>
#include <vector>

int main() {
    std::vector<int> vec = { 0,1,2,3,4,5 };
    for (auto i : vec)
        std::cout << i << " ";
    std::cout << std::endl;

    return 0;
}
```

\>>>

```
0 1 2 3 4 5
```

*std::vector*常用的成员函数如下。

❶ 迭代器（iterators）

• *begin()*　返回一个指向向量中第一个元素的迭代器。

• *end()*　返回一个指向向量中最后一个元素下一个位置的迭代器。

• *rbegin()*　返回一个指向向量最后一个元素的反向迭代器（反向开始）。它从最后一个元素移动到第一个元素。

• *rend()*　返回一个指向向量中第一个元素前一个位置（视为反向结束）的反向迭代器。

• *cbegin()*　返回一个指向向量中第一个元素的常量迭代器（constant iterator）。

• *cend()*　返回一个指向向量中最后一个元素下一个位置的常量迭代器。

• *crbegin()*　返回一个指向向量最后一个元素的常量反向迭代器（反向开始）。它从最后一个元素移动到第一个元素。

• *crend()*　返回一个指向向量中第一个元素前一个位置（视为反向结束）的常量反向迭代器。

（4087.cpp）

```
#include <iostream>
#include <vector>

int main() {
    std::vector<int> vec;

    for (int i = 1; i <= 5; i++)
        vec.push_back(i);

    std::cout << "Output of begin and end: ";
    for (auto i = vec.begin(); i != vec.end(); ++i)
        std::cout << *i << " ";

    std::cout << "\nOutput of cbegin and cend: ";
    for (auto i = vec.cbegin(); i != vec.cend(); ++i)
        std::cout << *i << " ";

    std::cout << "\nOutput of rbegin and rend: ";
    for (auto ir = vec.rbegin(); ir != vec.rend(); ++ir)
        std::cout << *ir << " ";

    std::cout << "\nOutput of crbegin and crend: ";
    for (auto ir = vec.crbegin(); ir != vec.crend(); ++ir)
        std::cout << *ir << " ";

    return 0;
}
```

>>>

```
Output of begin and end: 1 2 3 4 5
Output of cbegin and cend: 1 2 3 4 5
Output of rbegin and rend: 5 4 3 2 1
Output of crbegin and crend: 5 4 3 2 1
```

❷ 容量（capacity）

• *size()*　返回向量中元素的个数。

• *max-size()*　返回向量容器所能容纳的最大元素数。

• *capacity()*　返回当前分配给向量容器存储空间的大小，以元素数表示。

• *resize(n)*　调整容器大小，使其包含 *n* 个元素。

- *empty()* 判断容器是否为空。
- *shrink_to_fit()* 减少容器的容量以适应其大小，并消除超出容量的所有元素。
- *reserve()* 使得向量容器容量至少足以容纳 *n* 个元素。

（4088.cpp）

```
#include <iostream>
#include <vector>
#include <format>

int main() {
    std::vector<int> vec({ 1,2,3,4,5 });

    std::cout << std::format("Size: {}\n", vec.size());
    std::cout << std::format("Capacity: {}\n", vec.capacity());
    std::cout << std::format("Max_Size: {}\n", vec.max_size());

    vec.resize(4);
    std::cout << std::string(50, '-') << std::endl;
    std::cout << std::format("Size: {}\n", vec.size());
    std::cout << std::format("Capacity: {}\n", vec.capacity());
    std::cout << std::format("Max_Size: {}\n", vec.max_size());

    if (vec.empty() == false)
        std::cout << "Vector is not empty\n";
    else
        std::cout << "Vector is empty\n";

    for (auto it = vec.begin(); it != vec.end(); it++)
        std::cout << *it << " ";
    std::cout << std::endl;

    vec.shrink_to_fit();
    std::cout << std::string(50, '-') << std::endl;
    std::cout << std::format("Size: {}\n", vec.size());
    std::cout << std::format("Capacity: {}\n", vec.capacity());
    std::cout << std::format("Max_Size: {}\n", vec.max_size());

    for (auto it = vec.begin(); it != vec.end(); it++)
        std::cout << *it << " ";
    std::cout << std::endl;

    return 0;
}
```

>>>

```
Capacity: 5
Max_Size: 4611686018427387903
--------------------------------------------------
Size: 4
Capacity: 5
Max_Size: 4611686018427387903
Vector is not empty
1 2 3 4
--------------------------------------------------
Size: 4
Capacity: 4
Max_Size: 4611686018427387903
1 2 3 4
```

❸ 元素访问（element access）

- *reference_operator[g]* 返回向量中于 *g* 位置元素的引用。

- *at(idx)*　返回向量中索引为 *idx* 所指的元素，如果 *idx* 越界则抛出异常 *out_of_range*。
- *front()*　返回向量中第一个元素的引用。
- *back()*　返回向量中最后一个元素的引用。
- *data()*　返回一个直接指向向量内用于存储其所拥有元素的内存数组指针。

（4089.cpp）

```
#include <iostream>
#include <vector>
#include <format>

int main() {
    std::vector<int> vec;
    for (int i = 1; i <= 10; i++)
        vec.push_back(i * 10);

    for (auto it = vec.begin(); it != vec.end(); it++)
        std::cout << *it << " ";
    std::cout << std::format("\nReference operator [g]: vec[3] = {}\n", vec[3]);
    std::cout << std::format("at: vec.at(3) = {}\n", vec.at(3));
    std::cout << std::format("front(): vec.front() = {}\n", vec.front());
    std::cout << std::format("back(): vec.back() = {}\n", vec.back());

    int* pos = vec.data();
    std::cout << std::format("The first element is {}\n", *pos);

    return 0;
}
```

>>>

```
10 20 30 40 50 60 70 80 90 100
Reference operator [g]: vec[3] = 40
at: vec.at(3) = 40
front(): vec.front() = 10
back(): vec.back() = 100
The first element is 10
```

❹ 编辑向量（modifiers）

- *assign()*　替换向量中的元素。
- *push_back()*　在向量最后添加一个元素。
- *pop_back()*　移除向量中的最后一个元素。
- *insert()*　在指定位置的元素之前插入一个新元素。
- *erase()*　用于从指定位置或给定的区间内删除容器中的元素。
- *swap()*　相同数据类型的两个向量内容互换，其大小可能不同。
- *clear()*　移除向量容器中的所有元素。
- *emplace()*　指定位置插入元素来扩展容器。
- *emplace_back()*　在向量容器的末尾插入一个新元素。

（4090.cpp）

```
#include <iostream>
#include <vector>
#include <format>

template<typename T>
void printVector(const std::vector<T>& vec, std::string varname) {
    std::cout << varname << " = {";
```

```
    for (size_t i = 0; i < vec.size(); i++) {
        std::cout << vec[i];
        if (i != vec.size() - 1) {
            std::cout << ", ";
        }
    }
    std::cout << "}" << std::endl;
}

int main() {
    std::vector<int> vec;
    // 用 10 填充向量 vec 5次
    vec.assign(5, 10);
    printVector(vec, "vec");
    std::cout << std::format("Vec size = {}; capacity = {}\n", vec.size(), vec.
capacity());
    // 在向量末尾追加元素 15
    vec.push_back(15);
    int n = vec.size();
    std::cout << std::format("The last element is {}\n", vec[n - 1]);
    // 移除向量的最后一个元素
    vec.pop_back();
    printVector(vec, "vec");
    // 在向量开始位置后移两位插入元素 5
    vec.insert(vec.begin() + 2, 5);
    printVector(vec, "vec");
    // 移除向量开始位置后移两位插入的元素 5
    vec.erase(vec.begin() + 2);
    printVector(vec, "vec");
    // 在末尾插入元素 9
    vec.emplace(vec.end(), 9);
    printVector(vec, "vec");
    std::cout << std::format("Vec size = {}; capacity = {}\n", vec.size(), vec.
capacity());
    // 在末尾插入元素 5
    vec.emplace_back(5);
    printVector(vec, "vec");
    std::cout << std::format("Vec size = {}; capacity = {}\n", vec.size(), vec.
capacity());
    // 互换两个向量内容
    std::vector<std::string> vec1({ "apple","orange","potato" });
    std::vector<std::string> vec2({ "C","C++","C#","Python" });
    vec1.swap(vec2);
    printVector(vec1, "vec1");
    printVector(vec2, "vec2");
    return 0;
}
```

\>>>

```
vec = {10, 10, 10, 10, 10}
Vec size = 5; capacity = 5
The last element is 15
vec = {10, 10, 10, 10, 10}
```

```
vec = {10, 10, 5, 10, 10, 10}
vec = {10, 10, 10, 10, 10}
vec = {10, 10, 10, 10, 10, 9}
Vec size = 6; capacity = 7
vec = {10, 10, 10, 10, 10, 9, 5}
Vec size = 7; capacity = 7
vec1 = {C, C++, C#, Python}
vec2 = {apple, orange, potato}
```

对向量各种操作的时间复杂度（time complexity）如下。

- 随机访问　常数（constant）阶 $O(1)$
- 在末尾插入或移除元素　常数阶 $O(1)$
- 插入或移除元素　与到向量末端的距离呈线性关系 $O(N)$
- 计算向量大小　常数阶 $O(1)$
- 调整向量大小　线性阶 $O(N)$

（2）链表

链表（list）是 C++ 中的一种序列式容器，允许在序列中的任意位置进行 $O(1)$ 常量时间的插入和删除操作，并支持双向迭代。链表容器实现为双向链表，可以在不相关的存储位置中存储各个独立的元素。元素的顺序通过链接维持，每个元素包含一个指向前一个元素的链接和一个指向下一个元素的链接。链表与前向链表（*forward_list*）非常相似，主要区别在于前向链表是单链表，只能进行单向迭代，因而在存储空间和效率上略优。与 STL（标准模板库）中的其他序列式容器（*array*、*vector*和*deque*等）相比，链表在任意位置插入、删除以及移动已获得迭代器的元素方面通常表现的更佳，因此在需要大量使用迭代器的算法（如排序算法）中具有优势。而链表和前向链表的主要缺点在于无法通过位置直接访问元素。如要访问链表中的第6个元素，必须从已知位置（开始或末尾）迭代到该位置，这会随着距离的增加线性增加执行时间。另外，链表还需要额外的内存来存储每个元素的链接信息。

下述示例包含了链表的常用方法。在向量部分定义了一个函数*printVector()*来辅助打印向量，该函数传入的参数为*std::vector<T>& vec*，只能处理向量打印的任务。为了能够通用打印容器包含的*vector*、*list*、*deque*、*set*等数据结构，定义*printContainer()*函数实现。示例中包括了声明链表、声明并初始化链表、访问元素、迭代链表、移除（指定位置）元素、（指定位置）插入元素、清空链表、检查链表是否为空、排序和反转链表等操作。(4091.cpp)

```
#include <iostream>
#include <list>
#include <format>

template <typename Container>
void printContainer(const Container& container) {
    std::cout << "{";
    for (auto it = container.begin(); it != container.end(); ++it) {
        std::cout << *it;
        if (std::next(it) != container.end()) {
            std::cout << ",";
        }
    }
    std::cout << "}" << std::endl;
}
```

```
int main() {
    // 声明一个链表
    std::list<int> myListA;
    // 用 push_front() 和 push_back() 在首尾追加元素
    myListA.push_front(7);
    myListA.push_back(9);
    printContainer(myListA);

    // 声明并初始化一个链表
    std::list<int> myListB = { 2,3,1,5,4 };
    printContainer(myListB);
    std::list<int> myListC{ 6,7,8,9,10 };
    printContainer(myListC);
    std::list<int> myListD({ 11,12,13,14,15 });
    printContainer(myListD);

    // 访问元素。因为链表的元素不是连续存储在内存中，不能使用 [] 运算符随机访问元素，需要使用迭
代器或 front() 和 back() 等方法
    int firstElement = myListB.front();
    int lastElement = myListB.back();
    std::cout << std::format("first element = {}; last element = {}\n",
firstElement, lastElement);

    // 迭代一个链表——Range-based for loop
    for (int num : myListD) {
        std::cout << num << ' ';
    }
    std::cout << std::endl;

    // 迭代一个链表——使用迭代器
    for (std::list<int>::iterator it = myListC.begin(); it != myListC.end();
++it) {
        std::cout << *it << " ";
    }
    std::cout << std::endl;

    // 移除元素
    myListD.pop_front();
    myListD.pop_back();
    printContainer(myListD);

    // 使用 erase()方法，配合迭代器移除指定位置的元素
    auto it = myListC.begin();
    std::advance(it, 2); // 移动迭代器到指定位置，这里为开始位置后的第2位
    myListC.erase(it);
    printContainer(myListC);

    // 指定位置插入元素
    auto it2 = myListC.end();
    std::advance(it2, -2); // 用 std::advance()传入负数反向移动迭代器
    myListC.insert(it2, 8);
    printContainer(myListC);

    // 清空链表，即移除所有元素
    myListC.clear();

    // 检查列表是否为空
    if (myListC.empty())
        std::cout << "myListC is empty." << std::endl;

    // 排序和反转链表
    myListB.sort();
```

```
    printContainer(myListB);
    myListB.reverse();
    printContainer(myListB);

    return 0;
}
```

\>>>

```
{7,9}
{2,3,1,5,4}
{6,7,8,9,10}
{11,12,13,14,15}
first element = 2; last element = 4
11 12 13 14 15
6 7 8 9 10
{12,13,14}
{6,7,9,10}
{6,7,8,9,10}
myListC is empty.
{1,2,3,4,5}
{5,4,3,2,1}
```

std::list 成员函数见表4.4。

表4.4　*std::list*成员函数

序号	函数	解释
1	*front()*	返回链表中第一个元素值
2	*back()*	返回链表中最后一个元素值
3	*push_front()*	向链表开始位置追加一个新元素
4	*push_back()*	向链表末端追加一个新元素
5	*pop_front()*	移除链表的第一个元素，并且链表大小减少1
6	*pop_back()*	移除链表的最后一个元素，并且链表大小减少1
7	*begin()*	返回一个指向链表第一个元素的迭代器
8	*end()*	返回一个指向链表最后一个元素下一位置的迭代器
9	*rbegin()*和*rend()*	*rbegin()*返回一个指向链表最后一个元素的反向迭代器；*rend()*返回一个指向链表开始元素前一位置的反向迭代器
10	*cbegin()*和*cend()*	*cbegin()*返回一个指向链表中第一个元素的常量迭代器；*cend()* 返回一个指向链表中最后一个元素下一个位置的常量迭代器。常量迭代器仅用于读取数据，无法修改容器中的元素，因此可以在不改变数据的情况下对容器进行遍历，保证数据的安全性
11	*crbegin()*和*crend()*	*crbegin()* 返回一个指向链表最后一个元素的常量反向迭代器（反向开始）；*crend()* 返回一个指向链表中第一个元素前一个位置（视为反向结束）的常量反向迭代器
12	*empty()*	判断链表是否为空
13	*insert()*	向链表中指定位置的元素之前插入新元素
14	*erase()*	从链表中移除单个元素或一个区间多个元素
15	*assign()*	通过替换当前元素并调整链表大小来向链表分配新元素
16	*remove_if()*	按特定条件移除链表中所有符合条件的元素
17	*reverse()*	反转链表
18	*size()*	返回链表中元素个数
19	*resize()*	调整链表容器大小
20	*sort()*	按递增顺序对链表进行排序

续表

序号	函数	解释
21	max_size()	返回链表容器可容纳的最大元素数
22	unique()	从链表中移除所有重复的连续元素
23	emplace_front()和 emplace_back()	emplace_front()用于在链表的头部构造并插入一个元素。与 push_front() 不同的是，emplace_front() 可以直接传递构造函数所需的参数，从而在链表头部原地构造元素，减少临时对象的创建和拷贝；emplace_back()用于在链表的尾部构造并插入一个元素
24	emplace()	用于在指定位置直接构造并插入一个元素。与 insert() 不同的是，emplace() 允许传递构造函数所需的参数，直接在目标位置原地构造对象，避免创建临时对象，进而提高效率
25	clear()	用于删除链表容器中的所有元素，从而使其大小为 0
26	operator =	此运算符用于通过替换现有内容为容器分配新内容，并根据新内容修改链表容器大小
27	swap()	用于互换一个链表与另一个链表的内容
28	splice()	用于将元素从一个链表转移到另一个列表
29	merge()	将两个排序的链表合并为一个

（3）双端队列

双端队列（double-ended queue，deque）是一种可以在两端（队列的前端和后端）进行扩展或缩减，具有动态大小的序列式容器。不同库的双端队列实现方式可能不同，一般，双端队列以某种形式的动态数组实现。然而，在任何情况下，都可以通过随机访问迭代器直接访问各个元素，存储空间的扩展和缩减也由容器自动管理。因此，双端队列的功能类似于向量（vector），但在序列的开始和末尾插入或移除元素都能保持较高的效率。与向量不同的是，双端队列并不保证所有元素存储在连续的存储位置，因此通过偏移指针访问双端队列中的其他元素会导致未定义的行为。双端队列和向量都提供非常相似的接口（interface），可以用于相似的目的，但其内部实现方式大不相同：向量使用一个单独的数组，在扩展时需要偶尔重新分配空间；而双端队列的元素可以分散存储在不同的内存块中，容器内部会保存必要的信息，以便在常量时间（constant time）内直接访问任意元素，并通过迭代器提供统一的顺序接口。因此，双端队列的内部结构比向量要稍微复杂些，但在处理非常长的序列等情况下可以更有效地增长；在重新分配上也具有更明显的优势。

下述示例包含了双端队列的常用方法，有声明和初始化双端队列、添加元素、迭代双端队列、移除元素、访问元素、计算双端队列大小和判断是否为空等。（4092.cpp）

```
#include <iostream>
#include <deque>
#include <format>

template <typename Container>
void printContainer(const Container& container) {
    std::cout << "{";
    for (auto it = container.begin(); it != container.end(); ++it) {
        std::cout << *it;
        if (std::next(it) != container.end()) {
            std::cout << ",";
        }
    }
    std::cout << "}" << std::endl;
}

int main() {
    // 声明双端队列
```

```
    std::deque<int> myDequeA;
    //声明并初始化双端队列
    std::deque<int> myDequeB = { 1,2,3,4,5 };
    // 指定大小和默认值声明并初始化双端队列
    std::deque<int> myDequeC(5, 10);

    // 向双端队列中添加元素
    myDequeA.push_front(9);
    myDequeA.push_back(7);
    myDequeA.push_front(8);
    myDequeA.push_back(6);

    // 打印双端队列元素
    printContainer(myDequeA);
    printContainer(myDequeB);
    printContainer(myDequeC);

    // Range-based for loop 方法迭代双端队列
    std::cout << "myDequeB element: ";
    for (int element : myDequeB)
        std::cout << element << " ";
    std::cout << "\n";

    // 移除双端队列开端和末端的元素
    myDequeB.pop_front();
    myDequeB.pop_back();
    printContainer(myDequeB);

    // 访问元素
    int firstElementIdx = myDequeB[0];
    int firstElementAt = myDequeB.at(0);
    std::cout << std::format("Using idx: {}; Using at: {}", firstElementIdx,
firstElementAt) << std::endl;

    int frontElement = myDequeB.front();
    int backElement = myDequeB.back();
    std::cout << std::format("front(): {}; back(): {}", frontElement, backElement)
<< std::endl;

    // 双端队列大小和判断是否为空
    std::cout << "Size of myDequeB: " << myDequeB.size() << "\n";
    std::cout << std::format("Is myDequeB empty ? {}\n", myDequeB.empty());

    return 0;
}
```

>>>

```
{8,9,7,6}
{1,2,3,4,5}
{10,10,10,10,10}
myDequeB element: 1 2 3 4 5
{2,3,4}
Using idx: 2; Using at: 2
front(): 2; back(): 4
Size of myDequeB: 3
Is myDequeB empty ? false
```

双端队列执行各类操作的时间复杂度上，访问元素为 $O(1)$；在队列中间插入或移除元素为 $O(N)$；在开始或结束处插入或移除元素为 $O(1)$。*std:deque* 的成员函数包括以下几类。

• 构造与析构　*(constructor)*、*(destructor)*、*operator=*。

• iterators（迭代器） *begin()*、*end()*、*rbegin()*、*rend()*、*cbegin()*、*cend()*、*crbegin()*、*crend()*。

• capacity（容量） *size()*、*max_size()*、*resize()*、*empty()*、*shrink_to_fit()*。

• element access（元素访问） *operator[]*、*at()*、*front()*、*back()*。

• modifiers（修改器） *assign()*、*push_back()*、*push_front()*、*pop_back()*、*pop_front()*、*insert()*、*erase()*、*swap()*、*clear()* 、*emplace()*、*emplace_front()*、*emplace_back()*。

4.3.2 关联式容器

（1）集合和多重集合

集合（Set）是遵循特定顺序用于存储唯一元素的容器。在集合中，元素的值即是其标识[值本身是键（key），类型为*T*]，且每个值都必须唯一。集合中的元素类型是 *const*类型，无法修改，但可以插入或者从容器中移除。在集合内部，元素始终按照由其内部的比较对象（类型为*Compare*）决定的严格弱序标准排序（weak ordering criterion）。相较于*unordered_set* 容器，*set*容器在通过键访问单个元素时通常较慢，但其允许基于顺序直接遍历子集。集合通常由二叉搜索树（binary search trees）实现。

下述示例包含了集合的常用方法，有声明和初始化集合、迭代集合、查找元素、移除元素、检查集合大小、清空集合、检查集合是否为空、自定义排序、寻找不小于或者大于给定值集合中的第一个元素、合并两个集合及比较集合等操作。（4093.cpp）

```
#include <iostream>
#include <set>
#include <format>

template <typename Container>
void printContainer(const Container& container) {
    std::cout << "{";
    for (auto it = container.begin(); it != container.end(); ++it) {
        std::cout << *it;
        if (std::next(it) != container.end()) {
            std::cout << ",";
        }
    }
    std::cout << "}" << std::endl;
}

int main() {
    // 声明集合并插入元素
    std::set<int> mySetA;
    mySetA.insert(7);
    mySetA.insert(3);
    mySetA.insert(7); //重复的元素并不会被加入集合中

    printContainer(mySetA);

    // 声明并初始化集合
    std::set<int> mySetB = { 1,2,3,4,5 };
    printContainer(mySetB);
    std::set<int> mySetC{ 6,7,8,9,10 };
    printContainer(mySetC);
    std::set<int> mySetD({ 11,12,13,14,15 });
    printContainer(mySetD);
```

```
    // 迭代集合
    for (auto it = mySetB.begin(); it != mySetB.end(); ++it) {
        std::cout << *it << " ";
    }
    std::cout << "\n";

    // range-based for loop 方法迭代集合
    for (int x : mySetC) {
        std::cout << x << " ";
    }
    std::cout << "\n";

    // 查找元素。 find()函数搜索一个元素并返回一个迭代器。如果未找到该元素则返回
mySet.end()
    auto it = mySetD.find(13);
    if (it != mySetD.end()) {
        std::cout << std::format("Found {}\n", *it);
    }
    else {
        std::cout << "13 not found" << std::endl;
    }

    // 移除元素。可以直接移除值，或直接移除迭代器
    mySetD.erase(13);
    mySetD.erase(mySetD.begin());
    printContainer(mySetD);

    // 检查集合大小
    std::cout << std::format("mySetD Size: {}\n", mySetD.size());

    // 移除集合中的所有元素并检查是否为空
    mySetD.clear();
    std::cout << std::format("mySetD is empty: {}\n", mySetD.empty());

    // 自定义排序。默认情况下。std::set 按升序对元素排序，可以使用自定义比较器（comparator）
降序创建一个集合
    std::set<int, std::greater<int>> mySetDescending;
    mySetDescending.insert(7);
    mySetDescending.insert(3);
    printContainer(mySetDescending);

    // 范围操作（range operations）。
    auto lower = mySetC.lower_bound(8); // 返回第一个不小于 x 的元素的迭代器
    auto upper = mySetC.upper_bound(8); // 返回第一个大于 x 的元素的迭代器
    if (lower != mySetC.end()) {
        std::cout << std::format("(mySetC) Lower bound of 8: {}\n", *lower);
    }
    if (upper != mySetC.end()) {
        std::cout << std::format("(mySetC) Upper bound of 8: {}\n", *upper);
    }

    // 合并两个集合。重复的元素仅保留一个
    mySetA.insert(mySetB.begin(), mySetB.end());
    printContainer(mySetA);

    // 比较运算符。== 和!=
    std::set<int> mySetF = { 1,2,3,4,5,7 };
    if (mySetA == mySetF) {
        std::cout << "mySetA is equal to mySetF\n";
    }
    else if (mySetA != mySetF) {
```

```
        std::cout << "mySetA is not equal to mySetF\n";
    }

    return 0;
}
```

\>>>

```
{3,7}
{1,2,3,4,5}
{6,7,8,9,10}
{11,12,13,14,15}
1 2 3 4 5
6 7 8 9 10
Found 13
{12,14,15}
mySetD Size: 3
mySetD is empty: true
{7,3}
(mySetC) Lower bound of 8: 8
(mySetC) Upper bound of 8: 9
{1,2,3,4,5,7}
mySetA is equal to mySetF
```

*std::set*的成员函数包括以下几类。

- 构造与析构 *(constructor)*、*(destructor)*、*operator=*。
- iterators（迭代器） *begin()*、*end()*、*rbegin()*、*rend()*、*cbegin()*、*cend()*、*crbegin*、*crend()*。
- capacity（容量） *empty()*、*size()*、*max_size()*。
- modifiers（修改器） *insert()*、*erase()*、*swap()*、*clear()*、*emplace()*、*emplace_hint()*。
- observers（观察组） *key_comp()*、*value_comp()*。
- operations（运算） *find()*、*count()*、*lower_bound()*、*upper_bound()*、*equal_range()*。
- allocator（分配器） *get_allocator()*。

多重集合（*multiset*）和集合（*set*）都属于关联式容器（associative containers），与集合不同的是多重集合允许存储重复的元素，如下示例。（4094.cpp）

```
#include <iostream>
#include <set>
#include <format>

template <typename Container>
void printContainer(const Container& container) {
    std::cout << "{";
    for (auto it = container.begin(); it != container.end(); ++it) {
        std::cout << *it;
        if (std::next(it) != container.end()) {
            std::cout << ",";
        }
    }
    std::cout << "}" << std::endl;
}
```

```
int main() {
    // 声明并初始化多重集合
    std::multiset<int> myMultiset = { 1,2,2,2,3,3,4,5 };
    printContainer(myMultiset);
    std::cout << std::format("Counting element 2: {}\n", myMultiset.count(2));
    myMultiset.insert(2);
    std::cout << std::format("After inserting an additional 2, counting element
2: {}\n", myMultiset.count(2));

    return 0;
}
```

>>>

```
{1,2,2,2,3,3,4,5}
Counting element 2: 3
After inserting an additional 2, counting element 2: 4
```

（2）映射和多重映射

映射（map）属于关联式容器，用于存储由键值（key value）和映射值（mapped value）组合而成的元素，并遵循特定顺序。键值为唯一标识并通常用于对元素进行排序；而映射值存储与该键相关的内容。键（键值）和值（映射值）的类型可以不同，在成员类型 *value_type* 中组合在一起，为 *typedef pair<const Key, T> value_type;*。映射值始终根据键按照由其内部的比较对象（类型为 *Compare*）决定的严格弱序标准排序。映射容器在按键访问单个元素时通常比无序映射（*unordered_map*）容器慢，但允许基于顺序直接迭代子集。映射中的映射值可以通过相应的键使用中括号运算符 *operator[]* 直接访问。映射通常由二叉搜索树实现。

下述示例包含了映射的常用方法，有声明和初始化映射、根据键访问对应键的值、迭代键值对、查找元素、移除元素、返回键值对数量、清空映射容器、自定义排序等。（4095.cpp）

```
#include <iostream>
#include <map>
#include <format>

template<typename K, typename V, typename F>
void printMap(const std::map<K, V, F>& myMap) {
    std::cout << "{";
    for (auto it = myMap.begin(); it != myMap.end(); ++it) {
        std::cout << it->first << ":" << it->second;
        if (std::next(it) != myMap.end()) {
            std::cout << ", ";
        }
    }
    std::cout << "}" << std::endl;
}

struct CustomCompare {
    bool operator()(const std::string& a, const std::string& b) const {
        return a > b; // /按降序排序
    }
};

int main() {
    //声明并初始化空的映射
    std::map<std::string, int> myMapA;
```

```
    //用 insert() 和 operator[] 增加键值对
    myMapA.insert({ "apple", 5 });
    myMapA["orange"] = 7;
    myMapA["banana"] = 13;
    printMap(myMapA);
    // 根据键访问映射值
    std::cout << std::format("Value for key 'apple': {}; 'banana': {}\n",
myMapA["apple"], myMapA.at("banana"));
    // 迭代键值对
    for (const auto& pair : myMapA) {
        std::cout << std::format("{}:{} ", pair.first, pair.second);
    }
    std::cout << "\n";
    std::map<std::string, int>::iterator it_map = myMapA.begin();
    while (it_map != myMapA.end()) {
        std::cout << std::format("{}:{} ", it_map->first, it_map->second);
        ++it_map;
    }
    std::cout << "\n";
    // 查找元素
    auto it = myMapA.find("orange");
    if (it != myMapA.end()) {
        std::cout << std::format("Found orange with value: {}\n", it->second);
    }
    else {
        std::cout << "Orange not found\n";
    }
    // 移除元素
    myMapA.erase("banana");
    printMap(myMapA);
    // 返回键值对数量
    std::cout << std::format("Size: {}\n", myMapA.size());
    // 清除映射容器中的所有元素
    myMapA.clear();
    std::cout << std::format("myMapA is empty: {}\n", myMapA.empty());
    // 自定义排序
    std::map<std::string, int, CustomCompare> myCustomMap = {
        {"Henry",21},
        {"Oliver",19},
        {"Lily",33}
    };
    myCustomMap["Emily"] = 67;
    myCustomMap.emplace("Amelia", 39); // 允许原地构造元素，从而避免不必要的复制或移动
    printMap(myCustomMap);
    return 0;
}
```

\>>>

```
{apple:5, banana:13, orange:7}
Value for key 'apple': 5; 'banana': 13
apple:5 banana:13 orange:7
apple:5 banana:13 orange:7
```

```
Found orange with value: 7
{apple:5, orange:7}
Size: 2
myMapA is empty: true
{Oliver:19, Lily:33, Henry:21, Emily:67, Amelia:39}
```

std::map 的成员函数包括以下几类。

- 构造与析构　*(constructor)*、*(destructor)*、*operator=*。
- iterators（迭代器）　*begin()*、*end()*、*rbegin()*、*rend()*、*cbegin()*、*cend()*、*crbegin*、*crend()*。
- capacity（容量）　*empty()*、*size()*、*max_size()*。
- element access（访问元素）　*operator[]*、*at()*。
- modifiers（修改器）　*insert()*、*erase()*、*swap()*、*clear()*、*emplace()*、*emplace_hint()*。
- observers（观察组）　*key_comp()*、*value_comp()*。
- operations（运算）　*find()*、*count()*、*lower_bound()*、*upper_bound()*、*equal_range()*。
- allocator（分配器）　*get_allocator()*。

多重映射（multimap）和映射（map）都属于关联式容器（associative containers），与映射不同的是多个映射值可以有相同的键，其键值对不一定是唯一的，示例如下。（4096.cpp）

```
#include <iostream>
#include <map>

template<typename K, typename V, typename F>
void printMultiMap(const std::multimap<K, V, F>& myMap) {
    std::cout << "{";
    for (auto it = myMap.begin(); it != myMap.end(); ++it) {
        std::cout << it->first << ":" << it->second;
        if (std::next(it) != myMap.end()) {
            std::cout << ", ";
        }
    }
    std::cout << "}" << std::endl;
}

int main() {
    std::multimap<int, std::string> myMultiMap = {
        {1,"Amelia"},
        {1, "Amelia"},
        {3,"Emily"},
        {4,"Henry"},
        {3,"Emily"},
        {5,"Lily"}
    };
    printMultiMap(myMultiMap);
    myMultiMap.emplace(3, "Oliver");
    printMultiMap(myMultiMap);

    return 0;
}
```

>>>

```
{1:Amelia, 1:Amelia, 3:Emily, 3:Emily, 4:Henry, 5:Lily}
{1:Amelia, 1:Amelia, 3:Emily, 3:Emily, 3:Oliver, 4:Henry, 5:Lily}
```

4.3.3 无序关联式容器

无序集合（*std::unordered_set*）和无序多重集合（*std::unordered_multiset*）是基于哈希表的无序关联式容器（unordered associative containers），其中的元素没有特定的顺序。它们一个是用于存储仅含唯一元素的集合容器；另一个是可以存储有重复元素的集合容器。

无序映射（*std::unordered_map*）和无序多重映射（*std::unordered_multimap*）是基于哈希表的无序关联式容器，以键值对的形式存储元素，其中的元素没有特定的顺序。它们一个是用于存储仅含唯一键的映射容器；另一个是可以存储有相同键的映射容器。

以下为无序关联式容器数据结构的一个简单示例。（4097.cpp）

```
#include <iostream>
#include <unordered_set>
#include <unordered_map>

int main() {
    std::unordered_set<int> myUnorderedSet = { 3,2,5,4,1 };
    std::cout << "Contents of unordered_set: ";
    for (const auto& element : myUnorderedSet)
        std::cout << element << " ";
    std::cout << std::endl;

    std::unordered_multiset<int> myUnorderedMultiset = { 3,2,3,5,4,1,5,5 };
    std::cout << "Contents of unordered_multiset: ";
    for (const auto& element : myUnorderedMultiset)
        std::cout << element << " ";
    std::cout << std::endl;

    std::unordered_map<std::string, int> myUnorderedMap = { {"apple",9},
{"orange",23} };
    std::cout << "Contents of unordered_map: ";
    for (const auto& pair : myUnorderedMap)
        std::cout << pair.first << ":" << pair.second << " ";
    std::cout << std::endl;

    std::unordered_multimap<std::string, int> myUnorderedMultimap = {
{"apple",9},{"orange",23},{"orange",7} };
    std::cout << "Contents of unordered_multimap: ";
    for (const auto& pair : myUnorderedMultimap)
        std::cout << pair.first << ":" << pair.second << " ";
    std::cout << std::endl;

    return 0;
}
```

\>>>

```
Contents of unordered_set: 3 2 5 4 1
Contents of unordered_multiset: 3 3 2 5 5 5 4 1
Contents of unordered_map: apple:9 orange:23
Contents of unordered_multimap: apple:9 orange:23 orange:7
```

4.3.4 容器适配器

（1）栈

栈（*stack*）是一种专门设计用于后进先出（last-in first-out，LIFO）场景的容器适配器类型，其中元素只能在容器的一端插入和移出。容器适配器是一类使用特定容器类作为其底层容器（underlying container）的封装对象，并提供一组特定的成员函数来访问其元素。元素在容器的尾部（back）进行压入（pushed）/弹出（popped）操作，这个尾部在栈中称为栈顶。底层可以是任何标准类模板，或其他专门设计的容器类。底层容器需要支持以下操作。

- *empty*　检查容器是否为空。
- *size*　获取容器的元素数量。
- *back*　访问元素的最后一个元素（栈顶）。
- *push_back*　将元素插入容器尾部（栈顶）。
- *pop_back*　移除容器尾部（栈顶）的元素。

标准容器类 *vector*、*deque* 和 *list* 都满足这些要求。默认情况下，如果栈类实例化时未指定容器类，则将使用 *deque* 标准容器。下述示例包括声明一个栈、向栈中追加元素、访问栈顶元素、检查栈是否为空、通过弹出打印所有栈中元素等操作。（4098.cpp）

```
#include <iostream>
#include <stack>
#include <format>

int main() {
    // 声明一个栈
    std::stack<int> myStack;

    // 将元素压入堆栈
    myStack.push(10);
    myStack.push(20);
    myStack.emplace(30);
    std::cout << std::format("Stack size after pushes: {}\n", myStack.size());

    // 访问栈顶元素
    std::cout << std::format("Top element: {}\n", myStack.top());

    // 从栈中移除元素
    myStack.pop();
    std::cout << std::format("Top element after one top: {}\n", myStack.top());

    // 检查栈是否为空
    if (!myStack.empty()) {
        std::cout << "The stack is not empty.\n";
    }
    else {
        std::cout << "The stack is empty.\n";
    }

    // 通过弹出 pop() 打印所有元素
    std::cout << "Popping all elements from stack: ";
    while (!myStack.empty()) {
        std::cout << myStack.top() << " ";
        myStack.pop();
    }
    std::cout << std::endl;

    return 0;
}
```

```
>>>
Stack size after pushes: 3
Top element: 30
Top element after one top: 20
The stack is not empty.
Popping all elements from stack: 20 10
```

（2）队列和优先（级）队列

队列（*queue*）与栈（*stack*）类似，但是是一种专门设计用于先进先出（first-in first-out，FIFO）场景的容器适配器类型，即元素从容器的一端插入，而从另一端移出，其底层容器需要支持的操作包括*empty*、*size*、*front*（访问容器的第一个元素）、*back*、*push_back*和*pop_front*（移除容器头部的元素）。

优先（级）队列（*priority_queue*）具有队列的所有特性，但元素被赋予了优先级，当访问元素时，具有最高优先级的元素最先被删除，即最高优先出的特征。在下述示例中通过向*std::priority_queue<>*传入参数实现由优先队列创建最小堆（min heap），其语法为*priority_queue <int, std::vector<int>, std::greater<int>> gq;*，其中参数如下。

- *int* 是要存储在优先级队列中的元素类型。示例中为整数型，根据具体情况需替换成所需要的类型。
- *std::vector<int>* 是用于存储这些元素的底层容器类型。*std::priority_queue*不是容器，而只是容器适配器，用于包装其他容器。在这个示例中使用向量（*vector*）作为底层容器，也可以选择其他支持*front()*、*push_back()*和*pop_back()*的容器类型。
- *std::greater<int>* 是一个自定义比较函数，其决定了元素在优先级队列中排序的方式。这个示例为最小堆，意味最小的元素会在队列的顶部。*std::priority_queue*默认为最大堆。（4099.cpp）

```cpp
#include <iostream>
#include <queue>
#include <format>

template <typename T, typename V, typename G>
void printPQueue(std::priority_queue<T, V, G> pq) {
    std::cout << "{";
    if (!pq.empty()) {
        std::cout << pq.top();
        pq.pop();
    }
    while (!pq.empty()) {
        std::cout << "," << pq.top();
        pq.pop();
    }
    std::cout << "}" << std::endl;
}

int main() {
    // 声明一个队列，并将元素压入队列
    std::queue<int> myQueue;
    myQueue.push(10);
    myQueue.push(20);
```

```
    myQueue.emplace(30);
    myQueue.emplace(40);

    // 说明先进先出（FIFO）
    std::cout << std::format("Front element: {}; Back element: {}\n", myQueue.
front(), myQueue.back());
    myQueue.pop();
    std::cout << std::format("Front element after one pop: {}\n", myQueue.
front());

    // 将数组元素压入声明的优先队列
    int arrayA[6] = { 23,10,3,6,7,5 };
    std::priority_queue<int> myPriorityQueueA;
    for (int i = 0; i < sizeof(arrayA) / sizeof(arrayA[0]); i++)
        myPriorityQueueA.push(arrayA[i]);

    // 优先级队列在 c++ 中默认实现为最大堆（heap）
    printPQueue(myPriorityQueueA);

    // 在创建优先级队列时传递参数 std::greater<int>，将其更改为最小堆
    std::priority_queue<int, std::vector<int>, std::greater<int>> myPriorityQueueB
(arrayA, arrayA + sizeof(arrayA) / sizeof(arrayA[0]));
    printPQueue(myPriorityQueueB);

    return 0;
}
```

>>>

```
Front element: 10; Back element: 40
Front element after one pop: 20
{23,10,7,6,5,3}
{3,5,6,7,10,23}
```

C#

4.4　C#的集合（collection）

相似的数据在以集合的形式存储和操作时，通常更高效。可以从*System.Array*类或位于*System.Collections*、*System.Collections.Generic*、*System.Collections.Concurrent*和*System.Collections.Immutable*命名空间中的类来添加、删除和修改集合中的单个或多个元素。集合主要分为两种类型，泛型集合（generic collections）和非泛型集合（non-generic collections）。泛型集合在编译时是类型安全的，因此通常提供更好的性能。创建泛型集合时，需要传入一个类型参数；添加或删除集合中的元素时不需要进行类型转换。非泛型集合则以*Object*类型存储元素，需要进行类型转换。位于*System.Collections.Concurrent*命名空间中的集合提供了高效的线程安全操作，允许从多个线程访问集合元素。而*System.Collections.Immutable*命名空间中的不可变集合类（NuGet 包）在原始集合的副本上进行操作，原始集合不能修改，具有线性安全性。

（1）选择适合的集合

通常情况下，应该使用泛型集合（*System.Collections.Generic*）。表4.5描述了常用的集合场景，及适用于这些场景的集合类。

表4.5　不同场景下的集合选择

场景	泛型集合选项	非泛型集合选项	线程安全或不可变集合选项
将项（元素）存储为键/值对以通过键进行快速查找	*Dictionary<TKey,TValue>*	*Hashtable*（根据键的哈希代码组织的键/值对的集合。）	*ConcurrentDictionary<TKey,TValue>* *ReadOnlyDictionary<TKey,TValue>* *ImmutableDictionary<TKey,TValue>*
按索引访问项	*List<T>*	*ArrayArrayList*	*ImmutableList<T>* *ImmutableArray*
使用元素先进先出(FIFO)	*Queue<T>*	*Queue*	*ConcurrentQueue<T>* *ImmutableQueue<T>*
使用元素后进先出(LIFO)	*Stack<T>*	*Stack*	*ConcurrentStack<T>* *ImmutableStack<T>*
按顺序访问项	*LinkedList<T>*	无建议	无建议
删除集合中的项或向集合添加项时接收通知。（实现 *INotifyPropertyChanged* 和 *INotifyCollectionChanged*）	*ObservableCollection<T>*	无建议	无建议
已排序的集合	*SortedList<TKey,TValue>*	*SortedList*	*ImmutableSortedDictionary<TKey,TValue>* *ImmutableSortedSet<T>*
数学函数的一个集	*HashSet<T>* *SortedSet<T>*	无建议	*ImmutableHashSet<T>* *ImmutableSortedSet<T>*

（2）集合的算法复杂度

在选择集合类时，需要考虑性能上的权衡。表4.6列出了各种可变集合类型与其对应的不可变集合类型在算法复杂度上的对比。不可变集合类型的性能通常较低，但提供了不可变性，在某些情况下有重要的优势。

表4.6　集合的算法复杂度对比

可变（Mutable）	分期（Amortized）	最坏情况（Worst Case）	不可变（Immutable）	复杂度（Complexity）
Stack.Push	$O(1)$	$O(N)$	*ImmutableStack.Push*	$O(1)$
Queue.Enqueue	$O(1)$	$O(N)$	*ImmutableQueue.Enqueue*	$O(1)$
List.Add	$O(1)$	$O(N)$	*ImmutableList.Add*	$O(\log N)$
List.Item[Int32]	$O(1)$	$O(1)$	*ImmutableList.Item[Int32]*	$O(\log N)$
List.Enumerator	$O(N)$	$O(N)$	*ImmutableList.Enumerator*	$O(\log N)$
HashSet.Add, lookup	$O(1)$	$O(N)$	*ImmutableHashSet.Add*	$O(\log N)$
SortedSet.Add	$O(\log N)$	$O(N)$	*ImmutableSortedSet.Add*	$O(\log N)$
Dictionary.Add	$O(1)$	$O(N)$	*ImmutableDictionary.Add*	$O(\log N)$
Dictionary lookup	$O(1)$	$O(1)$ - 或者从严格意义上说，$O(N)$	*ImmutableDictionary lookup*	$O(\log N)$
SortedDictionary.Add	$O(\log N)$	$O(N \log N)$	*ImmutableSortedDictionary.Add*	$O(\log N)$

4.4.1　List<T>

列表 *List<T>*属于*System.Collections.Generic*命名空间，是 C# 中常用的泛型集合（generic collections）类型，类似于动态数组，可以存储任何类型的对象，并支持动态扩展。下述示例代码包括了创建和初始化*List<T>*、添加元素、访问元素、插入和移除元素、搜索元素、排序和反转列表、遍历列表和获取列表信息等操作，并定义 *PrintCollection()* 方法用于打印列表等序列对象。（4100.cs）

```
using System;
using System.Collections.Generic;

class Program
{
    public static void PrintCollection<T>(IEnumerable<T> collection)
    {
        string formatted = "[" + string.Join(",", collection) + "]";
        Console.WriteLine(formatted);
    }

    static void Main()
    {
        // 创建和初始化List<T> 后追加元素
        List<int> numbers = new List<int>(); // 整型
        List<string> names = new List<string>(); // 字符串

        // 添加元素——单个元素
        numbers.Add(30);
        numbers.Add(50);
        names.Add("Amelia");
        names.Add("Lily");
        names.Add("Amelia");

        PrintCollection(numbers);
        PrintCollection(names);

        // 添加元素——添加多个元素
        numbers.AddRange(new int[] { 70, 60, 80 });
        numbers.AddRange([110, 100, 120]);
        PrintCollection(numbers);

        // 创建和初始化 List<T>
        List<string> language = ["C", "C++", "C#", "Python"];
        PrintCollection(language);

        // 通过索引访问元素
        int secondNumber = numbers[1];
        string firstName = names[0];

        Console.WriteLine($"second number: {secondNumber} \nfirst name: {firstName}");

        // 在指定索引处插入元素
        names.Insert(2, "Henry");
        PrintCollection(names);

        // 移除元素
        names.Remove("Amelia"); // 移除第一次出现的指定元素
        PrintCollection(names);

        names.RemoveAt(1); // 移除指定索引处的元素
        PrintCollection(names);

        names.Clear(); // 清除所有元素
        PrintCollection(names);

        // 搜索元素
        int found = numbers.Find(x => x > 70); // 查找符合条件的第一个元素。=> 为
lambda 运算符或箭头运算符
```

```
        Console.WriteLine($"(x > 70 in numbers) found the first element: {found}");
        List<int> allNumbersGreaterThan70 = numbers.FindAll(x => x > 70); // 查找
符合条件的所有元素
        Console.Write("(x > 70 in numbers) found all elements: ");
        PrintCollection(allNumbersGreaterThan70);
        int index = language.IndexOf("C#"); // 查找元素，返回第一次出现该元素的索引
        Console.WriteLine($"Found the index of the first occurence of C#: {index}");
        bool hasCShape = language.Contains("C#"); // 检查一个特定的元素是否在列表中
        Console.WriteLine($"C# in language list: {hasCShape}");
        // 排序和反转列表
        numbers.Sort(); // 按升序对元素进行排序
        numbers.Reverse(); // 反转元素的顺序
        PrintCollection(numbers);
        // 遍历列表
        foreach (string lan in language) // 用 foreach 方法
        {
            Console.Write($"{lan} ");
        }
        Console.WriteLine();
        for (int i = 0; i < language.Count; i++) // 用 for 循环
        {
            Console.Write($"{language[i]} ");
        }
        Console.WriteLine();
        // 获取列表信息
        Console.WriteLine($"Get the number of elements in the list: {numbers.
Count}"); // 获取元素数量
        Console.WriteLine($"Gets or sets the total number of elements the list
can hold before resizing: {numbers.Capacity}");
    }
}
```

>>>

```
[30,50]
[Amelia,Lily,Amelia]
[30,50,70,60,80,110,100,120]
[C,C++,C#,Python]
second number: 50
first name: Amelia
[Amelia,Lily,Henry,Amelia]
[Lily,Henry,Amelia]
[Lily,Amelia]
[]
(x > 70 in numbers) found the first element: 80
(x > 70 in numbers) found all elements: [80,110,100,120]
Found the index of the first occurence of C#: 2
C# in language list: True
[120,110,100,80,70,60,50,30]
C C++ C# Python
C C++ C# Python
Get the number of elements in the list: 8
Gets or sets the total number of elements the list can hold before resizing: 8
```

表4.7列出了List<T>的构造函数（constructors）、属性（properties）和方法（methods）。

表4.7 List列表的构造函数、属性和方法

分类	成员	说明
构造函数	*List()*	初始化 *List*类的新实例，该实例为空且具有默认的初始容量
	List(IEnumerable)	初始化*List*类的新实例，该实例包含从指定集合复制的元素，并且有足够的容量来容纳复制的元素数
	List(Int32)	初始化 *List*类的新实例，该实例为空且具有指定的初始容量
属性	*Capacity*	获取或设置内部数据结构可以在不调整大小的情况下保留的元素总数
	Count	获取 *List*中包含的元素数
	Item[Int32]	获取或设置指定索引处的元素
方法	*Add(T)*	将对象添加到 *List*的末尾
	AddRange(IEnumerable)	将指定集合的元素添加到 *List*的末尾
	AsReadOnly()	返回当前集合的只读 *ReadOnlyCollection* 包装器
	BinarySearch(Int32, Int32, T, IComparer)	使用指定的比较器在排序 *List*中搜索元素的范围，并返回元素从零开始的索引
	BinarySearch(T)	使用默认比较器搜索整个排序 *List*的元素，并返回元素的从零开始的索引
	BinarySearch(T, IComparer)	使用指定的比较器搜索整个排序 *List*的元素，并返回该元素的从零开始的索引
	Clear()	从 *List*中删除所有元素
	Contains(T)	确定元素是否在*List*中
	ConvertAll(Converter<T,TOutput>)	将当前 *List*中的元素转换为另一种类型，并返回包含转换后的元素的列表
构造函数	*CopyTo(Int32, T[], Int32, Int32)*	从 *List*到兼容的一维数组（从目标数组的指定索引开始）复制一系列元素
	CopyTo(T[])	从目标数组的开头开始，将整个 *List*复制到兼容的一维数组
	CopyTo(T[], Int32)	将整个 *List*复制到兼容的一维数组，从目标数组的指定索引处开始
	EnsureCapacity(Int32)	确保此列表的容量至少为指定的 *Capacity*。 如果当前容量小于 *Capacity*，则它至少增加到指定的 *Capacity*
	Equals(Object)	确定指定的对象是否等于当前对象(继承自 *Object*)
	Exists(Predicate)	确定 *List*是否包含与指定谓词（*Predicate*）定义的条件匹配的元素
	Find(Predicate)	搜索与指定谓词定义的条件匹配的元素，并返回整个 *List*中的第一个匹配项
	FindAll(Predicate)	检索与指定谓词定义的条件匹配的所有元素
	FindIndex(Int32, Int32, Predicate)	搜索与指定谓词定义的条件匹配的元素，并返回从指定索引开始且包含指定数量的元素的 *List*中第一个匹配项的从零开始的索引
	FindIndex(Int32, Predicate)	搜索与指定谓词定义的条件匹配的元素，并在从指定索引扩展到最后一个元素的 *List* 元素范围内返回第一个匹配项的从零开始的索引
	FindIndex(Predicate)	搜索与指定谓词定义的条件匹配的元素，并返回整个 *List*中第一个匹配项的从零开始的索引
	FindLast(Predicate)	搜索与指定谓词定义的条件匹配的元素，并返回整个 *List*中的最后一个匹配项
	FindLastIndex(Int32, Int32, Predicate)	搜索与指定谓词定义的条件匹配的元素，并返回 *List* 中最后一个匹配项的从零开始的索引，该索引包含指定数量的元素并在指定索引处结束

续表

分类	成员	说明
构造函数	*FindLastIndex(Int32, Predicate)*	搜索与指定谓词定义的条件匹配的元素，并返回从第一个元素扩展到指定索引的 *List* 中最后一个匹配项的从零开始的索引
	FindLastIndex(Predicate)	搜索与指定谓词定义的条件匹配的元素，并返回整个 *List* 中最后一个匹配项的从零开始的索引
	ForEach(Action)	对 *List* 的每个元素执行指定的操作
	GetEnumerator()	返回循环访问 *List* 的枚举数
	GetHashCode()	用作默认哈希函数(继承自 *Object*)
	GetRange(Int32, Int32)	在源 *List* 中创建一系列元素的浅表副本
	GetType()	获取当前实例的 *Type*(继承自 *Object*)
	IndexOf(T)	搜索指定的对象，并返回整个 *List* 中第一个匹配项的从零开始的索引
	IndexOf(T, Int32)	搜索指定的对象，并返回从指定索引扩展到最后一个元素的 *List* 中第一个匹配项的从零开始的索引
	IndexOf(T, Int32, Int32)	搜索指定的对象，并返回从指定索引开始且包含指定数量的元素的 *List* 中第一个匹配项的从零开始的索引
	Insert(Int32, T)	将元素插入指定索引处的 *List*
	InsertRange(Int32, IEnumerable)	将集合的元素插入到指定索引处的 *List* 中
	LastIndexOf(T)	搜索指定的对象，并返回整个 *List* 中最后一个匹配项的从零开始的索引
	LastIndexOf(T, Int32)	搜索指定的对象，并返回从第一个元素扩展到指定索引的 *List* 中最后一个匹配项的从零开始的索引
	LastIndexOf(T, Int32, Int32)	搜索指定的对象，并返回 *List* 中包含指定数量的元素并在指定索引处结束的最后一个匹配项的从零开始的索引
	MemberwiseClone()	创建当前 *Object* 的浅表副本(继承自 *Object*)
	Remove(T)	从 *List* 中删除特定对象的第一个匹配项
	RemoveAll(Predicate)	删除与指定谓词定义的条件匹配的所有元素
	RemoveAt(Int32)	移除 *List* 的指定索引处的元素
	RemoveRange(Int32, Int32)	从 *List* 中删除一系列元素
	Reverse()	反转整个 *List* 中的元素的顺序
	Reverse(Int32, Int32)	反转指定区域中元素的顺序
	Slice(Int32, Int32)	在源 *List* 中创建一系列元素的浅表副本
	Sort()	使用默认比较器对整个 *List* 中的元素进行排序
	Sort(Comparison)	使用指定的 *Comparison* 对整个 *List* 中的元素进行排序
	Sort(IComparer)	使用指定的比较器对整个 *List* 中的元素进行排序
	Sort(Int32, Int32, IComparer)	使用指定的比较器对 *List* 中一系列元素中的元素进行排序
	ToArray()	将 *List* 的元素复制到新数组
	ToString()	返回一个表示当前对象的字符串(继承自 *Object*)
	TrimExcess()	将容量设置为 *List* 中实际元素数（如果该数字小于阈值）
	TrueForAll(Predicate)	确定 *List* 中的每个元素是否与指定谓词定义的条件匹配

4.4.2 Dictionary<TKey,TValue>

字典 *Dictionary<TKey, TValue>* 属于 *System.Collections.Generic* 命名空间的泛型集合类，是存储键-值对（key-value pairs）的集合，允许基于键快速检索值，这使得根据键快速查找、添加和删除值非常高效。*TKey* 表示字典中键的类型；*TValue* 表示字典中值的类型。键不能为空，但值类型为引用类型（reference type）时可以为空。

下述示例包括了创建和初始化字典、添加元素、访问元素、移除元素、检查元素、遍历字典、返回键或值的集合、获取字典信息和更新字典元素等操作，并定义了 *PrintDictionary()* 方法打印输出字典的键值对。（4101.cs）

```
using System;
using System.Collections.Generic;

class Program
{
    public static void PrintDictionary<TKey, TValue>(Dictionary<TKey, TValue>
dictionary)
    {
        string formatted = "{" + string.Join(",", dictionary.Select(kv =>
$"{kv.Key}:{kv.Value}")) + "}";
        Console.WriteLine(formatted);
    }

    public static void PrintCollection<T>(IEnumerable<T> collection)
    {
        string formatted = "[" + string.Join(",", collection) + "]";
        Console.WriteLine(formatted);
    }

    static void Main()
    {
        // 创建和初始化一个空字典后添加键值对
        Dictionary<int, string> numberNames = new Dictionary<int, string>();
        Dictionary<string, string> capitals = new Dictionary<string, string>();

        // 添加元素——用 Add() 方法添加键值对
        numberNames.Add(7, "seven");
        numberNames.Add(9, "nine");
        numberNames.Add(11, "eleven");

        // 添加元素——使用索引器（indexer），通过键直接赋值来添加或更新元素
        capitals["China"] = "Beijing";
        capitals["USA"] = "Washington";
        capitals["France"] = "Paris";

        PrintDictionary(numberNames);
        PrintDictionary(capitals);

        // 创建并初始化字典
        Dictionary<string, int> score = new Dictionary<string, int>
        {
            {"Henry",99 },
            {"Oliver",86 },
            {"Emily",91 },
            {"Lily",76 }
        };
        PrintDictionary(score);

        // 访问元素。通过键访问字典中的值
        string name = numberNames[9];
        Console.WriteLine($"9:{name}");
        Console.WriteLine($"Emily:{score["Emily"]}");

        // 移除元素
        score.Remove("Lily"); // 按键移除键值对
        PrintDictionary(score);
```

```
        score.Clear(); // 清除所有元素（键值对）
        PrintDictionary(score);

        // 检查元素
        bool hasKey = capitals.ContainsKey("USA"); // 检查字典中是否存在指定的键
        bool hasValue = capitals.ContainsValue("Washington"); // 检查字典中是否存在
指定的值
        Console.WriteLine($"has key 'USA':{hasKey}; has value 'Washington':
{hasValue}");

        // 遍历字典（键值对）
        foreach (var kvp in capitals) // 用 var 推断变量的数据类型
        {
            Console.WriteLine($"Country: {kvp.Key}, Capital: {kvp.Value}");
        }

        foreach (KeyValuePair<int, string> kvp in numberNames)
        { // 用 KeyValuePair<> 指明变量数据类型
            Console.WriteLine($"Country: {kvp.Key}, Capital: {kvp.Value}");
        }
        // 返回字典键或值的集合
        ICollection<int> numberNames_keys = numberNames.Keys;
        ICollection<string> numberNames_values = numberNames.Values;
        PrintCollection(numberNames_keys);
        PrintCollection(numberNames_values);
        // 获取字典信息——键值对的数量
        Console.WriteLine($"key-value pairs number: {numberNames.Count}");
        // 更新字典元素
        numberNames[11] = "5+6";
        PrintDictionary(numberNames);
    }
}
```

\>>>

```
{7:seven,9:nine,11:eleven}
{China:Beijing,USA:Washington,France:Paris}
{Henry:99,Oliver:86,Emily:91,Lily:76}
9:nine
Emily:91
{Henry:99,Oliver:86,Emily:91}
{}
has key 'USA':True; has value 'Washington':True
Country: China, Capital: Beijing
Country: USA, Capital: Washington
Country: France, Capital: Paris
Country: 7, Capital: seven
Country: 9, Capital: nine
Country: 11, Capital: eleven
[7,9,11]
[seven,nine,eleven]
key-value pairs number: 3
{7:seven,9:nine,11:5+6}
```

表4.8列出了*Dictionary<TKey,TValue>*的构造函数（constructors）、属性（properties）和方法（methods）。

表4.8　Dictionary字典的构造函数、属性和方法

分类	成员	说明
构造函数	*Dictionary<TKey,TValue>()*	初始化为空的 *Dictionary<TKey,TValue>* 类的新实例，具有默认的初始容量，并为键类型使用默认相等比较器
构造函数	*Dictionary<TKey,TValue>(IDictionary<TKey,TValue>)*	初始化 *Dictionary<TKey,TValue>* 类的新实例，该实例包含从指定 *IDictionary<TKey,TValue>* 复制的元素，并使用键类型的默认相等比较器
	Dictionary<TKey,TValue>(IDictionary<TKey,TValue>, IEqualityComparer)	初始化 *Dictionary<TKey,TValue>* 类的新实例，该实例包含从指定 *IDictionary<TKey,TValue>* 复制的元素，并使用指定的 *IEqualityComparer*
	Dictionary<TKey,TValue>(IEnumerable<KeyValuePair<TKey,TValue>>)	初始化 *Dictionary<TKey,TValue>* 类的新实例，该实例包含从指定的 *IEnumerable* 复制的元素
	Dictionary<TKey,TValue>(IEnumerable<KeyValuePair<TKey,TValue>>, IEqualityComparer)	初始化 *Dictionary<TKey,TValue>* 类的新实例，该实例包含从指定 *IEnumerable* 复制的元素，并使用指定的 *IEqualityComparer*
	Dictionary<TKey,TValue>(IEqualityComparer)	初始化 *Dictionary<TKey,TValue>* 类的新实例，该实例为空，具有默认的初始容量，并使用指定的 *IEqualityComparer*
	Dictionary<TKey,TValue>(Int32)	初始化 *Dictionary<TKey,TValue>* 类的新实例，该实例为空，具有指定的初始容量，并使用键类型的默认相等比较器
	Dictionary<TKey,TValue>(Int32, IEqualityComparer)	初始化 *Dictionary<TKey,TValue>* 类的新实例，该实例为空，具有指定的初始容量，并使用指定的 *IEqualityComparer*
	Dictionary<TKey,TValue>(SerializationInfo, StreamingContext)	已过时。使用序列化的数据初始化 *Dictionary<TKey,TValue>* 类的新实例
属性	*Comparer*	获取用于确定字典键相等性的 *IEqualityComparer<T>*
	Count	获取 *Dictionary<TKey,TValue>*中包含的键/值对数
	Item[TKey]	获取或设置与指定键关联的值
	Keys	获取包含 *Dictionary<TKey,TValue>*中的键的集合
	Values	获取一个集合，该集合包含 *Dictionary<TKey,TValue>*中的值
方法	*Add(TKey, TValue)*	将指定的键和值添加到字典
	Clear()	从 *Dictionary<TKey,TValue>*中删除所有键和值
	ContainsKey(TKey)	确定 *Dictionary<TKey,TValue>* 是否包含指定的键
	ContainsValue(TValue)	确定 *Dictionary<TKey,TValue>* 是否包含特定值
	EnsureCapacity(Int32)	确保字典可以容纳指定数量的条目，而无需进一步扩展其备用存储器
	Equals(Object)	确定指定的对象是否等于当前对象(继承自 *Object*)
	GetEnumerator()	返回循环访问 *Dictionary<TKey,TValue>*的枚举数
	GetHashCode()	用作默认哈希函数(继承自 *Object*)
	GetObjectData(SerializationInfo, StreamingContext)	已过时。实现 *ISerializable* 接口并返回序列化 *Dictionary<TKey,TValue>* 实例所需的数据
	GetType()	获取当前实例的 *Type*(继承自 *Object*)
	MemberwiseClone()	创建当前 *Object*的浅表副本(继承自 *Object*)
	OnDeserialization(Object)	实现 *ISerializable* 接口，并在反序列化完成时引发反序列化事件
	Remove(TKey)	从 *Dictionary<TKey,TValue>*中删除具有指定键的值
	Remove(TKey, TValue)	从 *Dictionary<TKey,TValue>*中删除具有指定键的值，并将元素复制到 *value* 参数
	ToString()	返回一个表示当前对象的字符串(继承自 *Object*)

续表

分类	成员	说明
方法	*TrimExcess()*	将此字典的容量设置为最初使用其所有条目进行初始化时应采用的容量
	TrimExcess(Int32)	设置此字典的容量，以保留指定数量的条目，而无需进一步扩展其备用存储器
	TryAdd(TKey, TValue)	尝试将指定的键和值添加到字典
	TryGetValue(TKey, TValue)	获取与指定键关联的值

4.4.3 HashSet<T>

哈希集合 *HashSet<T>* 属于 *System.Collections.Generic* 命名空间的泛型集合类，是一个存储唯一元素的集合，并提供高效的集合操作，如并（union）、交（intersection）和差（difference）等。在下述示例中包括声明和初始化哈希集合、添加元素、移除元素、检查元素、遍历集合、集合运算和返回集合中元素的数量等操作。（4102.cs）

```
using System;
using System.Collections.Generic;
class Program
{
    public static void PrintCollection<T>(IEnumerable<T> collection)
    {
        string formatted = "[" + string.Join(",", collection) + "]";
        Console.WriteLine(formatted);
    }
    static void Main()
    {
        // 声明和初始化空的哈希集合
        HashSet<int> numbers = new HashSet<int>();
        PrintCollection(numbers);
        HashSet<string> fruits = new HashSet<string>();
        // 添加元素
        numbers.Add(36);
        numbers.Add(6);
        numbers.Add(20);
        numbers.Add(6);
        fruits.Add("Cherry");
        fruits.Add("Peach");
        fruits.Add("Lemon");
        fruits.Add("Grape");
        PrintCollection(numbers);
        PrintCollection(fruits);
        // 声明并初始化集合
        HashSet<string> names = new HashSet<string> { "Oliver", "Lily", "Henry",
"Emily", "Amelia" };
        PrintCollection(names);
        // 移除元素
        fruits.Remove("Lemon"); // 移除指定的元素
        PrintCollection(fruits);
```

```
        fruits.Clear(); // 清空集合
        PrintCollection(fruits);

        // 检查元素
        bool hasEmily = names.Contains("Emily");
        Console.WriteLine($"Emily exists in the names set: {hasEmily}");

        // 遍历集合
        foreach (var name in names)
        {
            Console.Write($"{name} ");
        }
        Console.WriteLine();

        // 集合运算。HashSet<T> 支持多种集合运算，如并集（UnionWith）、交集
（IntersectWith）、差集（ExceptWith）和对称差运算（SymmetricExceptionWith）等
        HashSet<int> num1 = new HashSet<int> { 1, 2, 3, 4, 5 };
        HashSet<int> copiedNum1 = new HashSet<int>(num1);
        HashSet<int> num2 = new HashSet<int> { 3, 4, 5, 6, 7 };
        HashSet<int> num3 = new HashSet<int> { 11, 12, 13, 14, 15 };
        num1.UnionWith(num2); // 并集（Union），组合两个集合，并仅保留一个重复元素
        PrintCollection(num1);

        num1.IntersectWith(num2); //交集（Intersection），只保留两个集合中都存在的元素
        PrintCollection(num1);

        num2.ExceptWith(copiedNum1); //差集（Difference），删除在另一个集合中可以找到的元素
        PrintCollection(num2);

        copiedNum1.SymmetricExceptWith(num1); // 对称差运算（Symmetric Difference），
保留两个集合中非交集的部分
        PrintCollection(copiedNum1);

        // 返回集合中元素的数量
        Console.WriteLine($"The number of names: {names.Count}");
    }
}
```

>>>

```
[]
[36,6,20]
[Cherry,Peach,Lemon,Grape]
[Oliver,Lily,Henry,Emily,Amelia]
[Cherry,Peach,Grape]
[]
Emily exists in the names set: True
Oliver Lily Henry Emily Amelia
[1,2,3,4,5,6,7]
[3,4,5,6,7]
[6,7]
[1,2,7,6]
The number of names: 5
```

表4.9列出了*HashSet<T>*的构造函数（constructors）、属性（properties）和方法（methods）。

表4.9　HashSet 哈希集合的构造函数、属性和方法

分类	成员	说明
构造函数	*HashSet()*	初始化 *HashSet* 类的新实例，该实例为空，并为集合类型使用默认相等比较器

续表

分类	成员	说明
构造函数	HashSet(IEnumerable)	初始化 HashSet 类的新实例，该实例使用集合类型的默认相等比较器，包含从指定集合复制的元素，并且有足够的容量来容纳复制的元素数
	HashSet(IEnumerable, IEqualityComparer)	初始化 HashSet 类的新实例，该实例使用集合类型的指定相等比较器，包含从指定集合复制的元素，并且有足够的容量来容纳复制的元素数
	HashSet(IEqualityComparer)	初始化 HashSet 类的新实例，该实例为空，并为集合类型使用指定的相等比较器
	HashSet(Int32)	初始化 HashSet 类的新实例，该实例为空，但为 Capacity 项保留空间，并为集合类型使用默认相等比较器
	HashSet(Int32, IEqualityComparer)	初始化 HashSet 类的新实例，该实例使用集合类型的指定相等比较器，并且有足够的容量来容纳 Capacity 元素
	HashSet(SerializationInfo, StreamingContext)	已过时。使用序列化的数据初始化 HashSet 类的新实例
属性	Comparer	获取用于确定集合中值的相等性 IEqualityComparer 对象
	Count	获取集中包含的元素数
方法	Add(T)	将指定的元素添加到集合
	Clear()	从 HashSet 对象中删除所有元素
	Contains(T)	确定 HashSet 对象是否包含指定的元素
	CopyTo(T[])	将 HashSet 对象的元素复制到数组
	CopyTo(T[], Int32)	从指定的数组索引开始，将 HashSet 对象的元素复制到数组
	CopyTo(T[], Int32, Int32)	从指定的数组索引开始，将 HashSet 对象的指定元素数复制到数组。
	CreateSetComparer()	返回一个 IEqualityComparer 对象，该对象可用于 HashSet 对象的相等性测试
	EnsureCapacity(Int32)	确保此哈希集可以保留指定数量的元素，而无需进一步扩展其备用存储器
	Equals(Object)	确定指定的对象是否等于当前对象(继承自 Object)
	ExceptWith(IEnumerable)	从当前 HashSet 对象中删除指定集合中的所有元素
	GetEnumerator()	返回循环访问 HashSet 对象的枚举数
	GetHashCode()	用作默认哈希函数(继承自 Object)
	GetObjectData(SerializationInfo, StreamingContext)	已过时。实现 ISerializable 接口并返回序列化 HashSet 对象所需的数据
	GetType()	获取当前实例的 Type(继承自 Object)
构造函数	IntersectWith(IEnumerable)	修改当前 HashSet 对象使其仅包含该对象和指定集合中存在的元素
	IsProperSubsetOf(IEnumerable)	确定 HashSet 对象是否为指定集合的实际子集
	IsProperSupersetOf(IEnumerable)	确定 HashSet 对象是否为指定集合的实际超集
	IsSubsetOf(IEnumerable)	确定 HashSet 对象是否为指定集合的子集
	IsSupersetOf(IEnumerable)	确定 HashSet 对象是否为指定集合的超集
	MemberwiseClone()	创建当前 Object的浅表副本(继承自 Object)
	OnDeserialization(Object)	实现 ISerializable 接口，并在反序列化完成时引发反序列化事件
	Overlaps(IEnumerable)	确定当前 HashSet 对象和指定的集合是否共享公共元素
	Remove(T)	从 HashSet 对象中删除指定的元素
	RemoveWhere(Predicate)	从 HashSet 集合中删除与指定谓词定义的条件匹配的所有元素
	SetEquals(IEnumerable)	确定 HashSet 对象和指定的集合是否包含相同的元素
	SymmetricExceptWith(IEnumerable)	修改当前 HashSet 对象使其仅包含该对象或指定集合中存在的元素，但不包含两者

续表

分类	成员	说明
构造函数	*ToString()*	返回一个表示当前对象的字符串(继承自 *Object*)
	TrimExcess()	将 HashSet 对象的容量设置为它包含的实际元素数，向上舍入到附近特定于实现的值
	TryGetValue(T, T)	在集合中搜索给定的值并返回找到的相等的值（如果有的话）
	UnionWith(IEnumerable)	修改当前 HashSet 对象，以包含本身、指定集合或两者中存在的所有元素

4.4.4 Queue<T>

队列 *Queue<T>* 属于 *System.Collections.Generic* 命名空间的泛型集合类，是一个代表先进先出（first-in first-out，FIFO）数据结构的集合，适合于按添加元素顺序管理项目的应用。下述示例中包括创建和初始化队列、添加元素、移除元素、查看元素、检查队列状态（返回队列中元素的数量、检查队列中是否包含指定元素）、清空队列和遍历队列等操作。(4103.cs)

```
using System;
using System.Collections.Generic;

class Program
{
    public static void PrintCollection<T>(IEnumerable<T> collection)
    {
        string formatted = "[" + string.Join(",", collection) + "]";
        Console.WriteLine(formatted);
    }

    static void Main()
    {
        // 创建和初始化队列
        Queue<int> numbers = new Queue<int>();
        Queue<string> names = new Queue<string>(new[] { "Oliver", "Lily", "Henry",
"Emily", "Amelia" });

        // 添加元素
        numbers.Enqueue(1);
        numbers.Enqueue(7);
        numbers.Enqueue(5);
        numbers.Enqueue(9);
        numbers.Enqueue(18);

        PrintCollection(numbers);
        PrintCollection(names);

        // 移除元素
        int firstNumber = numbers.Dequeue();// 移除并返回队列中最前面的元素。队列为空时调
用此方法会抛出 InvalidOperationException
        Console.WriteLine(firstNumber);
        PrintCollection(numbers);

        // 查看元素
        int nextNumber = numbers.Peek(); // 查看队列中最前面的元素，但不移除它。队列为空
时调用此方法会抛出 InvalidOperationException
        Console.WriteLine(nextNumber);
        PrintCollection(numbers);

        // 检查队列状态
        Console.WriteLine($"The number of elements in numbers: {numbers.
```

```
Count}"); // 返回队列中元素的数量
        Console.WriteLine($"If Henry in names: {names.Contains("Henry")}"); // 检查队列中是否包含指定元素

        // 清空队列
        numbers.Clear();
        bool isEmpty = numbers.Count == 0;
        Console.WriteLine(isEmpty);

        // 遍历队列
        foreach (string name in names)
        {
            Console.Write($"{name} ");
        }
        Console.WriteLine();
    }
}
```

\>>>

```
[1,7,5,9,18]
[Oliver,Lily,Henry,Emily,Amelia]
1
[7,5,9,18]
7
[7,5,9,18]
The number of elements in numbers: 4
If Henry in names: True
True
Oliver Lily Henry Emily Amelia
```

表4.10列出了 *Queue<T>* 的构造函数（constructors）、属性（properties）和方法（methods）。

表4.10　Queue 队列的构造函数、属性和方法

分类	成员	说明
构造函数	*Queue()*	初始化 *Queue* 类的新实例，该实例为空且具有默认的初始容量
	Queue(IEnumerable)	初始化 *Queue* 类的新实例，该实例包含从指定集合复制的元素，并且有足够的容量来容纳复制的元素数
	Queue(Int32)	初始化 *Queue* 类的新实例，该实例为空且具有指定的初始容量
属性	*Count*	获取 *Queue* 中包含的元素数
方法	*Clear()*	从 *Queue* 中删除所有对象
	Contains(T)	确定元素是否在 *Queue* 中
	CopyTo(T[], Int32)	从指定的数组索引开始，将 *Queue* 元素复制到现有的一维 *Array*
	Dequeue()	删除并返回 *Queue* 开头的对象
	Enqueue(T)	将对象添加到 *Queue* 的末尾
	EnsureCapacity(Int32)	确保此队列的容量至少为指定的 *Capacity*。如果当前容量小于 *Capacity*，则它至少增加到指定的 *Capacity*
	Equals(Object)	确定指定的对象是否等于当前对象(继承自 *Object*)
	GetEnumerator()	返回循环访问 *Queue* 的枚举数。
	GetHashCode()	用作默认哈希函数(继承自 *Object*)
	GetType()	获取当前实例的 *Type*(继承自 *Object*)
	MemberwiseClone()	创建当前 *Object* 的浅表副本(继承自 *Object*)
	Peek()	返回 *Queue* 开头的对象，而不将其删除
构造函数	*ToArray()*	将 *Queue* 元素复制到新数组

续表

分类	成员	说明
构造函数	*ToString()*	返回一个表示当前对象的字符串(继承自 Object)
	TrimExcess()	将容量设置为 Queue 中实际元素数（如果该数字小于当前容量的 90%）
	TryDequeue(T)	删除 Queue 开头的对象，并将其复制到 result 参数
	TryPeek(T)	返回一个值，该值指示 Queue 开头是否存在对象，如果存在对象，则将其复制到 result 参数。对象不会从 Queue 中删除

4.4.5 Stack<T>

栈 *Stack<T>* 属于 System.Collections.Generic 命名空间的泛型集合类，表示一个后进先出（last-in first-out，LIFO）的集合，适合于需要按照相反顺序处理元素的场景。下述示例代码包括创建和初始化、添加元素、移除元素、查看元素、检查栈状态（返回栈中元素的数量、检查栈中是否包含指定的元素）、清空栈、遍历栈、复制栈和栈到数组等操作。(4104.cs)

```
using System;
using System.Collections.Generic;

class Program
{
    public static void PrintCollection<T>(IEnumerable<T> collection)
    {
        string formatted = "[" + string.Join(",", collection) + "]";
        Console.WriteLine(formatted);
    }

    static void Main()
    {
        // 创建和初始化 Stack<T>
        Stack<int> numbers = new Stack<int>();
        Stack<string> names = new Stack<string>(new[] { "Oliver", "Lily", "Henry",
"Emily", "Amelia" });

        // 添加元素
        numbers.Push(1);
        numbers.Push(7);
        numbers.Push(5);
        numbers.Push(9);
        numbers.Push(18);

        PrintCollection(numbers);
        PrintCollection(names);

        // 移除元素
        int topNumber = numbers.Pop(); // 移除并返回栈顶的元素。栈为空时调用此方法会抛
出 InvalidOperationException
        Console.WriteLine(topNumber);
        PrintCollection(numbers);

        // 查看元素
        int nextTopNumber = numbers.Peek(); // 查看栈顶的元素，但不移除它。栈为空时调用
此方法会抛出 InvalidOperationException
        Console.WriteLine(nextTopNumber);
        PrintCollection(numbers);

        // 检查栈状态
        Console.WriteLine($"The number of elements in the stack: {numbers.
```

```
Count}"); // 返回栈中元素的数量
        Console.WriteLine($"If Henry in names: {names.Contains("Henry")}"); // 检
查栈中是否包含指定的元素

        // 清空栈
        numbers.Clear();
        bool isEmpty = numbers.Count == 0;
        Console.WriteLine($"numbers is empty: {isEmpty}");

        // 遍历栈
        foreach (var name in names)
        {
            Console.Write($"{name} ");
        }
        Console.WriteLine();

        // 复制栈
        Stack<string> copiedNames = new Stack<string>(names.ToArray());
        PrintCollection(copiedNames);

        // 栈到数组
        string[] arrayName = new string[names.Count * 2];
        names.CopyTo(arrayName, names.Count);
        PrintCollection(arrayName);
    }
}
```

\>>>

```
[18,9,5,7,1]
[Amelia,Emily,Henry,Lily,Oliver]
18
[9,5,7,1]
9
[9,5,7,1]
The number of elements in the stack: 4
If Henry in names: True
numbers is empty: True
Amelia Emily Henry Lily Oliver
[Oliver,Lily,Henry,Emily,Amelia]
[,,,,,Amelia,Emily,Henry,Lily,Oliver]
```

表4.11列出了*Stack<T>*的构造函数（constructors）、属性（properties）和方法（methods）。

表4.11　Stack 栈的构造函数、属性和方法

分类	成员	说明
构造函数	*Stack()*	初始化 *Stack* 类的新实例，该实例为空且具有默认的初始容量
	Stack(IEnumerable)	初始化 *Stack* 类的新实例，该实例包含从指定集合复制的元素，并且有足够的容量来容纳复制的元素数
	Stack(Int32)	初始化 *Stack* 类的新实例，该实例为空，并具有指定的初始容量或默认的初始容量（以更大者为准）
属性	*Count*	获取 *Stack* 中包含的元素数
方法	*Clear()*	从 *Stack* 中删除所有对象
	Contains(T)	确定元素是否在 *Stack* 中
	CopyTo(T[], Int32)	从指定的数组索引开始，将 *Stack* 复制到现有的一维 *Array*
	EnsureCapacity(Int32)	确保此 *Stack* 的容量至少为指定的 *Capacity*。如果当前容量小于 *Capacity*，则它至少增加到指定的 *Capacity*

续表

分类	成员	说明
方法	*Equals(Object)*	确定指定的对象是否等于当前对象(继承自 *Object*)
	GetEnumerator()	返回 *Stack* 的枚举数
	GetHashCode()	用作默认哈希函数(继承自 *Object*)
	GetType()	获取当前实例的 *Type*(继承自 *Object*)
	MemberwiseClone()	创建当前 *Object* 的浅表副本(继承自 *Object*)
	Peek()	返回 *Stack* 顶部的对象，而不将其删除
	Pop()	删除并返回 *Stack* 顶部的对象
构造函数	*Push(T)*	在 *Stack* 顶部插入对象
	ToArray()	将 *Stack* 复制到新数组
	ToString()	返回一个表示当前对象的字符串(继承自 *Object*)
	TrimExcess()	将容量设置为 *Stack* 中实际元素数（如果该数字小于当前容量的 90%）
	TryPeek(T)	返回一个值，该值指示 *Stack* 顶部是否存在对象，如果存在对象，则将其复制到 *result* 参数。对象不会从 *Stack* 中删除
	TryPop(T)	返回一个值，该值指示 *Stack* 顶部是否存在对象，如果存在对象，则将其复制到 *result* 参数，并将其从 *Stack* 中删除

4.4.6 LinkedList<T>

链表 *LinkedList<T>* 属于 *System.Collections.Generic* 命名空间的泛型集合类，表示一个双向链表的集合，意味着每个元素（或节点）都包含对序列中下一个和前一个节点的引用。这种结构允许从列表的两端进行高效的插入和删除，使其非常适合需要频繁更新集合的场景。下述示例代码包括创建和初始化链表、添加元素、移除元素、查找元素、遍历链表、获取链表节点等操作。（4105.cs）

```
using System;
using System.Collections.Generic;
using System.Net.Http.Headers;
class Program
{
    public static void PrintCollection<T>(IEnumerable<T> collection)
    {
        string formatted = "[" + string.Join(",", collection) + "]";
        Console.WriteLine(formatted);
    }
    static void Main()
    {
        // 创建和初始化链表
        LinkedList<int> numbers = new LinkedList<int>();
        LinkedList<string> names = new LinkedList<string>(new[] { "Oliver", "Lily",
  "Henry", "Emily", "Amelia" });
        // 添加元素
        numbers.AddFirst(1); // List: 1 在列表的开头添加一个元素
        numbers.AddFirst(2); // List: 2 -> 1
        numbers.AddLast(3); // List: 2 -> 1 -> 3 在列表的末尾添加一个元素
        numbers.AddLast(4); // List: 2 -> 1 -> 3 -> 4
        PrintCollection(numbers);
        var node1 = numbers.Find(1);
```

```
        Console.WriteLine(node1);
        numbers.AddAfter(node1, 5); // List: 2 -> 1 -> 5-> 3 -> 4 在指定的现有节点之后添加一个新节点
        numbers.AddBefore(node1, 6); // List: 2 -> 6 -> 1 -> 5-> 3 -> 4 在指定的现有节点之前添加一个新节点
        PrintCollection(numbers);

        // 移除元素
        numbers.Remove(1); // 移除指定节点
        PrintCollection(numbers);

        numbers.RemoveFirst(); // 删除列表中的第一个节点
        numbers.RemoveLast(); // 删除列表中的最后一个节点
        PrintCollection(numbers);

        // 查找元素
        bool hasFive = numbers.Contains(5);
        Console.WriteLine($"5 in numbers: {hasFive}");

        // 遍历链表
        foreach (int number in numbers)
        {
            Console.Write($"{number} ");
        }
        Console.WriteLine();

        // 获取链表节点
        LinkedListNode<int> node = numbers.Find(5);
        if (node != null)
        {
            Console.WriteLine($"Found node: {node}");
        }
    }
}
```

>>>

```
[2,1,3,4]
System.Collections.Generic.LinkedListNode`1[System.Int32]
[2,6,1,5,3,4]
[2,6,5,3,4]
[6,5,3]
5 in numbers: True
6 5 3
Found node: System.Collections.Generic.LinkedListNode`1[System.Int32]
```

表4.12列出了*LinkedList<T>*的构造函数（constructors）、属性（properties）和方法（methods）。

表4.12 LinkedList 链表的构造函数、属性和方法

分类	成员	说明
构造函数	*LinkedList()*	初始化 *LinkedList* 类的新实例，该实例为空
	LinkedList(IEnumerable)	初始化 *LinkedList* 类的新实例，该实例包含从指定 *IEnumerable* 复制的元素，并且有足够的容量来容纳复制的元素数
	LinkedList(SerializationInfo, StreamingContext)	已过时。初始化使用指定的 *SerializationInfo* 和 *StreamingContext* 可序列化的 *LinkedList* 类的新实例
属性	*Count*	获取实际包含在 *LinkedList* 中的节点数
	First	获取 *LinkedList* 的第一个节点
	Last	获取 *LinkedList* 的最后一个节点

续表

分类	成员	说明
方法	*AddAfter(LinkedListNode, LinkedListNode)*	在 *LinkedList* 中的指定现有节点之后添加指定的新节点
	AddAfter(LinkedListNode, T)	在 *LinkedList* 中指定现有节点之后添加一个新节点，其中包含指定值
	AddBefore(LinkedListNode, LinkedListNode)	在 *LinkedList* 中的指定现有节点之前添加指定的新节点
	AddBefore(LinkedListNode, T)	在 *LinkedList* 中的指定现有节点之前添加包含指定值的新节点
	AddFirst(LinkedListNode)	在 *LinkedList* 开头添加指定的新节点
	AddFirst(T)	在 *LinkedList* 开头添加包含指定值的新节点
	AddLast(LinkedListNode)	在 *LinkedList* 末尾添加指定的新节点
	AddLast(T)	在 *LinkedList* 末尾添加包含指定值的新节点
	Clear()	从 *LinkedList* 中删除所有节点
	Contains(T)	确定值是否在 *LinkedList* 中
	CopyTo(T[], Int32)	从目标数组的指定索引处开始，将整个 *LinkedList* 复制到兼容的一维 *Array*
	Equals(Object)	确定指定的对象是否等于当前对象(继承自 *Object*)
	Find(T)	查找包含指定值的第一个节点
	FindLast(T)	查找包含指定值的最后一个节点
	GetEnumerator()	返回循环访问 *LinkedList* 的枚举数
	GetHashCode()	用作默认哈希函数(继承自 *Object*)
构造函数	*GetObjectData(SerializationInfo, StreamingContext)*	已过时。实现 *ISerializable* 接口并返回序列化 *LinkedList* 实例所需的数据
	GetType()	获取当前实例的 *Type*(继承自 *Object*)
	MemberwiseClone()	创建当前 *Object* 的浅表副本(继承自 *Object*)
	OnDeserialization(Object)	实现 *ISerializable* 接口，并在反序列化完成时引发反序列化事件
	Remove(LinkedListNode)	从 *LinkedList* 中删除指定的节点
	Remove(T)	从 *LinkedList* 中删除指定值的第一个匹配项
	RemoveFirst()	删除 *LinkedList* 开头的节点
	RemoveLast()	删除 *LinkedList* 末尾的节点
	ToString()	返回一个表示当前对象的字符串(继承自 *Object*)

4.5 Python 数据结构

4.5.1 列表

列表（*list*）是 Python 内置的一种基本数据结构，用于存储多个元素。这些元素可以是任何类型的对象，包括数值、字符串、布尔值，甚至其他列表，乃至函数或类对象。列表具有可变性（mutable）：列表中的元素可以被修改，例如添加、删除或者更新元素等；列表具有有序性：列表中的元素是顺序的，每个元素都有一个固定的索引值，并从索引值 0 开始，递增1计算（0,1,2,⋯,n），也可以逆序（-1,-2,-3,⋯,-n）；列表具有可重复性：即列表可以包含重复的元素。列表可表示为 *[v0,v1,v2,...,vn]*。列表的常用操作如下示例。（4106.py）

```
# 创建列表
my_list = []  # 用 [] 建立一个空列表
```

```
fruits = [
    "apple",
    "banana",
    "orange",
    "Cherry",
    "Peach",
]  # 建立仅包含字符串（元素）的列表
mixed = [3.141, "Lemon", 7, True]  # 创建一个混合类型的列表
letters = list("Hello!")  # 用 list 创建一个列表
numbers = list(range(0, 10, 1))  # 用 list 传入 range() 区间建立序列列表
names = list(
    enumerate(["Oliver", "Lily", "Henry", "Emily", "Amelia"], start=1)
)  # 传入可迭代对象建立列表

print(
    f"my_list={my_list}\nfruits={fruits}\nmixed={mixed}\nletters={letters}\
nnumbers={numbers}\nnames={names}"
)
# 访问列表元素——使用索引值，列表索引值从 0 开始；为正数从前向后计数；为负数时，从后向前计数
print(f"fruits[0]={fruits[0]}\nfruits[3]={fruits[3]}\nfruits[-2]={fruits[-2]}")

# 修改元素
fruits[3] = "Plum"
# 添加元素
fruits.append("Grape")  # 在末尾添加元素
print(fruits)
fruits.extend(["Kiwi", "Mango", "orange"])  # 追加另一个列表的元素
print(fruits)
fruits.insert(1, "Lemon")  # 在指定位置添加元素
print(fruits)

# 删除元素
fruits.remove("apple")  # 直接删除元素
print(fruits)
popped_fruit = fruits.pop(
    3
)  # 按索引删除元素并返回该索引对应的元素；如果不指定索引则删除并返回最后一个元素
print(popped_fruit)
print(fruits)

del fruits[0]  # 用 del 直接删除指定索引的元素
print(fruits)

# 复制列表
copiedMixed = mixed.copy()  # 用方法 copy() 返回列表的浅复制（shallow copy）
print(copiedMixed)

# 元素计数
print(f"The number of times 'orange' in fruits list: {fruits.count("orange")}")

# 反转列表
copiedMixed.reverse()  # in place
print(copiedMixed)

# 返回元素索引值
print(
    f"The index of the first item whose value is equal to 'orange':
{fruits.index("orange")}"
)
print(
```

```
    f"To a particular subsequence of the fruits list, 'orange' index:
{fruits.index("orange",3)}"
)
# 列表切片/分片（List Slicing）。给始末索引值及步幅值，语法为list[a:b:c]，a为开始值，b为结束值，c为步幅值（默认为1）。三个参数可以配置负值逆序。a 或 b 忽略时则默认为从始或到末
# Slicing——访问列表元素
subset_1 = numbers[1:5:2]
print(subset_1)
print(numbers[:3])
print(numbers[-3:-1])
print(numbers[-3:])
print(numbers[:])
# Slicing——分片赋值
numbers[5:8] = list(range(10, 13))
print(numbers)
numbers[2:2] = [101, 102, 103]  # 相当于在索引 2 处插入了另一个列表
print(numbers)
# Slicing——删除元素
del numbers[2:8]
print(numbers)
# 排序列表
numbers.sort()  # in place
print(numbers)
# 内置函数：求最大值、最小值、求和、计算列表的长度
print(
    f"Max value: {max(numbers)}; Min vvalue: {min(numbers)}; Sum: {sum(numbers)};
list length: {len((numbers))}"
)
# 清空列表
numbers.clear()
print(len(numbers))
# 嵌套列表
nested_list = [[1, 2], [3, 4]]
print(nested_list[1][0])
matrix = [
    [1, 2, 3, 4],
    [5, 6, 7, 8],
    [9, 10, 11, 12],
]
flipped_matrix = [
    [row[i] for row in matrix] for i in range(4)
]  # 使用了列表推导式（参语句考循环部分）
print(flipped_matrix)
```

\>>>

```
my_list=[]
fruits=['apple', 'banana', 'orange', 'Cherry', 'Peach']
mixed=[3.141, 'Lemon', 7, True]
letters=['H', 'e', 'l', 'l', 'o', '!']
numbers=[0, 1, 2, 3, 4, 5, 6, 7, 8, 9]
names=[(1, 'Oliver'), (2, 'Lily'), (3, 'Henry'), (4, 'Emily'), (5, 'Amelia')]
fruits[0]=apple
```

```
fruits[3]=Cherry
fruits[-2]=Cherry
['apple', 'banana', 'orange', 'Plum', 'Peach', 'Grape']
['apple', 'banana', 'orange', 'Plum', 'Peach', 'Grape', 'Kiwi', 'Mango', 'orange']
['apple', 'Lemon', 'banana', 'orange', 'Plum', 'Peach', 'Grape', 'Kiwi', 'Mango',
'orange']
['Lemon', 'banana', 'orange', 'Plum', 'Peach', 'Grape', 'Kiwi', 'Mango', 'orange']
Plum
['Lemon', 'banana', 'orange', 'Peach', 'Grape', 'Kiwi', 'Mango', 'orange']
['banana', 'orange', 'Peach', 'Grape', 'Kiwi', 'Mango', 'orange']
[3.141, 'Lemon', 7, True]
The number of times 'orange' in fruits list: 2
[True, 7, 'Lemon', 3.141]
The index of the first item whose value is equal to 'orange': 1
To a particular subsequence of the fruits list, 'orange' index: 6
[1, 3]
[0, 1, 2]
[7, 8]
[7, 8, 9]
[0, 1, 2, 3, 4, 5, 6, 7, 8, 9]
[0, 1, 2, 3, 4, 10, 11, 12, 8, 9]
[0, 1, 101, 102, 103, 2, 3, 4, 10, 11, 12, 8, 9]
[0, 1, 10, 11, 12, 8, 9]
[0, 1, 8, 9, 10, 11, 12]
Max value: 12; Min vvalue: 0; Sum: 51;list length: 7
0
3
[[1, 5, 9], [2, 6, 10], [3, 7, 11], [4, 8, 12]]
```

上述示例包括了列表的内置函数（*len()*，*max()*，*min()*，*sum()* 等），也展示了列表的内置方法。对于内置方法总结见表4.13。

表4.13　列表的内置方法

方法	解释
list.append(x)	在列表末尾添加一个元素，相当于 *a[len(a):] = [x]*
list.extend(iterable)	用可迭代对象的元素扩展列表。相当于 *a[len(a):] = iterable*
list.insert(i, x)	在指定位置插入元素。第一个参数是插入元素的索引，因此，*a.insert(0, x)* 为在列表开头插入元素，*a.insert(len(a), x)* 等同于 *a.append(x)*
list.remove(x)	从列表中删除第一个值为 *x* 的元素。未找到指定元素时，触发 *ValueError* 异常
list.pop([i])	移除列表中给定位置上的元素，并返回该元素。如果未指定索引号，则 *a.pop()* 将移除并返回列表中的最后一个元素。如果列表为空或索引号在列表索引范围之外则会引发 *IndexError*
list.clear()	删除列表里的所有元素，相当于 *del a[:]*
list.index(x[, start[, end]])	返回列表中第一个值为 *x* 的元素的索引。未找到指定元素时，触发 *ValueError* 异常。可选参数 *start* 和 *end* 是切片符号，用于将搜索限制为列表的特定子序列（子集）。返回的索引是相对于整个列表的索引，而不是 *start* 参数
list.count(x)	返回列表中元素 *x* 出现的次数
list.sort(, key=None, reverse=False)*	就地排序列表中的元素
list.reverse()	翻转列表中的元素
list.copy()	返回列表的浅拷贝

4.5.2 元组

元组（*tuple*）的语法为 *(v0,v1,v2,...,vn)*，不同于列表的中括号，为小括号表示，中间逗号隔开。元组不能够修改数据是其主要特性，即元组是不可变的（immutable）。元组的建立方法一种是 *2,5,6,* 在成员对象末尾直接加一个逗号；或则使用 *tuple(iterable=(), /)* 函数，参数为可迭代对象；亦可直接敲入元组语法 *(2,5,6)*。元组含有两个方法：一个是 *count()*，用于统计给定元素的数量；另一个是 *index()*，用于返回给定元素第一次出现时的索引值。列表中具有保持序列不变性的方法同样适用于元组。元组的常用操作如下示例。（4107.py）

```
# 建立元组
tup = (
    2,
    5,
    6,
)
print(tup)
print(type(tup))
print(type((2, 5, 6)))

print(3 * (20 * 3))  # 为表达式
print(3 * (20 * 3,))  # 为元组

tup_0 = tuple([5, 8, 9])
print(tup_0)
tup_1 = tuple((5, 8, 9))
print(tup_1)

tup_0N1 = tup_0 + tup_1
print(tup_0N1)

print(tup_0N1.count(5))
print(tup_0N1.index(8))

# 元组可以嵌套（嵌套元组）
nested_tup = tup, (11, 12, 13)
print(nested_tup)

# 列表中具有保持序列不变性的方法同样适用于元组
print(tup[1])
print(tup[:2])
print(
    f"Max value: {max(tup)}; Min vvalue: {min(tup)}; Sum: {sum(tup)};
list length: {len((tup))}"
)

# 元组是不可变对象
tup_0N1[2] = (
    9999  # 尝试修改项值时，将提示错误，TypeError: 'tuple' object does not support ite
m assignment
)# 建立元组
tup = (
    2,
    5,
    6,
)
print(tup)
print(type(tup))
print(type((2, 5, 6)))
```

```
print(3 * (20 * 3))  # 为表达式
print(3 * (20 * 3,))  # 为元组

tup_0 = tuple([5, 8, 9])
print(tup_0)
tup_1 = tuple((5, 8, 9))
print(tup_1)

tup_0N1 = tup_0 + tup_1
print(tup_0N1)

print(tup_0N1.count(5))
print(tup_0N1.index(8))

# 元组可以嵌套（嵌套元组）
nested_tup = tup, (11, 12, 13)
print(nested_tup)

# 列表中具有保持序列不变性的方法同样适用于元组
print(tup[1])
print(tup[:2])
print(
    f"Max value: {max(tup)}; Min vvalue: {min(tup)}; Sum: {sum(tup)}; list length: 
{len((tup))}"
)

# 元组是不可变对象
tup_0N1[2] = (
    9999  # 尝试修改项值时，将提示错误，TypeError: 'tuple' object does not support 
item assignment
)
```

\>>>

```
(2, 5, 6)
<class 'tuple'>
<class 'tuple'>
180
(60, 60, 60)
(5, 8, 9)
(5, 8, 9)
(5, 8, 9, 5, 8, 9)
2
1
((2, 5, 6), (11, 12, 13))
5
(2, 5)
Max value: 6; Min vvalue: 2; Sum: 13; list length: 3
```

4.5.3 字典

字典（*Dictionary*）是 Python 内置的一种基本数据结构，与 C++ 中的 Map 和 C# 中的 *Dictionary<TKey,TValue>* 均属于一种映射类型，为可变对象。字典语法为 *{k0:v0, k1:v1,k2:v2,...,kn:vn}*，其中 *k* 为键，*v* 为值，键值对之间冒号分割，花括号括起。键的类型可以为数值型或者字符串类型等不可变类型。字典是无序的，键值对的位置可能会发生变动。可以把字典理解为键值对（key-value pairs）的集合,但字典的键必须是唯一的。字典的主要用途是通过键存储、提取值。字典的常用操作如下示例。（4108.py）

```
# 建立字典
score = {"Henry": 99, "Oliver": 86, "Emily": 91, "Lily": 76}  # 使用 {} 建立字典
capitals = dict(
    China="Beijing", USA="Washington", France="Paris"
)  # 使用 dict() 建立字典
# 建立空字典并添加元素
numberNames = {}
numberNames[7] = "seven"
numberNames[9] = "nine"
numberNames[11] = "eleven"
print(f"score={score}\ncapitals={capitals}\nnumberNames={numberNames}")
# 其他建立字典的方式
a = dict(one=1, two=2, three=3)
b = {'one': 1, 'two': 2, 'three': 3}
c = dict(zip(['one', 'two', 'three'], [1, 2, 3]))
d = dict([('two', 2), ('one', 1), ('three', 3)])
e = dict({'three': 3, 'one': 1, 'two': 2})
f = dict({'one': 1, 'three': 3}, two=2)
print(a == b == c == d == e == f)
# 访问字典元素
name = numberNames[9]
print(name)
print(f"{capitals["China"]}")
print(
    f"{capitals.get("UK","Not Found!")}"
)  # 通过键提取元素，如果键不存在则会引发 KeyError 异常，可以使用 get()方法安全访问
print(f"{capitals.get("USA","Not Found!")}")
# 添加或更新键值对
numberNames[11] = "5+6"
numberNames[13] = "thirteen"
print(numberNames)
# 删除键值对——使用 pop() 方法，返回键对应的元素
eleven = numberNames.pop(11)
print(eleven)
# 删除键值对——使用 popitem() 方法，删除并返回最后一个插入的键值对
last_item = numberNames.popitem()
print(last_item)
# 删除键值对——使用 del 关键字
del numberNames[7]
print(numberNames)
# 检查字典是否有给定的键
if "Lily" in score:
    print("Lily exists in the score dictionary.")
# 计算字典键值对的数量
print(f"The number of kvps: {len(score)}")
# 遍历字典
for key in score:  # 遍历键，或 for key in score.keys()
    print(f"{key}: {score[key]}", end=" ")
print()
for value in score.values():  # 遍历值
    print(f"{value}", end=" ")
print()
```

```
for key, value in score.items():  # 遍历键值对
    print(f"{key}:{value}", end=" ")
print()

# 复制字典
copied_score = score.copy()  # 为浅复制（shallow copy）

# 更新字典
score_supplementary = dict(Oliver=150, Amelia=59)
score.update(
    score_supplementary
)  # 用 update() 更新字典，如果已存在键，则更新其元素；否则，增加该键值对
print(score)

copied_score.setdefault(
    "Amelia", 59
)  # setdefault() 方法仅能增加当前字典中不存在的键。如果传入了已有的键，则不更新，可以避免对原
有参数无意中的修改
copied_score.setdefault("Olive", 150)
print(copied_score)

tel1 = {"jack": 4098, "sape": 4139}
tel2 = {"guido": 4127, "sape": 0000}
tel = tel1 | tel2  # 在 Python 3.9 及以后版本中，可以使用 | 操作符合并字典
print(tel)

# 清空字典
tel.clear()
print(tel)

# 嵌套字典
nested_dict = {
    "person1": {"name": "Alice", "age": 25},
    "person2": {"name": "Bob", "age": 30},
}

print(nested_dict["person1"]["name"])
```

\>>>

```
score={'Henry': 99, 'Oliver': 86, 'Emily': 91, 'Lily': 76}
capitals={'China': 'Beijing', 'USA': 'Washington', 'France': 'Paris'}
numberNames={7: 'seven', 9: 'nine', 11: 'eleven'}
True
nine
Beijing
Not Found!
Washington
{7: 'seven', 9: 'nine', 11: '5+6', 13: 'thirteen'}
5+6
(13, 'thirteen')
{9: 'nine'}
Lily exists in the score dictionary.
The number of kvps: 4
Henry: 99 Oliver: 86 Emily: 91 Lily: 76
99 86 91 76
Henry:99 Oliver:86 Emily:91 Lily:76
{'Henry': 99, 'Oliver': 150, 'Emily': 91, 'Lily': 76, 'Amelia': 59}
{'Henry': 99, 'Oliver': 86, 'Emily': 91, 'Lily': 76, 'Amelia': 59, 'Olive': 150}
{'jack': 4098, 'sape': 0, 'guido': 4127}
{}
Alice
```

表4.14为字典的内置方法。

表4.14　字典的内置方法

方法	解释
clear()	清除字典中所有的键/值项，但是这个方法属于原地操作，并不返回值
copy()	可以复制字典，但是属于浅复制，当复制的字典已有键/值发生改变时，被复制的字典也会随之发生改变。如果增加新的键值对，则不会发生变化
get()	可以根据指定的键返回值，但是如果指定的键在被访问的字典中没有，则不返回任何值
items()	将所有的字典项即键值对以列表方式返回
keys()	返回字典的键对象列表
values()	返回字典的值对象列表
pop()	根据指定的键返回值，并同时移除字典中对应的键值对
popitem()	移除并返回字典中的最后一个键值对
setdefault()	更新的键值对，其键不在原有字典键列表中，则增加该键值对，否则不增加
update()	用一个字典更新另一字典，键值相同的项将被替换

4.5.4 集合

集合（*set*）最大的特点是集合中不含重复的元素，如果通过序列数据构建集合时存在重复元素，则构建的集合会只保留一个。集合不具有像列表索引值的属性，不能用索引值提取项值。集合元素的唯一性及集合间的运算，可以非常方便地处理一些元素具有唯一性变化的数据。集合可以用于成员检测、消除重复元素，支持并集（union）、交集（intersection）、差集（difference）和对称差分（symmetric difference）等数学运算。创建集合用*{}*或*set()*方法。集合与列表一样为可变序列对象，如果像元组一样变为不可变序列对象，则可以使用*frozenset()*构建不可变集合。集合的常用操作如下示例。（4109.py）

```
# 建立集合。重复的元素会被移除
num1 = {1, 2, 3, 4, 5}  # 使用 {} 建立集合
num2 = set([3, 3, 4, 5, 6, 7])  # 使用 set() 函数
num3 = {11, 12, 13, 14, 15}
empty_set = set()  # 建立空的集合

print(f"num1={num1}\nnum2={num2}\nnum3={num3}\nempty_set={empty_set}")

# 添加元素
empty_set.add(14)  # add() 方法添加单个元素
empty_set.update([15, 16, 17, 18])  # 用 update()方法添加多个元素

print(empty_set)

# 循环遍历集合来访问集合元素
for item in num1:
    print(f"{item}", end=" ")
print()

# 删除元素
empty_set.remove(14)  # 用 remove() 根据值删除元素。如果元素不存在，会引发 KeyError
print(empty_set)
empty_set.discard(16)  # 用discard() 根据值删除元素。如果元素不存在，不会引发错误
print(empty_set)
removed_item = (
    empty_set.pop()
```

```
) # 随机删除并返回一个元素。由于集合是无序的，无法预测删除哪个元素
print(f"removed item: {removed_item}; empty_set: {empty_set}")
empty_set.clear()  # 清空集合
print(empty_set)

# 浅复制
copied_num3 = num3.copy()

# 获取集合的元素数量
print(f"The number of elements in copied_num3 set: {len(copied_num3)}")

# 成员运算符

print(f"If 13 in copied_num3: {13 in copied_num3}")

# 集合到列表
unique_list = list(num3)
print(unique_list)

# 集合的运算
S_1 = set([1, 2, 3, 4, 5])
S_2 = set([4, 5, 6, 7, 8])
S_1_copy1, S_1_copy2, S_1_copy3 = [S_1.copy() for i in range(3)]
S_2_copy1, S_2_copy2, S_2_copy3 = [S_2.copy() for i in range(3)]
print(S_1)
print(S_2)
print("_" * 50)

## 并集
print(S_1 | S_2)
print(S_1.union(S_2))
print("_" * 50)

## 交集
print(S_1 & S_2)
print(S_1.intersection(S_2))
print("_" * 50)

## 差集
print(S_1 - S_2)
print(S_1.difference(S_2))
print(S_2 - S_1)
print(S_2.difference(S_1))
print("_" * 50)

## symmetric对称差集
print(S_1 ^ S_2)
print(S_1.symmetric_difference(S_2))
print("_" * 50)

print("#" * 50)
S_1_copy1.intersection_update(S_2_copy1)
print(S_1_copy1)

S_1_copy2.difference_update(S_2_copy2)
print(S_1_copy2)

S_1_copy3.symmetric_difference_update(S_2_copy3)
print(S_1_copy3)

print("_" * 50)
print(S_1.isdisjoint(S_2))

print(set([1, 2]).issubset(S_1))
print(S_1.issuperset(set([1, 2])))
```

```
# frozenset()——不可变（immutable）集合
FS_1 = frozenset([1, 2, 3, 4, 5])
FS_2 = frozenset([4, 5, 6, 7, 8])

print("_" * 50)
print(FS_1.isdisjoint(FS_2))
print(FS_1.difference(FS_2))
print(FS_1 | FS_2)
```

\>>>

```
num1={1, 2, 3, 4, 5}
num2={3, 4, 5, 6, 7}
num3={11, 12, 13, 14, 15}
empty_set=set()
{14, 15, 16, 17, 18}
1 2 3 4 5
{15, 16, 17, 18}
{15, 17, 18}
removed item: 15; empty_set: {17, 18}
set()
The number of elements in copied_num3 set: 5
If 13 in copied_num3: True
[11, 12, 13, 14, 15]
{1, 2, 3, 4, 5}
{4, 5, 6, 7, 8}
__________________________________________________
{1, 2, 3, 4, 5, 6, 7, 8}
{1, 2, 3, 4, 5, 6, 7, 8}
__________________________________________________
{4, 5}
{4, 5}
__________________________________________________
{1, 2, 3}
{1, 2, 3}
{8, 6, 7}
{8, 6, 7}
__________________________________________________
{1, 2, 3, 6, 7, 8}
{1, 2, 3, 6, 7, 8}
__________________________________________________
##################################################
{4, 5}
{1, 2, 3}
{1, 2, 3, 6, 7, 8}
__________________________________________________
False
True
True
__________________________________________________
False
frozenset({1, 2, 3})
frozenset({1, 2, 3, 4, 5, 6, 7, 8})
```

表4.15为集合的内置方法。

表4.15　集合的内置方法

方法	解释
add()	向集合中增加元素
clear()	移除所有元素，清空集合
copy()	浅复制集合
pop()	随机删除并返回一个元素。由于集合是无序的，无法预测删除哪个元素
remove()	移除一个集合元素，如果输入参数值不在集合中，则引发 *KeyError* 异常
discard()	移除一个集合元素，如果输入参数值不在集合中，则无变化，也并提示错误
update()	更新集合，输入参数为序列或集合。如果存在相同元素则保持不变
S1.uion(S2)	两个集合的并集运算，同符号 |
S1.intersection(S2)	两个集合的交集运算，同符号 &
S1.difference(S2)	两个（多个）集合的差集运算，同符号 -
S1.symmetric_difference(S2)	返回两个集合中不重复的元素为一个新集合，同符号 ^
S1.intersection_update(S2)	同 *S1.intersection(S2)*，只是对 *S1* 本地更新
S1.differnce_update(S2)	同 *S1.difference(S2)*，只是对 *S1* 本地更新
S1.symmetric_difference_update(S2)	同 *S1.symmetric_difference(S2)*，只是对 *S1* 本地更新
S.isdisjoint()	判断两个集合是否包括相同的元素，如果包含返回 *False*，不包含返回 *True*
S.issubset()	判断一个数据集是否是另一个的子集，同符号 <=
S.issuperset()	判断一个数据集是否是另一个的超集（父集），同符号 >=

4.5.5　collections 库

Python 容器（Container）数据类型库 *collections* 实现了一些专门化的容器，提供了对 Python 内置容器 *dict*、*list*、*set* 和 *tuple* 的补充，解释和示例代码如下。

（1）容器——*namedtuple*

具名元组赋予每个位置一个含义，提供可读性和自文档性，可以用于任何普通元组，能够通过索引和名称获取值。示例代码如下。（4110.py）

```
from collections import namedtuple
# 声明一个具名元组
Point = namedtuple("Point", ["x", "y"])
# 建立一个实例
p1 = Point(10, 20)
p2 = Point(30, y=40)
print(f"p1={p1}\np2={p2}")
# 声明并初始化
p3 = Point(x=50, y=60)
print(p3)
# 转换字典到具名元组
d = {"x": 70, "y": 80}
dict2namedtuple = Point(**d)
print(dict2namedtuple)
# 返回一个 OrderedDict
print(p3._asdict)
# 替换元素
```

```
replaced_p3 = p3._replace(x=7)
print(replaced_p3)
# 查看字段名（fields）
print(p3._fields)
# 访问元素
print(f"p1.x={p1.x}\np1.x={getattr(p1,"x")}")
```

\>>>

```
p1=Point(x=10, y=20)
p2=Point(x=30, y=40)
Point(x=50, y=60)
Point(x=70, y=80)
<bound method Point._asdict of Point(x=50, y=60)>
Point(x=7, y=60)
('x', 'y')
p1.x=10
p1.x=10
```

（2）容器——*OrderedDict*

有序字典是字典的子类，保持元素的插入顺序。Python 3.7 及以后的版本中，内置字典默认也保持插入顺序，但 OrderedDict 提供了额外的方法。示例代码如下。（4111.py）

```
from collections import OrderedDict
# 建立有序字典并添加元素
od = OrderedDict()
od["orange"] = 11
od["apple"] = 9
od["Peach"] = 3
od["apple"] = 5  # 如果新条目覆盖现有条目，则更新原有条目
print(od)
# 用 fromkeys() 建立一个初始化了键的字典，键对应的值为 None
odkeys = OrderedDict.fromkeys("abcde")
print(odkeys)
# 有序字典的 popitem() 方法移除并返回一个 (key, value) 键值对。 如果 last 值为真，则
按 LIFO 后进先出的顺序返回键值对，否则就按 FIFO 先进先出的顺序返回键值对
print(od.popitem(last=True))
# 将一个现有的 key 移到序字典的任一端。 如果 last 为真值（默认）则将条目移到右端，或者如
果 last 为假值则将条目移到开头
odkeys.move_to_end("c", last=False)
print("".join(odkeys))
```

\>>>

```
OrderedDict({'orange': 11, 'apple': 5, 'Peach': 3})
OrderedDict({'a': None, 'b': None, 'c': None, 'd': None, 'e': None})
('Peach', 3)
cabde
```

（3）容器——*defaultdict*

默认字典是字典的子类，为字典中的每个键提供默认值，但需要提供一个函数，指明默认值的类型。示例代码如下。（4112.py）

```
from collections import defaultdict
```

```
# 创建一个默认值为 int(0) 的 defaultdict
dd = defaultdict(int)
print(dd)
# 添加元素
dd["orange"] = 11
dd["apple"] = 9
dd["Peach"] = 3
dd["apple"] = 5  # 如果新条目覆盖现有条目，则更新原有条目
print(dd)
# 将（键-值对组成的）序列转换为（键-列表组成的）字典
color_list = [("yellow", 1), ("blue", 2), ("yellow", 3), ("blue", 4), ("red", 1)]
color_dd = defaultdict(list)
for k, v in color_list:
    color_dd[k].append(
        v
    )  # 首次出现的键（不在字典里）会自动创建该条目；当已有键在字典里，则将新值追加到该键对应的
列表中
print(color_dd)
d = {}
for k, v in color_list:
    d.setdefault(k, []).append(
        v
    )  # Dictionaries 的默认方法向值列表中追加元素。defaultdict 的方法效率要高，也简单
print(d)
# 用于计数
string = "mississippi"
string_dd = defaultdict(int)
for k in string:
    string_dd[k] += 1
sorted(string_dd.items())
print(string_dd)

# 自定义函数并用 lambda 函数
def constant_func(val):
    return lambda: val

func_dd = defaultdict(constant_func("<missing>"))
func_dd.update(name="Oliver", action="ran")
print("%(name)s %(action)s to %(obj)s" % func_dd)
# 用 defaultdict 构建 set 集合
set_dd = defaultdict(set)
for k, v in color_list:
    set_dd[k].add(v)

sorted(set_dd.items())
print(set_dd)
```

\>>>

```
defaultdict(<class 'int'>, {})
defaultdict(<class 'int'>, {'orange': 11, 'apple': 5, 'Peach': 3})
defaultdict(<class 'list'>, {'yellow': [1, 3], 'blue': [2, 4], 'red': [1]})
{'yellow': [1, 3], 'blue': [2, 4], 'red': [1]}
defaultdict(<class 'int'>, {'m': 1, 'i': 4, 's': 4, 'p': 2})
Oliver ran to <missing>
```

```
defaultdict(<class 'set'>, {'yellow': {1, 3}, 'blue': {2, 4}, 'red': {1}})
```

（4）容器——*ChainMap*

该容器用于将多个字典（或其他映射类型）组合在一起，形成一个视图，允许在多个字典之间进行查找操作，优先使用第一个字典中的值，如果在第一个字典中找不到，就继续查找下一个字典。适用于需要在多个上下文中查找值的场景，比如配置管理、环境变量、局部变量和全局变量等。示例代码如下。（4113.py）

```
from collections import ChainMap

# 建立 ChainMap
dict1 = {"a": 1, "b": 2}
dict2 = {"b": 3, "c": 4}
dict3 = {"c": 5, "d": 6}

cm = ChainMap(dict1, dict2, dict3)
print(cm)

# 查找值。优先查找第一个字典
print(cm["a"])  # 输出来自 dict1
print(cm["b"])  # 输出来自 dict1
print(cm["c"])  # 输出来自 dict2
print(cm["d"])  # 输出来自 dcit3

# 修改值。按存储字典的顺序优先更新首先找到存在键的字典
cm["a"] = 10
print(cm)

cm["c"] = 20
print(cm)

# 转换为字典或列表
print(dict(cm))
print(list(cm))
```

>>>

```
ChainMap({'a': 1, 'b': 2}, {'b': 3, 'c': 4}, {'c': 5, 'd': 6})
1
2
4
6
ChainMap({'a': 10, 'b': 2}, {'b': 3, 'c': 4}, {'c': 5, 'd': 6})
ChainMap({'a': 10, 'b': 2, 'c': 20}, {'b': 3, 'c': 4}, {'c': 5, 'd': 6})
{'c': 20, 'd': 6, 'b': 2, 'a': 10}
['c', 'd', 'b', 'a']
```

（5）容器——*deque*

双端队列支持从两端快速添加和删除元素，适合需要频繁在两端操作的场景，其方法有 *append(x)*、*appendleft(x)*、*clear()*、*copy()*、*count(x)*、*extend(iterable)*、*extendleft(iterable)*、*index(x[, start[, stop]])*、*insert(i, x)*、*pop()*、*popleft()*、*remove(value)*、*reverse()*、*rotate(n=1)* 等。示例代码如下。（4114.py）

```
from collections import deque

# 建立一个队列
dq = deque()
```

```
# 添加元素——用 append() 从右侧添加
dq.append(1)
dq.append(2)
# 添加元素——用 appendleft() 从左侧添加
dq.appendleft(-1)
dq.appendleft(-2)
print(dq)
# 删除元素——从左侧
dq.pop()
# 删除元素——从右侧
dq.popleft()
print(dq)
```

\>>>

```
deque([-2, -1, 1, 2])
deque([-1, 1])
```

（6）容器——*Counter*

是一个字典的子类，用于计数可哈希对象。常用于统计元素出现的频率。示例代码如下。（4115.py）

```
from collections import Counter
# 通过可迭代（iterable）对象初始化 Counter
color_lst = colors = ["Red", "Green", "Blue", "Yellow", "Red", "Red", "Pink",
"Blue"]
list_count = Counter(color_lst)
print(list_count)
color_dict = {"Red": 3, "Blue": 2, "Green": 1, "Yellow": 1, "Pink": 1}
dict_count = Counter(color_dict)
print(dict_count)
keywordArgs_count = Counter(Red=3, Blue=2, Green=1, Yellow=1, Pink=1)
print(keywordArgs_count)
# 返回一个迭代器，其中每个元素将重复出现计数值所指定次数
print(list(list_count.elements()))
# 返回一个列表，其中包含 n 个最常见的元素及出现次数，按常见程度由高到低排序。 如果 n 被省略或
为 None，most_common() 将返回计数器中的所有元素。 计数值相等的元素按首次出现的顺序排序
print(list_count.most_common(3))
# 计算总计数值
print(list_count.total())
# 减去一个可迭代对象或映射对象 （或 counter） 中的元素。类似于 dict.update()， 但是是减去而非
替换。输入和输出都可以是 0 或负数
c1 = Counter(a=4, b=2, c=0, d=-2)
c2 = Counter(a=1, b=2, c=3, d=4)
c1.subtract(c2)
print(c1)
# 数学运算
c = Counter(a=3, b=1)
d = Counter(a=1, b=2)
print(c + d)  # 将两个计数器相加：c[x] + d[x]
print(c - d)  # 减法（只保留正数）
print(c & d)  # 交集：min (c[x], d[x])
```

```
print(c | d)  # 并集：max (c[x], d[x])
print(c == d)  # 是否相等：c[x] == d[x]
print(c <= d)  # 是否包含：c[x] <= d[x]
# 单目加和减（一元操作符），即从空计数器加或者减去
e = Counter(a=2, b=-4)
print(+e)
print(-e)
```

\>>>

```
Counter({'Red': 3, 'Blue': 2, 'Green': 1, 'Yellow': 1, 'Pink': 1})
Counter({'Red': 3, 'Blue': 2, 'Green': 1, 'Yellow': 1, 'Pink': 1})
Counter({'Red': 3, 'Blue': 2, 'Green': 1, 'Yellow': 1, 'Pink': 1})
['Red', 'Red', 'Red', 'Green', 'Blue', 'Blue', 'Yellow', 'Pink']
[('Red', 3), ('Blue', 2), ('Green', 1)]
8
Counter({'a': 3, 'b': 0, 'c': -3, 'd': -6})
Counter({'a': 4, 'b': 3})
Counter({'a': 2})
Counter({'a': 1, 'b': 1})
Counter({'a': 3, 'b': 2})
False
False
Counter({'a': 2})
Counter({'b': 4})
```

4.6　知识拓展

4.6.1　C++ 的标准模板库和泛型编程

标准模板库/泛型库（Standard Template Library，STL）是 C++ 编程语言的一个软件库，其架构主要由 Alexander Stepanov 构建。1979年，他开始提出泛型编程（generic programming）的想法，旨在通过使用类型参数化的方式来编写通用算法和数据结构，从而提高代码的重用性和灵活性。即在泛型编程中，可以创建与特定数据类型无关的函数或类，从而在不同的上下文中重复使用相同的代码。示例代码如下。（4116.cpp）

```
#include <iostream>
#include <format>
//定义一个模板函数，用于交换两个变量的值
template <typename T>
void swap(T& a, T& b) {
    T temp = a; // 使用临时变量保存值
    a = b;
    b = temp;
}
int main() {
    int x = 5, y = 10;
    std::cout << std::format("Before swap: x={};y={}", x, y) << std::endl;
    swap(x, y);
    std::cout << std::format("After swap: x={};y={}", x, y) << std::endl;
    double a = 1.5, b = 3.7;
    std::cout << std::format("Before swap: a={};b={}", a, b) << std::endl;
```

```
    swap(a, b);
    std::cout << std::format("After swap: a={};b={}", a, b) << std::endl;

    return 0;
}
```

\>>>

```
Before swap: x=5;y=10
After swap: x=10;y=5
Before swap: a=1.5;b=3.7
After swap: a=3.7;b=1.5
```

作为强类型语言（strongly-typed language），C++ 要求所有变量都具有特定类型，显示声明或者由编译器推导。但是许多数据结构和算法对多种数据类型都是适用的，因此可以定义函数模板，模板（templates）是 C++ 中泛型编程的基础，例如 *swap()* 函数是一个用 *template <typename T>* 定义的一个泛型函数的模板函数（template function），该函数可以接收任何类型的参数，如示例中传入的整型和浮点型数据。

Stepanov 认识到泛型编程的潜力，说服他当时所在通用电气研究和开发部门（General Electric Research and Development）的同事，以泛型编程作为软件开发的基础，在 1993 年 11 月，向 ANSI/ISO 委员会（C++ 标准化会议）展示了一个以泛型编程为基础的库（即 STL），该库则于 1994 年 2 月正式成为 ANSI/ISO C++ 的一部分。STL 的出现促使 C++ 的编程思维更多朝向泛型编程发展，其自身也不断得到扩展和改进。STL 的设计概念是泛型编程，允许开发者编写与数据类型无关的代码而提高代码的重用性，同时借助模板把常用的数据结构（要执行操作的数据）及其算法（在数据上执行的操作）分离，对应概念如下。

• 容器（containers） 是存储数据的对象，包括序列式容器（sequence containers）和关联式容器（associative containers）。标准的序列式容器包括 *vector*、*deque* 和 *list*；标准的关联式容器包括 *set*、*multiset*、*map*、*multimap*、*hash_set*、*hash_multiset*、*hash_map* 和 *hash_meltimap*。可以使用其他容器作为实现具有特定接口的容器适配器（container adaptors），包括 *queue*、*priority_queue* 和 *stack*。

• 迭代器（iterators） 可以操作数据结构而无需关心其内部实现，以遍历容器中存储的元素。根据操作方式可以分为输入迭代器（input iterators）(只能用于读取值序列)，输出迭代器（output iterators）（只能用于写入值序列），前向迭代器（forward iterators）（可以读取、写入和移动），双向迭代器（bidirectional iterators）（类似于前向迭代器，但可以向后移动）和随机访问迭代器（random-access iterators）（可以向后移动）。

• 算法（algorithms） 是要执行的操作，并与数据结构的实现进行了分离。STL 提供了一系列算法，通常以函数模板的形式实现，可以对容器中的数据执行各种操作，例如，使用 *std::count* 计算特定值的出现次数，使用 *std::sort* 对 *vector* 进行排序，使用 *std::accumulate* 计算容器元素值总和等。

STL 也提供了函数对象/仿函数（functors），是一个重载了 *operator()* 的类或结构体实例，可以像普通函数一样通过操作符 *()* 进行调用，可以包含数据成员，用于存储状态，使得其在调用时能够使用内部数据，并可以通过重载多个 *operator()* 来实现不同的行为。示例代码如下。（4117.cpp）

```
#include <iostream>
#include <vector>
#include <algorithm>
```

```
// 定义一个函数对象，用于比较两个整数的大小
class Compare {
public:
    // 重载运算符()
    bool operator()(int a, int b)const {
        return a > b; // 降序排序
    }
};

int main() {
    std::vector<int> vec = { 5,3,8,6,2 };

    // 使用函数对象进行排序
    std::sort(vec.begin(), vec.end(), Compare());

    std::cout << "Sorted vector in descending order: ";
    for (int num : vec) {
        std::cout << num << " ";
    }
    std::cout << std::endl;

    return 0;
}
```

>>>

```
Sorted vector in descending order: 8 6 5 3 2
```

4.6.2 时间复杂度

$O(1)$、$O(n)$、$O(n^2)$、$O(\log n)$和$O(n\log n)$是算法分析中时间复杂度（time complexity）的术语，具体指算法的执行时间（工作量）或空间（所需内存空间）需求如何随输入大小（n）的增加而变化。这些术语属于大O表示法（big O notation），用于描述算法的效率。O后面括号中的函数指明了某个算法耗时/耗空间与数据增长量之间的关系。其中，n代表输入数据的量。

• $O(1)$　常数时间复杂度（常数阶）。最低的时空复杂度，其执行时间（耗时）与输入数据的大小无关，即无论输入数据增大多少倍，执行时间/空间都不变。通过索引访问向量中的元素，其时间复杂度即为$O(1)$；哈希算法插入、查找和删除平均情况下时间复杂度也为$O(1)$。

• $O(n)$　线性时间复杂度（线性阶）。执行时间随着输入大小 n 的增长而呈现线性增长。例如遍历向量/数组或链表中的所有元素。

• $O(n^2)$　平方时间复杂度（平方阶）。执行时间与输入大小的平方成正比。例如嵌套循环，及冒泡排序、插入排序和选择排序等。

• $O(\log n)$　对数时间复杂度（对数阶）。执行时间随着输入规模的增加呈对数级增长，即每次处理后数据规模减少到原来的一部分，如数据增大256倍时，执行时间只增大8倍。例如二分查找等。

• $O(n\log n)$　线性对数时间复杂度（线性对数阶）。通常出现在需要$\log(n)$次分解并且每次分解处理n个元素的情况，如数据增大256倍时，执行时间为256×8=2048，其复杂度高于线性阶而低于平方阶。

4.6.3 C++ 容器成员函数地图

表4.16，表4.17是C++中不同容器中不同成员函数的对比图。

表4.16　序列式容器成员函数

头文件	分类	<array>	<vector>	<deque>	<forward_list>	<list>
Members		array	vector	deque	forward_list	list
	constructor	implicit	vector	deque	forward_list	list
	destructor	implicit	~vector	~deque	~forward_list	~list
	operator=	implicit	operator=	operator=	operator=	operator=
iterators	begin	begin	begin	begin	begin	begin
					before_begin	
	end	end	end	end	end	end
	rbegin	rbegin	rbegin	rbegin		rbegin
	rend	rend	rend	rend		rend
const iterators	cbegin	cbegin	cbegin	cbegin	cbegin	cbegin
					cbefore_begin	
	cend	cend	cend	cend	cend	cend
	crbegin	crbegin	crbegin	crbegin		crbegin
	crend	crend	crend	crend		crend
capacity	size	size	size	size		size
	max_size	max_size	max_size	max_size	max_size	max_size
	empty	empty	empty	empty	empty	empty
	resize		resize	resize	resize	resize
	shrink_to_fit		shrink_to_fit	shrink_to_fit		
	capacity		capacity			
	reserve		reserve			
element access	front	front	front	front	front	front
	back	back	back	back		back
	operator[]	operator[]	operator[]	operator[]		
	at	at	at	at		
modifiers	assign		assign	assign	assign	assign
	emplace		emplace	emplace	emplace_after	emplace
	insert		insert	insert	insert_after	insert
	erase		erase	erase	erase_after	erase
	emplace_back		emplace_back	emplace_back		emplace_back
	push_back		push_back	push_back		push_back
	pop_back		pop_back	pop_back		pop_back
	emplace_front			emplace_front	emplace_front	emplace_front
	push_front			push_front	push_front	push_front
	pop_front			pop_front	pop_front	pop_front
	clear		clear	clear	clear	clear
	swap	swap	swap	swap	swap	swap
list operations	splice				splice_after	splice
	remove				remove	remove
	remove_if				remove_if	remove_if
	unique				unique	unique
	merge				merge	merge

续表

头文件	分类	<array>	<vector>	<deque>	<forward_list>	<list>
list operations	sort				sort	sort
	reverse				reverse	reverse
observers	get_allocator		get_allocator	get_allocator	get_allocator	get_allocator
	data	data	data			

表4.17　关联式容器成员函数

头文件	分类	<set>		<map>		<unordered_set>		<unordered_map>	
Members		set	multiset	map	multimap	unordered_set	unordered_multiset	unordered_map	unordered_multimap
	constructor	set	multiset	map	multimap	unordered_set	unordered_multiset	unordered_map	unordered_multimap
	destructor	~set	~multiset	~map	~multimap	~unordered_set	~unordered_multiset	~unordered_map	~unordered_multimap
	assignment	operator=	operator=	operator=	operator=	operator=	operator=	operator=	operator=
iterators	begin	begin	begin	begin	begin	begin	begin	begin	begin
	end	end	end	end	end	end	end	end	end
	rbegin	rbegin	rbegin	rbegin	rbegin				
	rend	rend	rend	rend	rend				
const iterators	cbegin	cbegin	cbegin	cbegin	cbegin	cbegin	cbegin	cbegin	cbegin
	cend	cend	cend	cend	cend	cend	cend	cend	cend
	crbegin	crbegin	crbegin	crbegin	crbegin				
	crend	crend	crend	crend	crend				
capacity	size	size	size	size	size	size	size	size	size
	max_size	max_size	max_size	max_size	max_size	max_size	max_size	max_size	max_size
	empty	empty	empty	empty	empty	empty	empty	empty	empty
	reserve					reserve	reserve	reserve	reserve
element access	at			at				at	
	operator[]			operator[]				operator[]	
modifiers	emplace	emplace	emplace	emplace	emplace	emplace	emplace	emplace	emplace
	emplace_hint	emplace_hint	emplace_hint	emplace_hint	emplace_hint	emplace_hint	emplace_hint	emplace_hint	emplace_hint
	insert	insert	insert	insert	insert	insert	insert	insert	insert
	erase	erase	erase	erase	erase	erase	erase	erase	erase
	clear	clear	clear	clear	clear	clear	clear	clear	clear
	swap	swap	swap	swap	swap	swap	swap	swap	swap
operations	count	count	count	count	count	count	count	count	count
	find	find	find	find	find	find	find	find	find
	equal_range	equal_range	equal_range	equal_range	equal_range	equal_range	equal_range	equal_range	equal_range

续表

头文件	分类	<set>		<map>		<unordered_set>		<unordered_map>	
operations	lower_bound	lower_bound	lower_bound	lower_bound	lower_bound				
	upper_bound	upper_bound	upper_bound	upper_bound	upper_bound				
observers	get_allocator	get_allocator	get_allocator	get_allocator	get_allocator	get_allocator	get_allocator	get_allocator	get_allocator
	key_comp	key_comp	key_comp	key_comp	key_comp				
	value_comp	value_comp	value_comp	value_comp	value_comp				
	key_eq					key_eq	key_eq	key_eq	key_eq
	hash_function					hash_function	hash_function	hash_function	hash_function
buckets	bucket					bucket	bucket	bucket	bucket
	bucket_count					bucket_count	bucket_count	bucket_count	bucket_count
	bucket_size					bucket_size	bucket_size	bucket_size	bucket_size
	max_bucket_count					max_bucket_count	max_bucket_count	max_bucket_count	max_bucket_count
hash policy	rehash					rehash	rehash	rehash	rehash
	load_factor					load_factor	load_factor	load_factor	load_factor
	max_load_factor					max_load_factor	max_load_factor	max_load_factor	max_load_factor

第5章 控制结构

5.1 代码块：缩进和花括号{}

在编程语言中，代码块（code block）是指一组被视为一个整体的语句集合，通常在一个控制结构或函数/方法中一起执行。代码块有助于组织代码结构（将代码按逻辑组织，使得程序逻辑清晰，易于理解和维护），并且可以控制程序的执行流（如条件语句、循环语句和异常处理等控制结构，以代码块控制程序的执行流），用于限定变量的作用域（局部变量只在所在的代码块内有效，外部无法访问）。在Python语言中，代码块以强制缩进表示代码块的开始和结束，其缩进是Python语法的一部分，必须保持一致，通常为四个空格，所有处于同一缩进级别的代码视为同一代码块。而C/C++和C#由花括号{}表示的代码块标识符确定代码块的范围。{}不会影响代码的执行顺序，而是将相关语句组合为一个执行单位，通常为各种的控制结构、类和方法/函数等。虽然缩进不是C/C++和C#代码块的标识，但通常也使用缩进来提高代码的可读性。在所有的语言中都可以嵌套代码块，即在一个代码块中再定义另一个代码块，缩进或{}都能标识嵌套关系。对Python、C/C++和C#的代码块语法比较见表5.1。

表5.1 编程语言的代码块语法

语言	代码块的定义方式	缩进规范	代码块作用域标识符
Python	使用缩进定义代码块	强制使用一致的缩进（通常为4个空格）	无花括号，依赖缩进
C/C++、C#	使用花括号{}定义代码块	自由缩进（通常用4个空格或制表符），主要为了提高代码的可读性	使用{}

5.2 控制结构

5.2.1 条件语句

（1）*if*条件语句

条件语句在编程语言中用于根据某个条件的真假来决定程序执行的路径，其通常会判断布尔表达式的值来选择不同的代码块。在Python语言中，条件语句关键字包括*if*、*elif*和*else*；而在C系列语言中为*if*、*else if*和*else*。其中的差异在于*elif*和*else if*。通过关键字的组合可以构建不同分支方式，主要有*if*结构、*if-else*结构和*if-elif(else if)-else*结构等，基本语法见表5.2。

表5.2 条件语句的结构

结构	Py	C, C++, C#

if 结构	if condition:
	    # 如果条件为真（True），执行的代码
		if (condition) {
		    // 如果条件为真（true），执行的代码
		}

*if-else*结构	if condition:
	    # 如果条件为真（True），执行的代码
	else:
	    # 如果条件为假（False），执行的代码
		if (condition) {
		    // 如果条件为真（true），执行的代码
		}
		else {
		    // /如果条件为假（false），执行的代码
		}

续表

结构	Py	C, C++, C#

*if-elif (else if)-else*结构	if condition1:
	    # 如果 condition1 为真（True），执行的代码
	elif condition2:
	    # 如果 condition2 为真（True），执行的代码
	else:
	    # 如果前面所有条件都为假（False），执行的代码
		if (condition1) {
		    // 如果 condition1 为真（true），执行的代码
		}
		else if (condition2) {
		    // 如果 condition2 为真（true），执行的代码
		}
		else {
		    // 如果前面所有条件都为假（false），执行的代码
		}

❶ *if*结构

示例代码见表5.3。

表5.3 if结构各编程语言代码示例

		>>>
Py （5118.py）	x = 10 if x > 0: print(f"{x}: Positive")	10: Positive

C
（5119.c）
	#include <stdio.h>
	
	int main() {
	    int x = 10;
	    if (x > 0) {
	        printf("%d: Positive", x);
	    }
	    return 0;
	}	

C++
（5120.cpp）
	#include <iostream>
	#include <format>
	
	int main() {
	    int x = 10;
	    if (x > 0) {
	        std::cout << std::format("{}: Positive", x);
	    }
	    return 0;
	}	

C#
（5121.cs）
	using System;
	class Program
	{
	    static void Main()
	    {
	        int x = 10;
	        if (x > 0)
	        {
	            Console.WriteLine($"{x}: Positive");
	        }
	    }
	}	

❷ *if-else*结构

示例代码见表5.4。

表5.4　if-else结构各编程语言代码示例

<table>
<tr><th></th><th></th><th>>>></th></tr>
<tr><td>Py
(5112.py)</td><td><pre>x = -10
if x > 0:
    print(f"{x}: Positive")
else:
    print(f"{x}: Negative")</pre></td><td rowspan="4">-10: Negative</td></tr>
<tr><td>C
(5123.c)</td><td><pre>#include <stdio.h>

int main() {
    int x = -10;
    if (x > 0) {
        printf("%d: Positive", x);
    }
    else {
        printf("%d: Negative", x);
    }
    return 0;
}</pre></td></tr>
<tr><td>C++
(5124.cpp)</td><td><pre>#include <iostream>
#include <format>

int main() {
    int x = -10;
    if (x > 0) {
        std::cout << std::format("{}: Positive", x);
    }
    else {
        std::cout << std::format("{}: Negative", x);
    }
    return 0;
}</pre></td></tr>
<tr><td>C#
(5125.cs)</td><td><pre>using System;

class Program
{
    static void Main()
    {
        int x = -10;
        if (x > 0)
        {
            Console.WriteLine($"{x}: Positive");
        }
        else
        {
            Console.WriteLine($"{x}: Negative");
        }
    }
}</pre></td></tr>
</table>

❸ *if-elif-else*结构 / *if-else if-else*结构

示例代码见表5.5。

表5.5　if-elif(else if)-else结构各编程语言代码示例

<table>
<tr><th></th><th></th><th>>>></th></tr>
<tr><td>Py
(5126.py)</td><td><pre>x = 0
if x > 0:
    print(f"{x}: Positive")
elif x == 0:</pre></td><td>0: Zero</td></tr>
</table>

续表

<table>
<tr><th></th><th></th><th>>>></th></tr>
<tr><td>Py</td><td>   print(f"{x}: Zero")
else:
    print(f"{x}: Negative")</td><td rowspan="4">0: Zero</td></tr>
<tr><td>C
(5127.c)</td><td>#include <stdio.h>

int main() {
    int x = 0;
    if (x > 0) {
        printf("%d: Positive", x);
    }
    else if (x == 0) {
        printf("%d: Zero", x);
    }
    else {
        printf("%d: Negative", x);
    }
    return 0;
}</td></tr>
<tr><td>C++
(5128.cpp)</td><td>#include <iostream>
#include <format>

int main() {
    int x = 0;
    if (x > 0) {
        std::cout << std::format("{}: Positive", x);
    }
    else if (x == 0) {
        std::cout << std::format("{}: Zero", x);
    }
    else {
        std::cout << std::format("{}: Negative", x);
    }

    return 0;
}</td></tr>
<tr><td>C#
(5129.cs)</td><td>using System;

class Program
{

    static void Main()
    {
        int x = 0;
        if (x > 0)
        {
            Console.WriteLine($"{x}: Positive");
        }
        else if (x == 0)
        {
            Console.WriteLine($"{x}: Zero");
        }
        else
        {
            Console.WriteLine($"{x}: Negative");
        }
    }
}</td></tr>
</table>

（2）条件运算符（三元运算符）

条件运算符用于根据条件选择一个值，是`if-else`结构的简化版本，可以用于较为简单的判断条件，使得语句更为简洁。Python 和 C 系列语言条件运算符的基本语法见表5.6，其示例代码见表5.7。

表5.6 条件运算符（三元运算符）基本语法

Py	C，C++，C#
value = expression1 if condition else expression2	*condition ? expression1 : expression2*

表5.7 条件运算符各编程语言代码示例

		>>>
Py （5130.py）	a, b = 5, 10 max_value = a if a > b else b print(f"Max value: {max_value}")	Max value: 10

C
（5131.c）
	#include <stdio.h>
	
	int main() {
	    int a = 5, b = 10;
	    int max = (a > b) ? a : b;
	    printf("Max value: %d", max);
	
	    return 0;
	}	

C++
（5132.cpp）
	#include <iostream>
	#include <format>
	
	int main() {
	    int a = 5, b = 10;
	    int max = (a > b) ? a : b;
	    std::cout << std::format("Max value: {}", max);
	
	    return 0;
	}	

C#
（5133.cs）
	using System;
	
	class Program
	{
	    static void Main()
	    {
	        int a = 5, b = 10;
	        int max = (a > b) ? a : b;
	        Console.WriteLine($"Max value: {max}");
	    }
	}	

（3）*switch*和*match*

Python 中的*match-case*和 C 系列语言中的*switch-case*用于根据表达式的值跳转到不同的*case*。当有多个条件判断时，*switch/match*语句使得代码更加简洁。每个*case*对应一个常量值，程序根据表达式的值匹配相应的*case*，如果没有匹配的*case*，则执行*default/case_*分支。其语法如表5.8。

表5.8 switch 和 match

Py	C、C++、C#

match expression:
  case pattern1:
    # 如果表达式匹配 pattern1 代码块
  case pattern2:
    # 如果表达式匹配 pattern2 代码块
  case _:
    # 默认情况（匹配任何）
	switch (expression) {
	case constant1:
	    // 匹配常量 constant1
	    break;
	case constant2:
	    // 匹配常量 constant2
	    break;
	    ...
	default:
	    // 不匹配的代码块
	    break;
	}

各类语言的*case*标签所能支持的类型不同，Python 使用*match*语句支持多种任意类型的模式匹配，包括复杂数据结构；C/C++ 的*switch*语句支持整型（*int*）、字符型（*char*）、枚举类型（*enum*）等基本类型。C++ 还拓展了*constexpr*的常量类型；C# 支持整数、字符、字符串、枚举类型，且支持模式匹配和*switch*表达式。编程语言支持的case标签类型见表5.9。

表5.9 编程语言支持的 case 标签类型

语言	支持的*case*标签类型
Py	任意类型（常量、对象、序列、字典、类实例等）
C	整数类型、字符常量、枚举类型
C++	整数类型、字符常量、枚举类型、*constexpr* 常量
C#	整数类型、字符常量、字符串、枚举类型、模式匹配

基本的*match*语句/基本的*switch*语句示例代码见表5.10。

表5.10 *match*/*switch*语句各编程语言代码示例

Py（5134.py）

```python
day = 3
match day:
    case 1:
        print("Monday")
    case 2:
        print("Tuesday")
    case 3:
        print("Wednesday")
    case _:
        print("Invalid day")
```

C（5135.c）

```c
#include <stdio.h>

int main() {
    int day = 3;
    switch (day) {
    case 1:
        printf("Monday\n");
        break;
    case 2:
        printf("Tuesday\n");
        break;
    case 3:
        printf("Wednsday\n");
        break;
    default:
        printf("Invalid day\n");
        break;
    }

    return 0;
}
```

C++（5136.cpp）

```cpp
#include <iostream>
#include <format>

int main() {
    int day = 3;
    switch (day) {
    case 1:
        std::cout << "Monday" << std::endl;
        break;
```

\>>>

```
Wednesday
```

续表

💻	📄	>>>
C++	(code below)	Wednesday
C# (5137.cs)	(code below)	

C++:

```
    case 2:
        std::cout << "Tuesday" << std::endl;
        break;
    case 3:
        std::cout << "Wednesday" << std::endl;
        break;
    default:
        std::cout << "Invalid day" << std::endl;
        break;
    }

    return 0;
}
```

C#（5137.cs）:

```
using System;

class Program
{

    static void Main()
    {
        int day = 3;
        switch (day)
        {
            case 1:
                Console.WriteLine("Monday");
                break;
            case 2:
                Console.WriteLine("Tuesday");
                break;
            case 3:
                Console.WriteLine("Wednesday");
                break;
            default:
                Console.WriteLine("Invalid day");
                break;
        }
    }
}
```

>>>

```
Wednesday
```

Py

❶ 匹配——解构

match 可以匹配复杂的结构，如元组、列表和字典等。

解构元组示例如下。（5138.py）

```
person = ( “Alice” , 30)

match person:
    case ("John", age):
        print(f"Name is John, Age is {age}")
    case ("Alice", age):
        print(f"Name is Alice, Age is {age}")
    case _:
        print("Unkwon person")
```

>>>

```
Name is Alice, Age is 30
```

解构字典示例如下。（5139.py）

```
person={ "name" :" Alice" ," age" :30}
match person:
    case {"name":name,"age":age}:
        print(f"Name: {name},Age: {age}")
    case _:
        print("Unknown person")
```

\>>>

```
Name: Alice,Age: 30
```

❷ 匹配——类型

*match*可以匹配数据类型。（5140.py）

```
def handle_value(value):
    match value:
        case int():
            print(f"Integer: {value}")
        case str():
            print(f"String: {value}")
        case list():
            print(f"List: {value}")
        case _:
            print("Unkown type")

handle_value(98)
handle_value("World!")
handle_value([10,20])
```

\>>>

```
Integer: 98
String: World!
List: [10, 20]
```

C

❶ *switch* 的穿透现象

如果没有使用 *break*，*switch*会发生“穿透”（fall-through）现象，继续执行后面的*case*，直至遇到*break*，或者执行到*switch*的末尾。（5141.c）

```
#include <stdio.h>

int main() {
    int day = 2;
    switch (day) {
    case 1:
        printf("Monday\n");
    case 2:
        printf("Tuesday\n");
    case 3:
        printf("Wednsday\n");
        break;
    default:
        printf("Invalid day\n");
        break;
    }

    return 0;
```

```
}
```

>>>

```
Tuesday
Wednsday
```

❷ *switch* 的枚举类型（*enum*）（5142.c）

```
#include <stdio.h>

enum Day { Monday = 1, Tuesday, Wednesday };

int main() {
    int day = 3;

    switch (day) {
    case 1:
        printf("Monday\n");
        break;
    case 2:
        printf("Tuesday\n");
        break;
    case 3:
        printf("Wednesday\n");
        break;
    default:
        printf("Invalid day\n");
        break;
    }

    return 0;
}
```

>>>

```
Wednesday
```

C++

❶ *switch* 的穿透现象（5143.cpp）

```
#include <iostream>
#include <format>

int main() {
    int day = 2;
    switch (day) {
    case 1:
        std::cout << "Monday" << std::endl;
    case 2:
        std::cout << "Tuesday" << std::endl;
    case 3:
        std::cout << "Wednesday" << std::endl;
        break;
    default:
        std::cout << "Invalid day" << std::endl;
        break;
    }

    return 0;
}
```

\>>>

```
Tuesday
Wednsday
```

❷ *switch* 的枚举类型（*enum*）（5144.cpp）

```
#include <iostream>

enum Day { Monday, Tuesday, Wednesday, Thursday, Friday, Saturday, Sunday };

int main() {
    Day day = Wednesday;

    switch (day) {
    case Monday:
        std::cout << "Start of the week\n";
        break;
    case Wednesday:
        std::cout << "Midweek\n";
        break;
    case Friday:
        std::cout << "Almost weekend\nj";
        break;
    default:
        std::cout << "Weekend\n";
        break;
    }

    return 0;
}
```

\>>>

```
Midweek
```

❸ *switch* 的 *constexpr* 类型

在 C++11 及更高版本中，*constexpr* 引入了编译期常量的概念，以在编译过程中得到计数结果的常量表达式。*switch* 的 *case* 标签必须是编译期常量，而 *constexpr* 提供了确保在编译期求值的方法。（5145.cpp）

```
#include <iostream>

constexpr int getDayValue(int day) {
    return day + 1;
}

int main() {
    constexpr int day = getDayValue(2);

    switch (day) {
    case 1:
        std::cout << "Monday\n";
        break;
    case 2:
        std::cout << "Tuesday\n";
        break;
    case 3:
        std::cout << "Wednesday\n";
        break;
    default:
```

```
        std::cout << "Invalid day\n";
        break;
    }
    return 0;
}
```

\>>>

```
Wednesday
```

C#

❶ *switch* 的枚举类型（*enum*）（5146.cs）

```
using System;
enum Day { Monday, Tuesday, Wednesday, Thursday, Friday, Saturday, Sunday }

class Program
{
    static void Main()
    {
        Day day = Day.Wednesday;
        switch (day)
        {
            case Day.Monday:
                Console.WriteLine("Start of the week");
                break;
            case Day.Wednesday:
                Console.WriteLine("Midweek");
                break;
            case Day.Friday:
                Console.WriteLine("Almost weekend");
                break;
            default:
                Console.WriteLine("Weekend");
                break;
        }
    }
}
```

\>>>

```
Midweek
```

❷ *switch* 的表达式（5147.cs）

```
using System;
class Program
{
    static void Main()
    {
        int day = 3;
        string dayName = day switch
        {
            1 => "Monday",
            2 => "Tuesday",
```

```
            3 => "Wednesday",
            _ => "Invalid day"
        };
        Console.WriteLine(dayName);
    }
}
```

\>>>

```
Wednesday
```

❸ *switch* 的模式匹配（5148.cs）

在 C# 9.0 中，*switch*语句支持模式匹配，可以根据条件进行匹配，甚至可以将*case*条件与类型检查结合使用。

```
using System;
class Program
{
    static void Main()
    {
        object value = 3.14;
        string result = value switch
        {
            int i when i > 0 => $"Positive integer: {i}",
            int i => $"Negative integer: {i}",
            double d => $"Double: {d}",
            string s => $"String: {s}",
            _ => "Unknown type"
        };
        Console.WriteLine(result);
    }
}
```

\>>>

```
Double: 3.14
```

代码解读

```
string result = value switch
```

• 使用 *switch* 表达式进行模式匹配。*switch* 表达式的作用是根据 *value* 的类型和值进行匹配，并返回对应的字符串赋值给 *result*。

↳*switch* 语句的各个匹配模式，以其中的 *int i when i > 0 => $"Positive integer: {i}"* 为例解释。

• 检查 *value* 是否是 *int* 类型，并赋值给 *i*。*when* 关键字，进一步检查 *i* 是否大于0。如果 *value* 是一个正整数，则返回 *$"Positive integer: {i}"*（字符串插值）。

5.2.2 循环语句

（1）*for* 循环

Python、C、C++ 和 C# 中，*for*循环语句的基本功能类似，用于多次重复的执行代码块。

不同语言在语法和一些特性上有所差异，特别是在迭代方式、数据类型和简洁性上，表5.11中列出了各自实现的基本语法。

表5.11　循环语句基本语法

类型	Py	C	C++	C#
基本形式（返回“索引值”形式）	*for variable in range (start, stop, step):*	*for (initialization; condition; increment) { }*	*for (initialization; condition; increment) { }*	*for (initialization; condition; increment) { }*
返回元素形式	*for item in collection:* （for-in）结构	—	*for (auto element : container) { }*	*foreach (var item in collection) { }*

*for*的基本用法见表5.12。

表5.12　*for*的基本用法

		>>>

Py
（*for-in*）
（5149.py）
	`numbers = [10,20,30,40,50]`
	`for i in numbers:`
	`    print(f"{i}, ",end="")`
		10, 20, 30, 40, 50,

C
（5150.c）
	`#include <stdio.h>`
	`int main() {`
	`    for (int i = 1; i <= 5; i++) {`
	`        printf("%d, ", i);`
	`    }`
	`    return 0;`
	`}`
		1, 2, 3, 4, 5,

C++
（5151.cpp）
	`#include <iostream>`
	`#include <format>`
	`int main() {`
	`    for (int i = 1; i <= 5; i++) {`
	`        std::cout << std::format("{}, ", i);`
	`    }`
	`    return 0;`
	`}`	

C#
（5152.cs）
	`using System;`
	`class Program`
	`{`
	`    static void Main()`
	`    {`
	`        for (int i = 1; i <= 5; i++)`
	`        {`
	`            Console.Write($"{i}, ");`
	`        }`
	`    }`
	`}`	

Py

❶ 用 *range ()* 函数生成数值序列（5153.py）

```
for i in range(1,6,1):
  print(f"{i}, ", end="")
```

>>>

```
1, 2, 3, 4, 5,
```

❷ *for*循环遍历列表（5154.py）

```
lst = [10,20,30,40,50]
for i in range(len(lst)):
    print(f"Element {i}: {lst[i]}; ",end="")
```

\>>>

```
Element 0: 10; Element 1: 20; Element 2: 30; Element 3: 40; Element 4: 50;
```

❸ *for*循环遍历字典（5155.py）

配合字典的*keys()*、*values()*和*items()*方法循环字典。如果直接循环列表，则为循环其键。

```
score = { "Henry" : 99, "Oliver" : 86, "Emily" : 91, "Lily" : 76}
# 循环键
for k in score:
    print(f"{k}:{score[k]}; ", end="")
print("\n")
for k in score.keys():
    print(f"{k}:{score[k]}; ", end="")
print("\n")
# 循环值
for v in score.values():
    print(f"{v}; ", end="")
print("\n")
# 循环键值对
for k, v in score.items():
    print(f"{k}:{v}; ", end="")
```

\>>>

```
Henry:99; Oliver:86; Emily:91; Lily:76;
Henry:99; Oliver:86; Emily:91; Lily:76;
99; 86; 91; 76;
Henry:99; Oliver:86; Emily:91; Lily:76; P
```

❹ 无限*for*循环（5156.py）

Python 中常用*while*循环来实现。下述示例使用了*iter(int,1)*的方法实现。

```
for _ in iter(int,1):
    print("Infinite loop!")
    break
```

\>>>

```
Infinite loop!
```

❺ 嵌套 for 循环（5157.py）

```
for i in range(1,4,1):
  for j in range(1,4,1):
     print(f"{i} x {j} = {i*j}\t", end="")
  print("\n")
```

>>>

```
1 x 1 = 1        1 x 2 = 2        1 x 3 = 3
2 x 1 = 2        2 x 2 = 4        2 x 3 = 6
3 x 1 = 3        3 x 2 = 6        3 x 3 = 9
```

❻ *continue*和*break*（5158.py）

用*continue*在满足条件下跳过当前迭代循环体内的其余部分，进入下一次迭代；而用*break*语句完全退出循环。下述结果中没有数字5，和到数字8(不含自身）终止说明了这一点。

```
for i in range(1, 11, 1):
  if i == 5:
     continue
  if i == 8:
     break
  print(f"{i}, ", end="")
```

>>>

```
1, 2, 3, 4, 6, 7,
```

❼ *for*循环下使用*else*子句（5159.py）

Python 的*for*循环支持*else*子句，*else*部分会在循环正常完成后执行；如果循环被*break*终止，则*else*部分将不会执行。

```
for i in range(5):
    if i == 3:
        break
    print(f"{i}, ", end="")
else:
    print("Loop ends normally.")
```

>>>

```
0, 1, 2,
```

C

❶ *for*循环遍历数组（5160.c）

```
#include <stdio.h>

int main() {
    int arr[] = { 10,20,30,40,50 };
    int length = sizeof(arr) / sizeof(arr[0]);

    for (int i = 0; i < length; i++) {
        printf("Element %d: %d; ", i, arr[i]);
    }

    return 0;
}
```

>>>

```
Element 0: 10; Element 1: 20; Element 2: 30; Element 3: 40; Element 4: 50;
```

❷ 无限*for*循环（5161.c）

如果省略了条件部分，那么*for*循环会一直持续下去，因此通常需要使用*break*语句来退出循环。

```
#include <stdio.h>

int main() {

    for (;;) {
        printf("This will print forever!");
        break;
    }

    return 0;
}
```

>>>

```
This will print forever!
```

❸ 嵌套for循环（5162.c）

```
#include <stdio.h>

int main() {
    for (int i = 1; i <= 3; i++) {
        for (int j = 1; j <= 3; j++) {
            printf("%d x %d = %d\t", i, j, i * j);
        }
        printf("\n");
    }

    return 0;
}
```

>>>

```
1 x 1 = 1       1 x 2 = 2       1 x 3 = 3
2 x 1 = 2       2 x 2 = 4       2 x 3 = 6
3 x 1 = 3       3 x 2 = 6       3 x 3 = 9
```

❹ *continue*和*break*（5163.c）

for 循环中，*continue*语句用于跳过当前循环迭代的剩余部分，直接进入下一次迭代。可以用来在满足特定条件下跳过某些代码，从而灵活控制循环流程。例如，下述示例过滤特定条件的元素，当为小于0的整数值时，跳过*printf()*代码行而直接进入下一次迭代，即仅打印输出大于和等于0的整数。

```
#include <stdio.h>

int main() {
    int numbers[] = { 7,0,-3,6,-12,5,9 };
    int length = sizeof(numbers) / sizeof(numbers[0]);

    for (int i = 0; i < length; i++) {
        if (numbers[i] < 0) {
            continue; // 跳过非正数
        }
        printf("%d, ", numbers[i]);
    }

    return 0;
}
```

>>>

```
7, 0, 6, 5, 9,
```

用*continue*在满足条件下跳过当前迭代循环体内的其余部分，进入下一次迭代；而用*break*语句完全退出循环。下述结果中没有数字5，和到数字8(不含自身）终止说明了这一点。（5164.c）

```
#include <stdio.h>

int main() {
    for (int i = 1; i <= 10; i++) {
        if (i == 5) {
            continue;
        }
        if (i == 8) {
            break;
        }
        printf("%d, ", i);
    }

    return 0;
}
```

>>>

```
1, 2, 3, 4, 6, 7,
```

C++

❶ *for*循环遍历数组（5165.cpp）

```
#include <iostream>
#include <format>

int main() {
    int arr[] = { 10,20,30,40,50 };
    int length = sizeof(arr) / sizeof(arr[0]);

    for (int i = 0; i < length; i++) {
        std::cout << std::format("Element {}: {}", i, arr[i]);
    }

    return 0;
}
```

>>>

```
Element 0: 10Element 1: 20Element 2: 30Element 3: 40Element 4: 50
```

❷ *Range-Based*（基于范围）*for*循环语句（5166.cpp）

C++ 11 引入了 *Range-Based for* 循环，用于遍历容器（如数组、*std::vector*等），该语句使循环代码更简洁。但是需要注意，直接对容器内的元素循环时，并不返回元素对应的索引。同时，为可循环访问的任何内容，可以优先考虑使用*auto*关键字，或者直接指定容器元素的数据类型。

```
#include <iostream>
#include <format>
#include <vector>

int main() {
    std::vector<int> numbers = { 10,20,30,40,50 };
    for (auto num : numbers) {
```

```
        std::cout << std::format("{}, ", num);
    }

    return 0;
}
```

\>>>

```
10, 20, 30, 40, 50,
```

可以在 *Range-Based for* 循环中使用引用类型修改容器内的元素。

引用（reference），使用符号 *&* 来声明，为一种轻量的别名机制。引用可以通过为变量创建别名，使得对引用的操作直接影响原始变量。（5167.cpp）

```
#include <iostream>
#include <format>
#include <vector>

int main() {
    std::vector<int> numbers = { 10,20,30,40,50 };
    for (auto& num : numbers) {
        num *= 2;
    }

    for (auto num : numbers) {
        std::cout << std::format("{}, ", num);
    }

    return 0;
}
```

\>>>

```
20, 40, 60, 80, 100,
```

❸ 无限 *for* 循环（5168.cpp）

如果省略了条件部分，那么 *for* 循环会一直持续下去，因此通常需要使用 *break* 语句来退出循环。

```
#include <iostream>
#include <format>

int main() {
    for (;;) {
        std::cout << "This will print forever!" << std::endl;
        break; // 使用 break 语句退出循环
    }

    return 0;
}
```

\>>>

```
This will print forever!
```

❹ 嵌套 *for* 循环（5169.cpp）

```
#include <iostream>
#include <format>
```

```
int main() {
    for (int i = 1; i <= 3; i++) {
        for (int j = 1; j <= 3; j++) {
            std::cout << std::format("{} x {} = {}\t", i, j, i * j);
        }
        std::cout << "\n";
    }

    return 0;
}
```

>>>

```
1 x 1 = 1       1 x 2 = 2       1 x 3 = 3
2 x 1 = 2       2 x 2 = 4       2 x 3 = 6
3 x 1 = 3       3 x 2 = 6       3 x 3 = 9
```

❺ *continue*和*break*（5170.cpp）

用*continue*在满足条件下跳过当前迭代循环体内的其余部分，进入下一次迭代；而用*break*语句完全退出循环。下述结果中没有数字5，和到数字8(不含自身）终止说明了这一点。

```
#include <iostream>
#include <format>

int main() {
    for (int i = 1; i <= 10; i++) {
        if (i == 5) {
            continue;
        }
        if (i == 8) {
            break;
        }
        std::cout << std::format("{}, ", i);
    }
    return 0;
}
```

>>>

```
1, 2, 3, 4, 6, 7,
```

C#

❶ *for*循环遍历数组（5171.cs）

```
using System;

class Program
{
    static void Main()
    {
        int[] arr = new int[] { 10, 20, 30, 40, 50 };
        for (int i = 0; i < arr.Length; i++)
        {
            Console.Write($"Element {i}: {arr[i]}");
        }
    }
}
```

>>>

```
Element 0: 10Element 1: 20Element 2: 30Element 3: 40Element 4: 50
```

❷ *foreach*循环（5172.cs）

```
using System;
using System.Collections.Generic;

class Program
{
    static void Main()
    {
        List<int> numbers = [10, 20, 30, 40, 50];
        foreach (var num in numbers)
        {
            Console.Write($"{num}, ");
        }
    }
}
```

>>>

```
10, 20, 30, 40, 50,
```

❸ 无限*for*循环（5173.cs）

如果省略了条件部分，那么*for*循环会一直持续下去，因此通常需要使用*break*语句来退出循环。

```
using System;

class Program
{
    static void Main()
    {
        for (; ; )
        {
            Console.WriteLine("Infinite loop!");
            break;
        }
    }
}
```

>>>

```
Infinite loop!
```

❹ 嵌套*for*循环（5174.cs）

```
using System;

class Program
{
    static void Main()
    {
        for (int i = 1; i <= 3; i++)
        {
            for (int j = 1; j <= 3; j++)
            {
                Console.Write($"{i} x {j} = {i * j}\t");
            }
```

```
            Console.WriteLine();
        }
    }
}
```

\>>>

```
1 x 1 = 1       1 x 2 = 2       1 x 3 = 3
2 x 1 = 2       2 x 2 = 4       2 x 3 = 6
3 x 1 = 3       3 x 2 = 6       3 x 3 = 9
```

❺ continue和break（5175.cs）

用continue在满足条件下跳过当前迭代循环体内的其余部分，进入下一次迭代；而用break语句完全退出循环。下述结果中没有数字5和到数字8（不含自身）终止说明了这一点。

```
using System;
using System.Runtime.CompilerServices;

class Program
{
    static void Main()
    {
        for (int i = 1; i <= 10; i++)
        {
            if (i == 5)
            {
                continue;
            }
            if (i == 8)
            {
                break;
            }
            Console.Write($"{i}, ");
        }
    }
}
```

\>>>

```
1, 2, 3, 4, 6, 7,
```

（2）while和do-while循环

while循环用于条件为真时重复执行代码块，适合在循环次数不确定的情况下使用，当满足某个条件时才停止循环。while循环通常包括三种情况：条件控制循环，无限循环和do-while的后测试循环。语法如表5.13。

表5.13　while和do-while语法

语言	基本语法（条件控制循环）	无限循环	do-while（后测试循环）
Py	while condition:	while True:	不支持do-while，但可以通过while True和break实现
C	while (condition) { }	while (1) { }	do { } while (condition);
C++	while (condition) { }	while (true) { }	do { } while (condition);
C#	while (condition) { }	while (true) { }	do { } while (condition);

如果将条件设置为永远为真，则可以创建一个无限循环。在使用无限while循环时，要明确添加break语句，当满足某一指定条件时跳出循环，避免程序无限运行。C/C++和C#

支持*do-while*循环，确保循环体至少执行一次，Python不支持*do-while*，但可以通过*while True*和*break*实现。

❶ 条件控制*while*循环

示例代码见表5.14。

表5.14 *while*循环各编程语言代码示例

		>>>

Py
(5176.py)
	i = 1
	
	while i <= 5:
	    print(f"{i}, ", end="")
	    i += 1
		1, 2, 3, 4, 5,

C
(5177.c)
	#include <stdio.h>
	
	int main() {
	    int i = 1;
	    while (i <= 5) {
	        printf("%d, ", i);
	        i++;
	    }
	    return 0;
	}	

C++
(5178.cpp)
	#include <iostream>
	#include <format>
	
	int main() {
	    int i = 1;
	
	    while (i <= 5) {
	        std::cout << std::format("{}, ", i);
	        i++;
	    }
	
	    return 0;
	}	

C#
(5179.cs)
	using System;
	
	class Program
	{
	
	    static void Main()
	    {
	        int i = 1;
	
	        while (i <= 5)
	        {
	            Console.Write($"{i}, ");
	            i++;
	        }
	    }
	}	

❷ 无限*while*循环

示例代码见表5.15。

表5.15 无限*while*循环各编程语言代码示例

		>>>

Py
(5180.py)
	i = 0
	
	while True: # 无限循环
	    print(f"{i}, ", end="")
	    i += 1
	
	    if i == 5:
	        break # 当 i 等于 5 时退出循环
		0, 1, 2, 3, 4,

续表

<table>
<tr><th></th><th></th><th>>>></th></tr>
<tr><td>C
（5181.c）</td><td><pre>#include <stdio.h>

int main() {
    int i = 0;

    while (1) { // 无限循环
        printf("%d, ", i);
        i++;
        if (i == 5) {
            break; // 当 i 等于 5 时退出循环
        }
    }
    return 0;
}</pre></td><td rowspan="3">0, 1, 2, 3, 4,</td></tr>
<tr><td>C++
（5182.cpp）</td><td><pre>#include <iostream>
#include <format>

int main() {
    int i = 0;

    while (true) { // 无限循环
        std::cout << std::format("{}, ", i);
        i++;

        if (i == 5) {
            break; // 当 i 等于 5 时退出循环
        }
    }

    return 0;
}</pre></td></tr>
<tr><td>C#
（5183.cs）</td><td><pre>using System;

class Program
{

    static void Main()
    {
        int i = 0;

        while (true) // 无限循环
        {
            Console.Write($"{i}, ");
            i++;

            if (i == 5)
            {
                break; // 当 i 等于 5 时退出循环
            }
        }
    }
}</pre></td></tr>
</table>

❸（模拟）*do-while*循环

示例代码见表5.16。

表5.16　*do-while*循环各编程语言代码示例

<table>
<tr><th></th><th></th><th>>>></th></tr>
<tr><td>Py
（5184.py）</td><td><pre>counter = 1

while True:
    print(f"{counter}, ", end="")
    counter += 1
    if counter > 5:
        break</pre></td><td>1, 2, 3, 4, 5,</td></tr>
</table>

续表

<table>
<tr><th></th><th></th><th>>>></th></tr>
<tr><td>C
(5185.c)</td><td><pre>#include <stdio.h>

int main() {
    int counter = 1;

    do {
        printf("%d, ", counter);
        counter++;
    } while (counter <= 5);

    return 0;
}</pre></td><td rowspan="3">1, 2, 3, 4, 5,</td></tr>
<tr><td>C++
(5186.cpp)</td><td><pre>#include <iostream>
#include <format>

int main() {
    int counter = 1;

    do {
        std::cout << std::format("{}, ", counter);
        counter++;
    } while (counter <= 5);

    return 0;
}</pre></td></tr>
<tr><td>C#
(5187.cs)</td><td><pre>using System;

class Program
{

    static void Main()
    {
        int counter = 1;

        do
        {
            Console.Write($"{counter}, ");
            counter++;
        } while (counter <= 5);

    }
}</pre></td></tr>
</table>

5.2.3 异常处理

异常（Exception）是指程序在运行过程中出现的错误或意外情况，包括运行时错误（如除零错误、数组越界、空指针等）、资源问题（如文件未找到、网络或数据库连接失败等）、数据问题（如无效的输入数据、数据格式错误等）等由程序执行时的错误条件引发的情况。异常处理是编程语言中重要的机制，用于捕获、报告和处理这些错误（如重试、记录日志、向用户显示错误信息等），以确保程序的稳定性和可维护性。异常处理机制通常包括抛出异常（throwing exception）、捕获异常（catching exception）和处理异常（handling exception）。即当程序检查到错误条件时，抛出异常（通常在`try`块中）；进而程序的控制流转移到异常处理块（通常为`except`或`catch`块）；在异常处理块中处理捕获到的异常，可以采取恢复或报告错误信息等方式。表5.17对比了不同编程语言在异常处理机制上的特性。

表5.17　异常处理机制特性

特性	Python	C	C++	C#
异常处理机制	内置`try`、`except`、`else`和`finally`关键字	无内置异常处理机制，但可以通过函数返回值，或`setjmp`/`longjmp`等内置函数或宏实现	内置`try`、`catch`和`throw`关键字	内置`try`、`catch`、`throw`和`finally`关键字

续表

特性	Python	C	C++	C#
自定义异常	通过继承 *Exception* 类实现	通过返回值或错误代码	通过继承 *std::exception* 实现	通过继承 *Exception* 类实现
多重捕获异常	支持多个 *except* 块	手动判断不同的错误码	支持多个 *catch* 块	支持多个 *catch* 块
清理机制	*finally*	无内置清理机制，需要手动清理	RAII 机制（Resource Acquisition Is Initialization，资源获取即初始化）	*finally*
异常传播	异常会传播到调用栈上	手动处理错误码	异常会传播到调用栈上	异常会传播到调用栈上
性能	异常处理较慢，性能开销较大	无异常处理机制，性能较高	异常处理较慢，但支持优化	异常处理有性能开销，但优化较好

Py

Python 使用 *try*、*except*、*else* 和 *finally* 关键字进行异常处理。其语法如下。

```
try:
    # 尝试执行的代码（可能包含引发异常的代码）
except 异常类型:
    # 发生异常时执行的代码（当 try 代码块中的代码引发异常，跳转到 except 当前代码块执行相应的处理）（可包含多个 except 代码块，处理不同的异常）
else:
    # 没有异常时执行的代码（可选）
finally:
    # 无论是否发生异常都会执行的代码，通常用于清理资源（可选）
```

❶ 基本的异常处理（5188.py）

Python 内置的异常层次结构见本章“知识拓展”。

```
try:
    x = int(input("Enter a number: "))
    y = 10 / x
except ValueError:
    print("Invalid input. Please enter a valid integer.")
except ZeroDivisionError:
    print("Cannot divide by zero!")
else:
    print("Division successful. Result:", y)
finally:
    print("Execution finished.")
```

\>>>

```
Enter a number: five
Invalid input. Please enter a valid integer.
Execution finished.

Enter a number: 0
Cannot divide by zero!
Execution finished.

Enter a number: 5
Division successful. Result: 2.0
Execution finished.
```

❷ 捕获多个异常（5189.py）

在基本的异常处理示例中，使用了两个*except*块来捕捉异常，可以使用*except (Exception Type-1,ExceptionType-2,...,ExceptionType-n)*将多个*except*块合并到一个*except*下来捕获异常。

```
try:
    x = int(input("Enter a number: "))
    y = 10 / x
    print("Division successful. Result:", y)
except (ValueError, ZeroDivisionError) as e:
    print(f"An error occure: {e}.")
```

\>>>

```
Enter a number: five
An error occure: invalid literal for int() with base 10: 'five'.

Enter a number: 0
An error occure: division by zero.

Enter a number: 5
Division successful. Result: 2.0
```

❸ 触发异常（5190.py）

*raise*可以强制触发指定的异常。*raise*唯一的参数就是触发的异常。

```
x=-5
if x<0:
    raise ValueError("Only non-negative numbers are allowed.")
```

\>>>

```
[Exception Thrown]
Only non-negative numbers are allowed.
```

❹ 通过*raise*触发异常，并在*except*下打印该异常实例参数（5191.py）

```
try:
    raise Exception("spam", "eggs")
except Exception as inst:
    print(type(inst))  # 为异常实例
    print(inst.args)  # 存储在 inst.args 中的参数
    print(inst)  # __str__ 允许直接打印参数，但可能在异常子类中被覆盖
    x, y = inst.args  # 序列解包参数
    print("x =", x)
    print("y =", y)
```

\>>>

```
<class 'Exception'>
('spam', 'eggs')
('spam', 'eggs')
x = spam
y = eggs
```

如果只想判断是否触发了异常，但并不打算处理该异常，则可以使用更简单的*raise*语句重新触发异常。（5192.py）

```
try:
    raise NameError("HiThere")
except NameError:
    print("An exception flew by!")
    raise
```

\>>>

```
An exception flew by!
```

❺ 自定义异常类（5193.py）

可以通过继承*Exception*类自定义异常。通常异常命名以*Error*结尾，类似标准异常的命名。

```
class CustomError(Exception):
    pass

try:
    raise CustomError("A custom error occurred.")
except CustomError as e:
    print(e)
```

\>>>

```
A custom error occurred.
```

可以定义__*str*__*()* 类，附加状态信息或者方法。（5194.py）

```
class AlreadyGotOneError(Exception):
    def __str__(self):
        return "So you got an exception..."

    pass  # 自定义异常

def grail():
    raise AlreadyGotOneError  # 引发自定义异常

try:
    grail()
except AlreadyGotOneError as ago_e:
    print(ago_e)
    print("got exception!")
```

\>>>

```
So you got an exception...
got exception!
```

C

在 C 语言中没有原生的异常处理机制，但可以通过函数返回值或 C 语言标准库中提供的方法实现。

❶ 返回错误码（5195.c）

通过函数返回值来表示错误或异常，例如，下述示例中函数返回 0 表示成功运行，而返回非零值表示发生了异常。

```c
#include <stdio.h>

int divide(int a, int b, int* result) {
    if (b == 0) {
        return -1; // 为除零返回错误代码
    }
    *result = a / b;
    return 0; // 成功执行
}

int main() {
    int a = 10, b = 0, result;
    if (divide(a, b, &result) != 0) {
        printf("Error: Division by zero~\n");
    }
    else {
        printf("Result: %d\n", result);
    }

    return 0;
}
```

\>>>

```
Error: Division by zero~
```

❷ *setjmp*和*longjmp*（5196.c）

*setjmp*和*longjmp*是 C 语言标准库中提供的一对函数，用于在程序中实现非局部跳转，允许在某个函数中保存当前执行的状态（即程序计数器和栈指针等信息），然后从另一个函数中恢复并跳转回这个保存的状态，主要用于错误或异常处理。*setjmp*用于保存当前的执行状态。在调用*setjmp*时，会记录当前的堆栈信息，并将其存储到*jmp_buf*类型的结构中。*jmp_buf*是一个数据结构，用于保存堆栈信息和程序计数器。如果直接调用*setjmp*，则返回值 0。如果通过*longjmp*跳转回*setjmp*所在的位置，则返回一个非零值。*longjmp*则用于恢复并跳转到之前使用*setjmp*保存的执行状态，从而实现非局部跳转。

```c
#include <stdio.h>
#include <setjmp.h>

jmp_buf buf;

void functionError() {
    printf("An error occurred!\n");
    longjmp(buf, 1); // 跳转回设置点（保存状态）
}

int main() {
    if (setjmp(buf)) { //  初次调用 setjmp 返回 0
        // longjmp 后执行
        printf("Recovered from functionError\n");
    }
    else {
        functionError(); // 调用会触发错误的函数
        printf("This line will not be executed\n");
    }

    return 0;
}
```

\>>>

```
An error occurred!
Recovered from functionError
```

另外，*<errno.h>*是 C 语言标准库中的头文件，定义了与错误代码相关的宏和变量，用于表示程序运行时的错误状态，其包括了一个全局的整数变量 *errno*，这个变量表示最近一次函数调用的错误代码，常和库函数 *fopen*、*malloc* 等配合使用。而 *<assert.h>* 中 *assert* 宏用于检查表达式是否为真，如果为假则输出错误信息并终止程序，适合在调试阶段使用。

C++

C++ 具有内置的异常处理，通过 *try*、*catch* 和 *throw* 关键字结构化的方法实现异常处理机制。

❶ 基本语法（5197.cpp）

可能抛出异常的代码放置于 *try* 代码块中；*catch* 块则捕获并处理这个异常；*throw* 则用于在发生错误时抛出异常。C++ 标准库提供了一系列异常类，大多数都继承自 *std::exception*，常用的如下。

- *std::exception*　多有异常的基类。
- *std::runtime_error*　表示运行时错误。
- *std::logic_error*　表示逻辑错误。
- *std::out_of_range*　表示超出范围的错误。
- *std::invalid_argument*　表示无效参数的错误。

```cpp
#include <iostream>
#include <format>
#include <stdexcept> // 用于标准异常

int divide(int a, int b) {
    if (b == 0) {
        throw std::runtime_error("Division by zero"); // 抛出异常
    }
    return a / b;
}

int main() {
    try {
        int result = divide(10, 0);
        std::cout << std::format("Result: {}\n", result);
    }
    catch (const std::runtime_error& e) {
        std::cerr << std::format("Error: {}\n", e.what()); // 捕获并处理异常
    }

    return 0;
}
```

\>>>

```
Error: Division by zero
```

std::cerr 是一个用于显示错误消息的标准输出流，是 *iostream* 库的一部分，通常用于向控制台输出错误或调试信息。*std::cerr* 与通常缓冲的 *std::cout* 不同，其没有缓冲，意味着每个 *std::cerr* 输出都会立即出现在控制台中，而无需等待换行符或手动刷新缓冲区。

❷ 捕获多个异常（5198.cpp）

可以为不同的异常类型定义多个 *catch* 块。C++ 会从上到下检查每个 *catch* 块，并匹配相应的异常类型进行处理。

```
#include <iostream>
#include <format>
#include <stdexcept>

int divide(int a, int b) {
    if (b == 0) throw std::runtime_error("Division by zero");
    if (a < 0 || b < 0) throw std::invalid_argument("Negative values not
allowed");
    return a / b;
}

int main() {
    try {
        int result = divide(-10, 2);
        std::cout << std::format("Result: {}\n", result);
    }
    catch (const std::runtime_error& e) {
        std::cerr << std::format("Error: {}\n", e.what());
    }
    catch (const std::invalid_argument& e) {
        std::cerr << std::format("Invalid argument: {}\n", e.what());
    }

    return 0;
}
```

>>>

```
Invalid argument: Negative values not allowed
```

❸ 捕获所有异常（5199.cpp）

可以使用 *catch(...)* 捕获所有异常。

```
#include <iostream>
#include <stdexcept>

int main() {
    try {
        throw std::runtime_error("Any exception"); ;
    }
    catch (...) {
        std::cerr << "An unexpected error occurred.\n";
    }

    return 0;
}
```

>>>

```
An unexpected error occurred.
```

❹ 自定义异常类（5200.cpp）

自定义异常类通常继承自 *std::exception*，并重载 *what()* 方法提供错误信息。

```
#include <iostream>
```

```
#include <format>
#include <exception>

class MyException : public std::exception {
public:
    const char* what() const noexcept override {
        return "My custom exception";
    }
};

int main() {
    try {
        throw MyException();
    }
    catch (const MyException& e) {
        std::cerr << std::format("Caught exception: {}\n", e.what());
    }

    return 0;
}
```

\>>>

```
Caught exception: My custom exception
```

代码解读

```
class MyException : public std::exception {
```

• 定义一个名为 *MyException* 的类，并使用 *public std::exception* 继承了 C++ 标准库的 *std::exception* 类。*std::exception* 是C++标准库中所有异常类的基类，提供了一个 *what()* 方法用于返回异常描述。

```
const char* what() const noexcept override {
```

• 定义重写 *std::exception* 类的 *what()* 方法。*const char** 为返回值类型，表示返回一个 *const char** 字符串指针，指向异常描述信息。方法后面的 *const* 关键字，表示 *what()* 方法不会修改类的成员变量。*noexcept* 声明 *what()* 方法不会抛出异常，提供代码的安全性和可预测性。*override* 确保该方法对基类 *std::exception* 中 *what()* 进行重写，避免因基类函数签名变更导致的错误。

❺ *noexcept* 关键字（5201.cpp）

noexcept 用于声明一个函数不会抛出异常。一方面，通过明确标记可以防止无意抛出异常，并提醒调用者该函数不会发生异常，使得代码更具可预测性；另一方面，标准库中的某些容器可以利用 *noexcept* 的信息在内存重新分配时避免不必要的拷贝等操作，从而使得编译器可以对其进行更好的优化。

```
#include <iostream>
#include <format>
#include <exception>

void safeFunction() noexcept {

}

void riskyFunction() {
    throw std::runtime_error("Something went wrong");
```

```
}

int main() {
    try {
        std::cout << std::format("safeFunction is noexcept: {}\n", noexcept
(safeFunction()));
        std::cout << std::format("riskyFunction is noexcept: {}\n", noexcept
(riskyFunction()));
        safeFunction();
    }
    catch (...) {
        std::cout << "Exception caught\n";
    }
    return 0;
}
```

>>>

```
safeFunction is noexcept: true
riskyFunction is noexcept: false
```

C#

C# 使用 *try*、*catch*、*finally* 和 *throw* 等关键字进行异常处理。其中，*try* 包括可能触发异常的代码；*catch* 捕获并处理 *try* 块内抛出的异常；无论是否抛出异常，*finally* 为在 *try* 和 *catch* 之后要执行的代码；*throw* 用于引发异常，要么是新的异常，要么是重新抛出原来的异常。

❶ 基本的异常处理（5202.cs）

C# 提供了丰富的内置异常类，常用的如下。

- *Exception*　所有异常的基类。
- *ArgumentNullException*　传递给方法的参数为 null。
- *InvalidOperationException*　对象当前无效。
- *NullReferenceException*　尝试访问空引用时触发。
- *IndexOutOfRangeException*　索引超出数组或集合的范围。
- *FormatException*　格式错误，例如无法将字符串解析为数值。

```
using System;
class Program
{
    static int Divide(int a, int b)
    {
        if (b == 0)
        {
            throw new DivideByZeroException();
        }
        return a / b;
    }

    static void Main()
    {
        try
        {
            int result = Divide(10, 0);
            Console.WriteLine($"Result: {result}");
```

```
        }
        catch (DivideByZeroException ex)
        {
            Console.WriteLine($"Error: {ex.Message}");
        }
        finally
        {
            Console.WriteLine("Execution completed");
        }

    }
}
```

\>>>

```
Error: Attempted to divide by zero.
Execution completed
```

❷ 捕获多个异常（5203.cs）

在 `try-catch` 结构中可以使用多个 `catch` 来捕获多个异常。当一个异常发生时，C# 会从上到下依次检查，并被第一个匹配的 `catch` 块捕获。

```
using System;

class Program
{
    static void Main()
    {
        try
        {
            Console.Write("Enter a number: ");
            int x = int.Parse(Console.ReadLine());
            double y = 10 / x;
            Console.WriteLine($"Division successful. Result: {y}");
        }
        catch (FormatException ex)
        {
            Console.WriteLine($"An error occurred: Invalid number format. {ex.
Message}");
        }
        catch (DivideByZeroException ex)
        {
            Console.WriteLine($"An error occured: Division by zero is not allowed
. {ex.Message}");
        }
    }
}
```

\>>>

```
Enter a number: five
An error occurred: Invalid number format. The input string 'five' was not in a cor
rect format.

Enter a number: 0
An error occured: Division by zero is not allowed. Attempted to divide by zero.

Enter a number: 5
Division successful. Result: 2
```

int.Parse() 是一个用于将数字的字符串表示形式转换为整数的方法。

❸ *throw*关键字（5204.cs）

*throw*用于显示抛出异常。在*catch*块中，可以使用*throw*重新抛出异常，以便在上层处理。

```
using System;

class Program
{
    static void ValiddateAge(int age)
    {
        if (age < 18)
        {
            throw new ArgumentException("Age must be 18 or oder.");
        }
    }
    static void Main()
    {
        try
        {
            ValiddateAge(10);
        }
        catch (ArgumentException ex)
        {
            Console.WriteLine($"Caught exception: {ex.Message}");
            throw; // 重新抛出异常
        }
    }
}
```

\>>>

```
Caught exception: Age must be 18 or oder.
```

❹ 自定义异常类（5205.cs）

可以通过继承系统内置的*Exception*，并定义不同的构造函数来创建自定义异常。自定义异常可以帮助更具体地描述代码中出现的错误，并便于捕获和处理特定类型的异常。

```
using System;

public class InvalidAgeException : Exception
{
    // 默认构造函数
    public InvalidAgeException() : base("Invalid age provided.")
    {
    }
    // 接收自定义消息的构造函数
    public InvalidAgeException(string message) : base(message)
    {
    }
    // 接收自定义消息和内部异常的构造函数
    public InvalidAgeException(string message, Exception innerException) :
base(message, innerException)
    {
    }
```

```
}
public class Person
{
    public int Age
    {
        get;
        set;
    }
    public void SetAge(int age)
    {
        if (age < 0 || age > 150)
        {
            throw new InvalidAgeException("Age must between 0 and 150.");
        }
        Age = age;
    }
}

class Program
{
    static void Main()
    {
        var person = new Person();
        try
        {
            person.SetAge(300);
        }
        catch (InvalidAgeException ex)
        {
            Console.WriteLine($"Error: {ex.Message}");
        }
    }
}
```

\>>>

```
Error: Age must between 0 and 150.
```

base 关键字用于访问基类的成员（如方法、属性、构造函数等），通常在派生类（子类）中使用，以引用和调用基类的功能。

代码解读

```
public class InvalidAgeException : Exception
```

• 定义一个 *InvalidAgeException*类，继承自 *System.Exception*，为一个异常类型，可以在 *try-catch*结构中使用。继承 *Exceptio* 使 *InvalidAgeException*具备标准异常处理的所有特性，如 *Message* 和 *StackTrace* 等。

```
public InvalidAgeException() : base("Invalid age provided.")
```

• 这是 *InvalidAgeException*的无参构造函数。*: base("Invalid age provided.")* 调用基类 *Exception*的构造函数，并传入默认错误消息 *"Invalid age provided."*。如果抛出 *InvalidAgeException*，但没有提供额外的信息，异常对象的 *Message* 就会是

"Invalid age provided."。

```
public InvalidAgeException(string message) : base(message)
```

• 这是一个重载构造函数，允许调用者传入自定义异常消息。*: base(message)* 通过 *base* 关键字调用基类 *Exception* 的构造函数，并将 *message* 作为异常的描述信息。例如，*throw new InvalidAgeException("Age must be greater than zero.")* 会将 *"Age must be greater than zero."* 作为异常信息。

```
public InvalidAgeException(string message, Exception innerException) : base(messa
ge,
innerException)
```

• 这个构造函数允许传入自定义消息和内部异常（*innerException*）。*innerException* 允许传递导致当前异常的原始异常，保留详细的错误信息。

上述示例中使用了 *Exception* 的 *innerException* 属性，用于保存导致当前异常的原始异常，特别适用于当一个异常由另一个异常触发时的情景。当捕获到一个异常，将其包装成一个新的、更具描述性或有意义的异常重新抛出，而其原始异常作为 *innerException* 传递，保留了异常路径，可以错误/异常跟踪。（5206.cs）

```
using System;

class Program
{
    static void Main()
    {
        try
        {
            try
            {
                throw new FileNotFoundException("File not found.");
            }
            catch (Exception ex)
            {
                throw new Exception("Failed to process file.", ex);
            }
        }
        catch (Exception ex)
        {
            Console.WriteLine("Exception: " + ex.Message);

            if (ex.InnerException != null)
            {
                Console.WriteLine("Inner Exception: " + ex.InnerException.
Message);
            }
        }
    }
}
```

>>>

```
Exception: Failed to process file.
Inner Exception: File not found.
```

❺ 异常过滤器 *when*（5207.cs）

when 关键字允许在捕获异常时指定额外的条件，并仅当条件为真时才会处理异常。

```
using System;
using System.IO;

class Program
{
    static void Main()
    {
        try
        {
            File.ReadAllText("importantfile.txt");
        }
        catch (FileNotFoundException ex) when (Path.GetFileName(ex.
FileName) == "importantfile.txt")
        {
            Console.WriteLine("Important file is missing. Please check!");
        }
        catch (FileNotFoundException ex)
        {
            Console.WriteLine($"File not found: {ex.FileName}");
        }
    }
}
```

>>>

```
Important file is missing. Please check!
```

5.3 Python 的推导式

Py

推导式（comprehensions）是在 Python 中对序列执行操作，或者通过过滤和转换元素生成新集合/可迭代对象（如列表、集合或字典）的一种方式，可以提高代码的可读性和执行效率。在 C/C++ 和 C# 等语言中，不具有类似 Python 中的推导式，可以通过循环或支持函数式编程结构的库来实现类似的功能，但也往往缺少了 Python 中推导式语法简洁的特征。因此，推导式是一种表达式而非控制结构。将推导式置于该部分解释是因为推导式包含了隐式的循环和条件判断。

❶ 列表推导式（5208.py）

- 基本语法　*[expression for item in iterable]*
- 包含条件 *if*　*[expression for item in iterable if condition == True]*
- 包含条件 *if-else*　*[expression1 if condition == True else expression2 for item in iterable]*

```
squares_lst = [x**2 for x in range(10)]
print(squares_lst)

even_squares_lst = [x**2 for x in range(10) if x % 2 == 0]
print(even_squares_lst)

evenSquares_oddCubic_lst = [x**2 if x % 2 == 0 else x**3 for x in range(10)]
print(evenSquares_oddCubic_lst)
```

>>>

```
[0, 1, 4, 9, 16, 25, 36, 49, 64, 81]
[0, 4, 16, 36, 64]
[0, 1, 4, 27, 16, 125, 36, 343, 64, 729]
```

❷ 字典推导式（5209.py）

- 基本语法 *{key_expression: value_expression for item in iterable}*
- 包含条件 *if* *{key_expression: value_expression for item in iterable if condition == True}*
- 包含条件 *if-else* *{key_expression: (value_expression1 if condition == True else value_expression2) for item in iterable}*

```
squares_dict = {x + 1: (x + 1) ** 2 for x in range(5)}
print(squares_dict)

even_squares_dict = {x + 1: (x + 1) ** 2 for x in range(10) if x % 2 == 0}
print(even_squares_dict)
evenSquares_oddCubic_dict = {
    x + 1: ((x + 1) ** 2 if x % 2 == 0 else (x + 1) ** 3) for x in range(10)
}
print(evenSquares_oddCubic_dict)
```

\>>>

```
{1: 1, 2: 4, 3: 9, 4: 16, 5: 25}
{1: 1, 3: 9, 5: 25, 7: 49, 9: 81}
{1: 1, 2: 8, 3: 9, 4: 64, 5: 25, 6: 216, 7: 49, 8: 512, 9: 81, 10: 1000}
```

❸ 集合推导式（5210.py）

集合推导式类似于列表推导式。

- 基本语法 *{expression for item in iterable}*
- 包含条件 *if* *{expression for item in iterable if condition == True}*
- 包含条件 *if-else* *{expression1 if condition == True else expression2 for item in iterable}*

```
lst = [0, 1, 2, 2, 3, 3, 4, 5, 6]

squares_set = {x**2 for x in lst}
print(squares_set)

even_squares_set = {x**2 for x in lst if x % 2 == 0}
print(even_squares_set)

evenSquares_oddCubic_set = {x**2 if x % 2 == 0 else x**3 for x in lst}
print(evenSquares_oddCubic_set)
```

\>>>

```
{0, 1, 4, 36, 9, 16, 25}
{0, 16, 4, 36}
{0, 1, 4, 36, 16, 27, 125}
```

❹ 生成器推导式（5211.py）

生成器推导式与列表推导式类似，不过返回的是一个生成器对象。这种方式在处理大量数据时更节省内存。

- 基本语法 *(expression for item in iterable)*
- 包含条件 *if* *(expression for item in iterable if condition == True)*

• 包含条件 *if-else* *(expression1 if condition == True else expression2 for item in iterable)*

```
squares_gen = (x**2 for x in range(10))
print(squares_gen)

even_squares_gen = (x**2 for x in range(10) if x % 2 == 0)
print(even_squares_gen)

evenSquares_oddCubic_gen = (x**2 if x % 2 == 0 else x**3 for x in range(10))
print(evenSquares_oddCubic_gen)
print(list(evenSquares_oddCubic_gen))
```

\>>>

```
<generator object <genexpr> at 0x000001FB1B215700>
<generator object <genexpr> at 0x000001FB1B214FB0>
<generator object <genexpr> at 0x000001FB1B214EE0>
[0, 1, 4, 27, 16, 125, 36, 343, 64, 729]
```

❺ 嵌套推导式（5212.py）

推导式不仅可以嵌套 *for* 循环，还可以进行多层嵌套，以列表推导式为例。

```
# 生成一个二维列表
pairs = [(x, y) for x in range(3) for y in range(2)]
print(pairs)
# 扁平化一个二维列表
nested_lst = [[1, 2], [3, 4], [5, 6]]
flattened = [item for sublist in nested_lst for item in sublist]
print(flattened)
```

\>>>

```
[(0, 0), (0, 1), (1, 0), (1, 1), (2, 0), (2, 1)]
[1, 2, 3, 4, 5, 6]
```

5.4 知识拓展

Python 内置异常的层次结构

BaseException 所有内置异常的基类

+-- *SystemExit* 此异常由 *sys.exit()* 函数引发

+-- *KeyboardInterrupt* 当用户按下中断键（通常为 Control-C 或 Delete）时将被引发

+-- *GeneratorExit* 当一个 *generator* 或 *coroutine* 被关闭时将被引发

+-- *Exception* 所有内置的非系统退出类异常都派生自此类

　　+-- *StopIteration* 由内置函数 *next()* 和 *iterator* 的 *__next__()* 方法所引发，用来表示该迭代器不能产生下一项

　　+-- StopAsyncIteration 必须由一个 *asynchronous iterator* 对象的 *__anext__()* 方法来引发以停止迭代操作

　　+-- *ArithmeticError* 此基类用于派生针对各种算术类错误而引发的内置异常

　　| +-- *FloatingPointError* 目前未被使用

　　| +-- *OverflowError* 当算术运算的结果大到无法表示时将被引发

| +-- *ZeroDivisionError* 当除法或取余运算的第二个参数为零时将被引发

+-- *AssertionError* 当 *assert* 语句失败时将被引发

+-- *AttributeError* 当属性引用或赋值失败时将被引发

+-- *BufferError* 当与缓冲区（buffer）相关的操作无法执行时将被引发

+-- *EOFError* 当 *input()* 函数未读取任何数据即达到文件结束条件(EOF)时将被引发

+-- *ImportError* 当 *import* 语句尝试加载模块遇到麻烦时将被引发

| +-- *ModuleNotFoundError* *ImportError* 的子类，当一个模块无法被定位时将由 *import* 引发

+-- *LookupError* 此基类用于派生当映射或序列所使用的键或索引无效时引发的异常

| +-- *IndexError* 当序列抽取超出范围时将被引发

| +-- *KeyError* 当在现有键集合中找不到指定的映射（字典）键时将被引发

+-- *MemoryError* 当一个操作耗尽内存但情况仍可（通过删除一些对象）进行挽救时将被引发

+-- *NameError* 当某个局部或全局名称未找到时将被引发

| +-- *UnboundLocalError* 当在函数或方法中对某个局部变量进行引用，但该变量并未绑定任何值时将被引发

+-- *OSError* 此异常在一个系统函数返回系统相关的错误时将被引发，此类错误包括I/O操作失败，例如“文件未找到”或“磁盘已满”等（不包括非法参数类型或其他偶然性错误）

| +-- *BlockingIOError* 当一个操作将会在设置为非阻塞操作的对象（例如套接字）上发生阻塞时将被引发

| +-- *ChildProcessError* 当一个子进程上的操作失败时将被引发

| +-- *ConnectionError* 与连接相关问题的基类

| | +-- *BrokenPipeError* *ConnectionError* 的子类，当试图写入一个管道而该管道的另一端已关闭，或者试图写入一个套接字而该套接字已关闭写入时将被引发

| | +-- *ConnectionAbortedError* *ConnectionError* 的子类，当一个连接尝试被对端中止时将被引发

| | +-- *ConnectionRefusedError* *ConnectionError* 的子类，当一个连接尝试被对端拒绝时将被引发

| | +-- *ConnectionResetError* *ConnectionError* 的子类，当一个连接尝试被对端重置时将被引发

| +-- *FileExistsError* 当试图创建一个已存在的文件或目录时将被引发

| +-- *FileNotFoundError* 将所请求的文件或目录不存在时将被引发

| +-- *InterruptedError* 当系统调用被输入信号中断时将被引发

| +-- *IsADirectoryError* 当请求对一个目录执行文件操作［例如 *os.remove()*］时将被引发

| +-- *NotADirectoryError* 当请求对一个非目录执行目录操作［例如 *os.listdir()*］时将被引发

| +-- *PermissionError* 当在没有足够访问权限（例如文件系统权限）的情况下试图执行某个操作时将被引发

| +-- *ProcessLookupError* 当给定的进程不存在时将被引发

| +-- *TimeoutError* 当一个系统函数在系统层级发生超时的情况下将被引发

+-- *ReferenceError* 此异常将在使用 *weakref.proxy()* 函数所创建的弱引用来

访问该引用的某个已被作为垃圾回收的属性时被引发

+-- *RuntimeError*　当检测到一个不归属于任何其他类别的错误时将被引发

| +-- *NotImplementedError*　此异常派生自 *RuntimeError*。在用户自定义的基类中，抽象方法应当在其要求所派生类重载该方法，或是在其要求所开发的类提示具体实现尚待添加时引发此异常

| +-- *RecursionError*　此异常派生自 *RuntimeError*。它会在解释器检测发现超过最大递归深度时被引发

+-- *SyntaxError*　当解析器遇到语法错误时引发

| +-- *IndentationError*　与不正确的缩进相关的语法错误的基类

| +-- *TabError*　当缩进包含对制表符和空格符不一致的使用时将被引发

+-- *SystemError*　当解释器发现内部错误，但情况看起来尚未严重到要放弃所有希望时将被引发

+-- *TypeError*　当一个操作或函数被应用于类型不适当的对象时将被引发

+-- *ValueError*　当操作或函数接收到具有正确类型但值不适合的参数，并且情况不能用更精确的异常，例如 *IndexError* 来描述时将被引发

| +-- *UnicodeError*　当发生与 *Unicode* 相关的编码或解码错误时将被引

| +-- *UnicodeDecodeError*　当在解码过程中发生与 *Unicode* 相关的错误时将被引发

| +-- *UnicodeEncodeError*　当在编码过程中发生与 *Unicode* 相关的错误时将被引发

| +-- *UnicodeTranslateError*　在转写过程中发生与 *Unicode* 相关的错误时将被引发

+-- *Warning*　警告类别的基类

+-- *DeprecationWarning*　如果所发出的警告是针对其他 Python 开发者的，则以此作为与已弃用特性相关警告的基类

+-- *PendingDeprecationWarning*　对于已过时并预计在未来弃用，但目前尚未弃用的特性相关警告的基类

+-- *RuntimeWarning*　与模糊的运行时行为相关的警告的基类

+-- *SyntaxWarning*　与模糊的语法相关的警告的基类

+-- *UserWarning*　用户代码所产生警告的基类

+-- *FutureWarning*　如果所发出的警告是针对以 Python 所编写应用的最终用户的，则以此作为与已弃用特性相关警告的基类

+-- *ImportWarning*　与在模块导入中可能的错误相关的警告的基类

+-- *UnicodeWarning*　与 *Unicode* 相关的警告的基类

+-- *BytesWarning*　与 *bytes* 和 *bytearray* 相关的警告的基类

+-- *EncodingWarning*　与编码格式相关的警告的基类

+-- *ResourceWarning*　资源使用相关警告的基类

第6章　函数方法

6.1　基本语法规则

6.1.1　函数/方法的定义与调用

函数（方法）是用于执行特定任务或计算的代码块，其基本组成包括：标识函数的函数名；传入数据用于执行任务的参数列表；执行任务的函数体；函数执行完后返回的结果，即返回值（如果有）。通过函数（方法）定义，使代码模块化，即将代码分解成小块，每块处理一个独立的任务，便于理解和维护；通过调用已定义的函数避免重复编写相同的代码，实现代码重用；也可以通过函数隐藏复杂的实现，用户只需要关注函数的接口，而不必关心函数（方法）的内部实现。表6.1为Python和C系列语言函数定义的基本语法。

表6.1　函数定义的基本语法

编程语言	Py	C/C++，C#
说明	Python函数定义使用*def*关键字，后跟函数名、参数列表和冒号。调用函数时，使用函数名并传入参数；如果无传入参数，则为空。	在C/C++和C#中的函数定义整体结构相似，通过指定返回值类型、函数名和参数列表定义函数。但需要注意，C#中的函数为定义在类内部的方法，因此通常在C#中将函数称为方法，通过实例化对象来调用实例方法，或直接调用静态方法。调用函数（方法）时，使用函数（方法）名并传入参数；如果无传入参数，则为空

示例代码	`def function_name(parameters):`
	`    # 函数体`
	`    return value   # 可选`
		`return_type function_name(parameter1_type parameter1, parameter2_type parameter2, ...) {`
		`    // 函数（方法）体`
		`    return value;  // 可选，取决于返回类型`
		`}`

6.1.2　函数/方法的用法

（1）无参数传入（函数定义与调用）

定义的函数如果无参数传入，则圆括号内的参数列表可以为空。对于C/C++也可以传入*void*参数，明确表示函数没有参数，即意味着该函数不接收任何参数。示例代码见表6.2。

表6.2　无参数传入情况下各编程语言代码示例

		>>>

Py
（6213.py）
	`def greet():`
	`    print("Hello, Python!")`
	
	`greet()`
		Hello,
		Python!

C
（6214.c）
	`#include <stdio.h>`
	
	`void greet() {`
	`    printf("Hello, C!\n");`
	`}`
	
	`int main() {`
	`    greet();`
	
	`    return 0;`
	`}`
		Hello, C!

C++
（6215.cpp）
	`#include <iostream>`
	
	`void greet() {`
	`    std::cout << "Hello, C++!" << std::endl;`
		Hello, C++!

续表

💻	📜	>>>

C++	}
	int main() {
	    greet();
	    return 0;
	}
		Hello, C++!

C#
（6216.cs）
	using System;
	class Program
	{
	    static void greet()
	    {
	        Console.WriteLine("Hello, C#!");
	    }
	    static void Main()
	    {
	        greet();
	    }
	}
		Hello, C#!

（2）有参数传入（函数定义与调用）

Python 为动态类型语言，与定义变量时一样，不需要指定函数传入参数的数据类型和函数返回值的类型。而 C/C++ 和 C# 为静态类型语言，要在函数声明和定义中明确传入参数的类型和函数（方法）返回值的类型。

Python 引入了类型提示（type hinting）见本章“知识拓展”，允许在函数定义时为参数和返回值添加类型注释，以提高代码的可读性和维护性。类型提示为在变量后使用冒号 :，并指定数据类型来表示；函数的返回值则使用 ->符号。Python 的类型注释仅作为注释参考，不会强制约束类型。

各编程语言示例代码见表6.3。

表6.3　有参数传入情况下各编程语言代码示例

💻	📜	>>>

Py
（6217.py）
	def greet(name):
	    print(f"Hello, {name}!")
	greet("Python")
	类型提示
	def add(a: int, b: int) -> int:
	    return a + b
	a: int = 5
	b: int = 3
	result = add(a, b)
	print(result)
		Hello, Python!
		8

C
（6218.c）
	#include <stdio.h>
	void greet(char name[]) {
	    printf("Hello, %s!\n", name);
	}
	int main() {
	    char name[] = "C";
	    greet(name);
	    return 0;
	}
		Hello, C!

续表

C++（6219.cpp）

```cpp
#include <iostream>
#include <string>
#include <format>

void greet(std::string name) {
    std::cout << std::format("Hello, {}!", name) <<
std::endl;
}

int main() {
    std::string name = "C++";
    greet(name);

    return 0;
}
```

```
Hello, C++!
```

C#（6220.cs）

```csharp
using System;

class Program
{
    static void greet(string name)
    {
        Console.WriteLine($"Hello, {name}!");
    }
    static void Main()
    {
        string name = "C#";
        greet(name);
    }
}
```

```
Hello, C#!
```

（3）参数类型和传递方式

Python、C、C++ 和 C# 中，函数（方法）的参数传递方式有所不同。其参数传递方式的对比如表6.4。

表6.4　参数传递方式

语言	按值传递（Pass by Value）	按引用传递（Pass by Reference）	按指针传递（Pass by Pointer）	输出参数	默认参数	收集（可变）参数	命名参数
Py	☑ 默认方式（对应不可变类型）	✕（不支持），但相当于可变类型作为参数传入	✕（不支持）	✕（不支持）	☑ 使用默认值	☑ **args/**kwargs*	☑ 支持关键字参数
C	☑ 默认方式	✕（不支持）	☑ 使用指针	✕（不支持）	✕（不支持）	✕（不支持）	✕（不支持）
C++	☑ 默认方式	☑ 使用 & 符号	☑ 使用指针	✕（不支持）	☑ 支持默认值	✕（不支持）	✕（不支持）
C#	☑ 默认方式	☑ 使用 *ref* 关键字	✕（不支持）	☑ 使用 out 关键字	☑ 支持默认值	✕（不支持）	☑ 支持命名参数

说明如下。

- 按值传递　传递的是参数的副本，函数内部的修改不会影响外部变量。
- 按引用传递　通过引用（如C++中的 &，C#中的 *ref*）传递参数，允许函数内直接修改外部变量。
- 按指针传递　传递变量的地址，函数内通过指针可以修改外部变量（在C/C++中使用）。
- 输出参数　用来在函数内返回多个值，例如C#中的 *out* 关键字。

- 默认参数　允许为函数参数提供默认值，如果调用时未传入参数则使用默认值（Python、C++、C#支持）。
- 收集（可变）参数　允许传递任意数量的参数，如 Python 的 *args和 **kwargs。
- 命名参数　允许按名字传递参数，例如Python的关键字参数和C#的命名参数。

Py

❶ 参数匹配语法（Argument Matching Syntax）

函数的参数匹配包括两个位置（表6.5），一是定义函数时传入的参数，二是调用函数时传入的参数。常规模式为位置参数，按照顺序从左到右对应参数；调用时可以给定关键字参数，不受位置参数顺序的影响，但是需要将关键字参数放置于位置参数之后。如果在定义函数时为某个参数指定了关键字参数，给定关键字参数，则该参数就有了默认值，即默认参数。当调用时，不传递该参数值，则以提供的默认值替代；收集参数（varargs collecting）包括只有一个星号 * 的元组形式收集模式，和包括有两个星号 ** 的字典形式收集模式。

不同的匹配语法可以根据需要自由组合。但排序通常为，一般模式在前，再跟元组收集，再跟字典收集。如果位置不对，会引发异常提示，可以根据提示修改位置，直至满足要求。

表6.5　函数参数匹配（Python）

语法（Syntax）	作用位置（Context）	解释（Interpretation）
def func(name)	函数（Function）	常规参数（位置参数）：按位置或名称匹配任何传递值
def func(name=value)	函数（Function）	配置函数默认参数值，如果没有在调用中传递值［配置参数默认值（default value）］
def func(*name)	函数（Function）	以元组形式匹配并收集剩余的位置参数：收集参数（varargs collecting）——位置参数
def func(**name)	函数（Function）	以字典的形式匹配并收集剩余的关键字参数：收集参数（varargs collecting）——关键字参数
def func(*other, name)	函数（Function）	只能在调用中通过关键字传递的参数
def func(*, name=value)	函数（Function）	只能在调用中通过关键字传递的参数
func(value)	调用（Caller）	常规参数（位置参数）：按位顺序匹配（从左至右）
func(name=value)	调用（Caller）	关键字参数：按名称匹配
func(*iterable)	调用（Caller）	将可迭代对象作为单独的位置参数传入：按位顺序匹配
func(**dict)	调用（Caller）	将字典键值对作为关键字参数传入：按键名匹配

（6221.py）

```
x = 2
y = 3
z = 5
xyz_lst = [2, 3, 5]
xyz_dict = {"X": 2, "Y": 3, "Z": 5}
# 常规参数
def xyz_normal(X, Y, Z):
    print(X, Y, Z)

xyz_normal(x, y, z)
xyz_normal(X=x, Y=y, Z=z)
xyz_normal(x, y, Z=z)
xyz_normal(*xyz_lst)
xyz_normal(**xyz_dict)
```

```
print("--" * 20)

# 配置参数默认值
def xyz_default(X, Y=7, Z=9):
    print(X, Y, Z)

xyz_default(x, y, z)
xyz_default(x, y)
xyz_default(x)

print("--" * 20)

# 收集参数-位置参数
def xyz_collect_positional(*args):
    print(args)

xyz_collect_positional(x, y, z)
xyz_collect_positional(xyz_lst)

print("--" * 20)

# 收集参数-位置参数-变化组合
def xyz_collect_positional_alter(X, *args, Z):
    a, b, c = args
    print(X, args, Z)
    print(a, b, c)

xyz_collect_positional_alter(x, 12, 13, 15, Z=z)
xyz_collect_positional_alter(11, 12, 13, 15, Z=z)

print("--" * 20)

# 收集参数-关键字参数
def xyz_collect_keyword(**args):
    print(args)

xyz_collect_keyword(x=2, y=3, z=5)
xyz_collect_keyword(**xyz_dict)

print("--" * 20)

# 只能由关键字传递参数
def xyz_keyword(X, *, Y, Z):
    print(X, Y, Z)

xyz_keyword(x, Y=3, Z=5)

print("--" * 20)

# 组合匹配
def xyz_normal_collect(X_n, Y_d=97, *pargs, **kargs):
    print(X_n, Y_d, pargs, kargs)

xyz_normal_collect(x, y, *xyz_lst, **xyz_dict)
```

\>>>

```
2 3 5
2 3 5
2 3 5
2 3 5
2 3 5
----------------------------------------
2 3 5
2 3 9
2 7 9
----------------------------------------
```

```
(2, 3, 5)
([2, 3, 5],)
----------------------------------------
2 (12, 13, 15) 5
12 13 15
11 (12, 13, 15) 5
12 13 15
----------------------------------------
{'x': 2, 'y': 3, 'z': 5}
{'X': 2, 'Y': 3, 'Z': 5}
----------------------------------------
2 3 5
----------------------------------------
2 3 (2, 3, 5) {'X': 2, 'Y': 3, 'Z': 5}
```

❷ 函数参数的传递方式（6222.py）

在 Python 中，函数的参数传递分为可变（mutable）和不可变（immutable）数据类型两种。不可变类型包括：*int*、*float*、*str*和*tuple*等。当不可变类型作为参数传入函数时，是按值传递。当在函数内部对参数重新赋值，只会创建一个新对象，原始对象保持不变。而可变类型包括：*list*、*dict*、*set*和*bytearray*等。当可变类型作为参数传入函数时，是按引用传递（本质上是地址的引用）。在函数内部修改可变对象，会直接影响到原始对象。为了避免意外，修改可变对象时，可以创建副本规避意外发生。

```
# 传入可变（list, dict）和不可变（int）数据类型
def mutable_func(collection_lst, collection_dict, val):
    collection_lst[-1] = 99
    collection_dict["C"] = 77
    val += 11

val = 55
lst = [1, 2, 3, 4, 5]
dictionary = {"A": 1, "B": 2, "C": 3}
mutable_func(lst, dictionary, val)
print(lst, "\n", dictionary, "\n", val)

# 创建副本规避无意修改可变数据变量
def safe_modify(lst):
    lst = lst.copy() # 创建副本
    lst.append(33)
    print("Inside function:", lst)

lst = [1, 2, 3, 4, 5]
safe_modify(lst)
print("Outside function:", lst)

# 默认参数是可变类型时，会引发潜在问题
def add_item(item, my_list=[]):
    my_list.append(item)
    return my_list

print(add_item(10)) # 输出: [10]
print(add_item(20)) # 输出: [10, 20] 共享了同一个对象!

# 解决动态默认参数的陷阱，可以将默认参数修改为不可变类型的默认值
def add_item_adj(item, my_list=None):
    if my_list is None:
        my_list = []
```

```
    my_list.append(item)
    return my_list

print(add_item_adj(10))
print(add_item_adj(20))
```

>>>

```
[1, 2, 3, 4, 99]
 {'A': 1, 'B': 2, 'C': 77}
 55
Inside function: [1, 2, 3, 4, 5, 33]
Outside function: [1, 2, 3, 4, 5]
[10]
[10, 20]
[10]
[20]
```

C

❶ 函数参数的类型（6223.c）

C 语言函数参数处理需要显示管理内存和类型，通过指针和 *const* 修饰符可以灵活、安全地处理多种参数传递场景，见表6.6。

表6.6　函数参数类型（C）

参数类型	描述	示例
基本类型参数	直接传递基本数据类型	*void func(int a)*
数组参数	传递数组指针	*void func(int arr[],int size)*
指针参数	传递地址以实现引用传递	*void func(int *p)*
结构体参数	按值或引用传递结构体	*void func(struct Point p)*
函数指针参数	动态传递函数实现灵活回调	*void func(int (*op)(int,int))* 示例中 *void func(int (*op)(int,int))* 中 *op* 是一个函数指针，指向函数的签名为 *int (int, int)*，即 *op* 需要指向一个接收两个 *int* 参数并返回 *int* 类型的函数

```
#include <stdio.h>
// 基本类型参数。直接传递基本数据类型（如 int, float, char 等）
void print_sum(int a, int b) {
    printf("Sum: %d\n", a + b);
}
// 数组作为参数。数组作为函数参数时，实际上是传递了数组的指针（指针类型为 int*）
void print_array(int arr[], int size) {
    for (int i = 0; i < size; i++) {
        printf("%d, ", arr[i]);
    }
    printf("\n");
}
// 指针参数。指针可用于传递复杂类型的数据或实现按引用传递
void update_value(int* p) {
    *p = 99;
}
struct Point {
    int x, y;
```

```
};

// 结构体作为参数——按值传递。复制整个结构体，开销较大
void print_point(struct Point p) {
    printf("Point: (%d,%d)\n", p.x, p.y);
}

// 结构体作为参数——按引用传递。传递指向结构体的指针，效率较高。
void updated_point(struct Point* p) {
    p->x = 10;
    p->y = 20;
}

// 函数指针作为参数。可以将函数的地址作为参数传递，用于回调函数或动态行为
void execute(int a, int b, int(*operation)(int, int)) {
    printf("Result: %d\n", operation(a, b));
}

int add(int x, int y) { return x + y; }
int multiply(int x, int y) { return x * y; }

int main() {
    print_sum(5, 3);

    int arr[] = { 1,2,3,4,5 };
    int arr_size = sizeof(arr) / sizeof(arr[0]);
    print_array(arr, arr_size);

    int p = 42;
    update_value(&p);
    printf("Updated p: %d\n", p);

    struct Point pt = { 5,9 };
    print_point(pt);

    updated_point(&pt);
    printf("Point: (%d,%d)\n", pt.x, pt.y);

    execute(5, 3, &add);
    execute(5, 3, &multiply);

    return 0;
}
```

>>>

```
Sum: 8
1, 2, 3, 4, 5,
Updated p: 99
Point: (5,9)
Point: (10,20)
Result: 8
Result: 15
```

❷ 函数参数的传递方式（6224.c）

默认情况下，C 语言的函数参数是按值传递。函数接收的是实参的副本，而非原始变量本身。但其可以通过指针传递参数，实现间接修改变量值。而对于需要传递但不修改的数组或指针，可以使用 `const` 避免修改参数变量，以确保安全。

```
#include <stdio.h>

void printArray(int* arr, int size) {
```

```
    for (int i = 0; i < size; i++) {
        printf("%d ", *(arr + i)); // 访问索引 i 处的元素
    }
    printf("\n");
}

void argsCallByValue(int x) {
    x = 10; // 不影响原始变量
}

void argsCallByReference(int* x) {
    *x = 10; // 会修改原始变量
}

void arrayPointer(int arr[]) {
    arr[0] = 99;
}

// 使用 const 修饰符保护参数
void arrayPointerConst(const int arr[]) {
    //arr[0] = 77; // 执行该代码行将会提示错误
    printf("Do not modify array");
}

int main() {
    int a = 5;
    argsCallByValue(a);
    printf("%d\n", a);

    argsCallByReference(&a);
    printf("%d\n", a);

    int arr[] = { 1,2,3,4,5 };
    arrayPointer(arr);

    int size = sizeof(arr) / sizeof(arr[0]);
    printArray(arr, size);

    arrayPointerConst(arr);

    return 0;
}
```

>>>

```
5
10
99 2 3 4 5
Do not modify array
```

C++

❶ 函数参数的类型（6225.cpp）

C++ 在 C 语言的基础上支持现代编程的多种需求，它更加灵活和丰富，使得函数的参数使用方式更强大，并保持了对性能的高要求，见表6.7。

表6.7　函数参数的类型（C++）

参数类型	描述	示例
基本类型参数	传递基本数据类型的副本	*void func(int a)*
引用参数	传递引用，可直接修改实参	*void func(int& a)*
指针参数	传递指针，通过解引用[①]访问或修改	*void func(int* a)*

续表

参数类型	描述	示例
常量引用参数	只读引用，保护参数不被修改	*void func(const T& a)*
默认参数	参数有默认值，可省略对应参数使用默认值	*void func(int a=10)*
模板参数	使用模板支持任意类型	*template <typename T> T func(T a)*
函数对象参数	使用函数指针或 Lambda 表达式	*void func(auto operation)*

① 见本章“知识拓展”。

```
#include <iostream>
#include <format>
// 基本类型参数。传递基本数据类型，如 int, float, char 等
void printSum(int a, int b) {
    std::cout << std::format("Sum: {}\n", a + b);
}
// 引用参数。使用 & 传递参数，可以在函数中直接修改实参
void increment(int& x) {
    x++;
}
// 指针参数。通过指针传递参数，用于动态内存管理或修改实参
void updateValue(int* p) {
    if (p) {
        *p = 66;
    }
}
// 常量引用参数。使用 const 修饰引用参数，避免复制大对象的开销，同时保护数据不被修改
void printMessage(const std::string& message) {
    std::cout << message << std::endl;
}
// 数组参数。传递数组时，实际上传递的是数组的指针
void printArray(int arr[], int size) {
    for (int i = 0; i < size; i++) {
        std::cout << arr[i] << ",";
    }
    std::cout << std::endl;
}

struct Point {
    int x, y;
};
// 结构体和类对象参数。结构体和类可以按值传递，也可以按引用或指针传递
void setPoint(Point& p) {
    p.x = 5;
    p.y = 9;
}
// 函数指针和函数对象作为参数。函数指针或函数对象（如 Lambda 或 std::function）可以作为参
数，用于回调或动态行为
void execute(int a, int b, int (*operation)(int, int)) {
    std::cout << "Result: " << operation(a, b) << std::endl;
}

int add(int x, int y) { return x + y; }
```

```
int multiply(int x, int y) { return x * y; }

int main() {
    printSum(5, 3);
    int a = 5;
    increment(a);
    std::cout << std::format("Updated a: {}\n", a);
    int b = 7;
    updateValue(&b);
    std::cout << std::format("Updated b: {}\n", b);
    std::string message = "Using const modifiers reference arguments.";
    printMessage(message);
    int arr[] = { 1,2,3,4,5 };
    int arrSize = sizeof(arr) / sizeof(arr[0]);
    printArray(arr, arrSize);
    Point pt;
    setPoint(pt);
    std::cout << std::format("Point: {},{}\n", pt.x, pt.y);
    int c = 2, d = 5;
    execute(c, d, &add);
    execute(c, d, &multiply);
    return 0;
}
```

\>>>

```
Sum: 8
Updated a: 6
Updated b: 66
Using const modifiers reference arguments.
1,2,3,4,5,
Point: 5,9
Result: 7
Result: 10
```

❷ C++ 特有的参数特性（6226.cpp）

```
#include <iostream>
#include <format>
#include <functional>
// 默认参数。C++ 支持为函数参数设置默认值。调用时如果未传入该参数，则使用提供的默认值
void greet(const std::string& name = "Guest") {
    std::cout << std::format("Hello, {}!\n", name);
}
// 函数重载。C++ 支持同名函数的多种定义，只要保证参数的数量或类型不同
void print(int x) {
    std::cout << std::format("Integer: {}\n", x);
}
void print(const std::string& s) {
    std::cout << std::format("String: {}\n", s);
}
// 模板函数。使用模板实现通用函数，支持任意类型的参数
template<typename T>
```

```
T add(T x, T y) {
    return x + y;
}

// 可变参数模板。支持接收任意数量的参数
template<typename... Args>
void printAll(Args... args) {
    ((std::cout << args << ","), ...) << std::endl;
}

// Lambda 表达式作为参数。允许使用匿名函数直接作为参数
void execute(int a, int b, const std::function<int(int, int)>& operation) {
    std::cout << "Result: " << operation(a, b) << std::endl;
}

int main() {
    greet();
    greet("Henry");

    print(57);
    std::string s = "Function overloading.";
    print(s);

    int intAdd = add(5, 3);
    std::cout << std::format("Integer: {}\n", intAdd);
    float floatAdd = add(5.2, 3.8);
    std::cout << std::format("Float: {}\n", floatAdd);

    printAll(7, 8, 3.14, "string");

    execute(10, 20, [](int x, int y) {return x + y; });

    return 0;
}
```

>>>

```
Hello, Guest!
Hello, Henry!
Integer: 57
String: Function overloading.
Integer: 8
Float: 9
7,8,3.14,string,
Result: 30
```

❸ 函数参数的传递方式（6227.cpp，6228.cpp）

在 C++ 中，函数参数传递的方法主要包括按值传递、按引用传递、按指针传递和按常量引用传递。当不需要修改参数，且其数据量较小时，通常用按值传递；如需修改原始值或避免复制大型数据对象时，考虑使用按引用传递；需要动态分配内存或处理数组时，一般用按指针传递；当只访问大型数据对象时，可以用按常量引用传递。

```
#include <iostream>
#include <format>

// 按值传递（Pass by Value）。传递参数的副本，函数内部的修改不会影响实参
void argsCallByValue(int x) {
    x = 10;
}

// 按引用传递（Pass by Reference）。使用 & 符号，传递参数的引用，函数内部对参数的修改会直接作
用于实参
```

```
void argsCallByReference(int& x) {
    x = 10;
}
// 按指针传递（Pass by Pointer）。传递参数的地址，函数可以通过解引用修改实参或访问动态分配的数据
void argsCallByPointer(int* x) {
    *x = 50;
}
// 常量引用传递（Pass by Const Reference）。用于只读参数，避免值复制，并防止函数修改参数变量数据
void display(const std::string& s) {
    std::cout << s << std::endl;
}

int main() {
    int a = 5;
    argsCallByValue(a);
    std::cout << std::format("{}\n", a);

    argsCallByReference(a);
    std::cout << std::format("{}\n", a);

    argsCallByPointer(&a);
    std::cout << std::format("{}\n", a);

    display("Do not modify args.");

    return 0;
}
```

>>>

```
5
10
50
Do not modify args.
```

C#

❶ 函数参数的类型和传递方式（6229.cs）

C# 中的函数参数支持多种传递方式和特性，见表6.8。默认情况下，参数按值传递，传递的是参数的副本；通过*ref*和*out*关键字可以按引用传递，允许函数修改参数值，其中*ref*参数需在调用前初始化，而*out*参数由函数负责初始化。C# 还支持默认参数（default）和具名参数（named），允许在函数调用时省略或重新指定某些参数的值。此外，使用*params*关键字可以传递可变数量的参数，*in*关键字提供只读引用传递。C# 还允许传递委托或以Lambda表达式作为参数，从而实现动态回调和功能扩展。通过这些特性，C# 的函数参数传递机制灵活多样，能够满足各种编程需求。

表6.8 函数参数的类型（C#）

参数类型	描述	示例
按值传递	默认方式，传递参数副本，无法修改实参	*void func(int x)*
按引用传递	通过引用传递，修改会影响原始变量	*void func(ref int x)*
输出参数	通过引用传递，调用前无需初始化	*void func(out int x)*
只读引用参数	参数只读引用，提高性能，不允许修改	*void func(in int x)*
参数数组	传递任意数量参数，支持0个或多个	*void func(params int[] nums)*
默认参数	为参数指定默认值，可以省略部分参数调用	*void func(int x = 10)*

续表

参数类型	描述	示例
具名参数	按参数名指定值，不限制参数顺序	*func(name: "ALice")*
委托参数	传递函数指针或 Lambda 表达式	*void func(Action action)*
泛型参数	函数支持多种类型，提高复用性	*T func<T>(T x, T y)*

```
using System;
using static System.Formats.Asn1.AsnWriter;
using System.Xml.Linq;
using System.ComponentModel.DataAnnotations;

class Program
{
    // 按值传递（Pass by Value）。默认情况下，C# 中的函数参数按值传递，函数接收参数的副本，无法修改原始值
    static void argsCallByValue(int x)
    {
        x = 10;
    }

    // 按引用传递（Pass by Reference）。使用 ref 或 out 关键字传递参数，使函数能够修改原始变量的值。ref 参数：需要在调用函数前初始化参数
    static void argsCallByReference(ref int x)
    {
        x = 10;
    }

    // out 参数：调用前不需要初始化参数，但函数必须在内部赋值
    static void argsCallByOut(out int x, out int y)
    {
        x = 30;
        y = x;
    }

    // 默认参数（Default parameters）。C# 支持为函数参数提供默认值，调用时如果省略了这些参数则使用提供的默认值
    static void greet(string name = "Guest")
    {
        Console.WriteLine($"Hello, {name}!");
    }

    // 具名参数（Named Parameters）。调用函数时可以按参数名显示传递参数值，增强代码可读性，且允许参数顺序变化
    static void display(string firstName, string lastName)
    {
        Console.WriteLine($"Name: {firstName} {lastName}");
    }

    // 可选参数（Optional Parameters）。参数声明时使用 params 关键字，可以传递任意数量的参数，或者不传递参数
    static void printNumbers(params int[] numbers)
    {
        foreach (var num in numbers)
        {
            Console.Write($"{num}, ");
        }
    }

    //  数组参数。C# 默认是通过引用传递数组，即修改数组元素会改变原数组
    static void modifyArray(int[] arr)
```

```
    {
        arr[0] = 99;
    }
    static void Main()
    {
        int a = 5;
        argsCallByValue(a);
        Console.WriteLine(a);
        argsCallByReference(ref a);
        Console.WriteLine(a);
        int b;
        argsCallByOut(out a, out b);
        Console.WriteLine($"a = {a};b = {b}");
        greet();
        greet("Henry");
        display(lastName: "Smith", firstName: "John");
        printNumbers(1, 2, 3);
        printNumbers();
        int[] numbers = { 1, 2, 3 };
        modifyArray(numbers);
        Console.WriteLine($"\n{numbers[0]}");
    }
}
```

>>>

```
5
10
a = 30;b = 30
Hello, Guest!
Hello, Henry!
Name: John Smith
1, 2, 3,
99
```

❷ C# 函数参数的特性（6230.cs）

```
using System;
using static System.Formats.Asn1.AsnWriter;
using System.Xml.Linq;
using System.ComponentModel.DataAnnotations;
class Program
{
    // in 参数。传递的是只读引用，保证函数无法修改该参数
    static void display(in int x)
    {
        Console.WriteLine(x);
    }
    // 泛型函数的参数。使用泛型函数支持任意类型的参数
    static T add<T>(T x, T y) where T : struct
    {
        return (dynamic)x + (dynamic)y;
    }
    // 具名和默认参数结合。调用时只需指定必要的参数
```

```
    static void configure(int width = 1920, int height = 1080, bool fullscreen =
true)
    {
        Console.WriteLine($"Width: {width}, Height: {height}, Fullscreen:
{fullscreen}");
    }
    // 委托和 Lambda 表达式作为参数。用于回调和动态行为
    static void executeAction(Action action)
    {
        action();
    }

    static void Main()
    {
        int value = 5;
        display(value);

        int sumInt = add(5, 3);
        Console.WriteLine(sumInt.ToString());
        double sumDouble = add(1.5, 2.5);
        Console.WriteLine(sumDouble.ToString());
        double sumDoubleInt = add(3, 2.5);
        Console.WriteLine(sumDoubleInt.ToString());

        configure(height: 720);

        executeAction(() => Console.WriteLine("Hello from lambda!"));
    }
}
```

>>>

```
5
8
4
5.5
Width: 1920, Height: 720, Fullscreen: True
Hello from lambda!
```

泛型函数 *add()* 代码行解释

由 C# 语言定义了一个泛型方法 *add()*，用于对两个相同类型的参数进行加法操作。

```
static T add<T>(T x, T y) where T : struct
{
    return (dynamic)x + (dynamic)y;
}
```

❶ 方法声明语句

```
static T add<T>(T x, T y) where T : struct
```

- *static*　该方法是静态方法。因此不需要实例化类即可调用。
- *T*　为泛型参数，表示方法可以接收任意类型的数据，但该类型在方法执行时通过类型推断来确定。
- *T x*, *T y*　方法的两个参数 *x* 和 *y*，其类型都为 *T*，为相同类型。
- *where T:struct*　为泛型约束，要求 *T* 类型必须是值类型（如 *int*、*float*、*double* 等），而不能是引用类型（如接口等）。

❷ 方法体语句

```
return (dynamic)x + (dynamic)y;
```

• *dynamic*　此关键字会在运行时进行类型解析，而不是在编译时进行类型检查。通过将*x*和*y*转换为*dynamic*类型，C# 编译器允许执行在运行时解析的操作（如加法），意味着*x*和*y*的具体类型将会在执行时被确定。

• *(dynamic)x + (dynamic)y*　将*x*和*y*转换为*dynamic*类型后，其加法操作将在运行时执行，而不依赖于编译时的类型检查。因此可以对任意类型的数值进行加法操作（为值类型并符合*struct*的约束）。

（4）返回值

Python 是动态类型语言，函数的返回值类型在定义函数时无需明确指定；C/C++ 和 C# 是静态类型语言，函数的返回值类型在定义函数时需要明确指定。表6.9为几种语言的返回值类型支持和返回多个值时的方式。

表6.9　返回值类型支持和多返回值方式

语言	返回值类型支持	多返回值方式
Python	动态返回类型；可以用类型提示（非强制）	通过元组返回多个值
C	静态返回类型；返回单个值；通过指针或结构体*struct*返回多个值	指针，结构体*struct*
C++	静态返回类型；支持返回引用、*std::pair*和*std::tuple*	*std::pair*、*std::tuple*、类/结构体
C#	静态返回类型；支持泛型和*out*参数	*Tuple*、*ValueTuple*和*out*参数

Py

（6231.py）

```
a, b = 5, 3
# 返回单个值
def add(a, b):
    return a + b
result_add = add(a, b)
print(result_add)
# 返回多个值
def add_subtraction(a, b):
    sumR = a + b
    subR = a - b
    return sumR, subR
result_addSub = add_subtraction(a, b)
print(result_addSub)
# 没有返回值
def add_void(a, b):
    print("Nothing to return!")
    return

result_addVoid = add_void(a, b)
print(result_addVoid)
```

>>>

```
8
(8, 2)
Nothing to return!
None
```

C

（6232.c）

```
#include <stdio.h>
#include <stdlib.h> // 引入malloc和free的头文件

// 打印数组
void printArray(int* arr, int size) {
for (int i = 0; i < size; i++) {
printf("%d ", *(arr + i)); // 访问索引 i 处的元素并打印
}
printf("\n");
}

// 返回单个值
int add(int a, int b) {
return a + b;
}

// 返回指针，动态分配内存
int* addSubtraction(int a, int b) {
int sumR = a + b;
int subR = a - b;
// 动态分配内存，存储和与差
int* sumSub = (int*)malloc(2 * sizeof(int));
if (sumSub == NULL) { // 检查内存分配是否成功
printf("内存分配失败！\n");
exit(1); // 如果分配失败，退出程序
}
sumSub[0] = sumR; // 将和存入数组的第一个位置
sumSub[1] = subR; // 将差存入数组的第二个位置
return sumSub; // 返回指向数组的指针
}

// 没有返回值
void addVoid(int a, int b) {
printf("Nothing to return!\n"); // 打印提示信息
}

int main() {
int a = 5, b = 3;
int resultAdd = add(a, b);
printf("%d\n", resultAdd);
// 调用addSubtraction函数，计算a和b的和与差
int* resultAddSub = addSubtraction(a, b);
int size = 2; // 数组的大小是2，因为数组只存储和与差
printArray(resultAddSub, size);
// 释放动态分配的内存，避免内存泄漏
free(resultAddSub);
addVoid(a, b); // 调用addVoid函数，打印提示信息
return 0; // 程序结束
}
```

>>>

```
8
8 2
Nothing to return!
```

C++

（6233.c）

```
#include <iostream>
#include <format>
```

```
// 返回单个值
int add(int a, int b) {
    return a + b;
}
// std::pair 形式返回多个值
std::pair<int, int> addSubtraction(int a, int b) {
    return { a + b,a - b };
}
// 没有返回值。使用指针，在函数中修改这些变量的值
void addSubtraction(int a, int b, int* sum, int* difference) {
    *sum = a + b;
    *difference = a - b;
}
// 没有返回值
void addVoid(int a, int b) {
    std::cout << "Nothing to return!" << std::endl;
}
// 返回引用
int& get_reference(int& a) {
    return a;
}

int main() {
    int a = 5, b = 3;
    int result_add = add(a, b);
    std::cout << result_add << std::endl;
    std::pair<int, int> result_addSub = addSubtraction(a, b);
    std::cout << std::format("{},{}\n", result_addSub.first, result_addSub.
second);
    int sum, difference;
    addSubtraction(a, b, &sum, &difference);
    std::cout << std::format("{},{}\n", sum, difference);
    addVoid(a, b);
    int a_ref = get_reference(a);
    std::cout << std::format("{}", a_ref);
    return 0;
}
```

>>>

```
8
8,2
8,2
Nothing to return!
5
```

C#

（6234.cs）

```
using System;
class Program
{
    // 返回单个值
```

```
    static int add(int a, int b)
    {
        return a + b;
    }
    // 返回多个值（使用 Tuple）
    static Tuple<int, int> addSubtraction(int a, int b)
    {
        return Tuple.Create(a + b, a - b);
    }
    // 返回多个值（使用 ValueTuple）
    static (string name, int id, double score) getStudentInfoValueTuple(string 
name, int id, double score)
    {
        return (name, id, score);
    }
    // 返回多个值（使用 out 参数）
    static void addSubtractionOut(int a, int b, out int sum, out int difference)
    {
        sum = a + b;
        difference = a - b;
    }
    // 没有返回值
    static void addVoid(int a, int b)
    {
        Console.WriteLine("Nothing to return!");
    }
    // 泛型返回
    static T display<T>(T value)
    {
        Console.WriteLine("Value: " + value);
        Console.WriteLine("Type: " + typeof(T).Name);
        return value;
    }

    static void Main()
    {
        int a = 5, b = 3;
        int resultAdd = add(a, b);
        Console.WriteLine(resultAdd);
        Tuple<int, int> result_addSub = addSubtraction(a, b);
        Console.WriteLine($"{result_addSub.Item1},{result_addSub.Item2}");
        (string name, int id, double score) student = getStudentInfoValueTuple
("Alice", 30, 95.5);
        Console.WriteLine($"Name: {student.id}, Id: {student.
name}, Score: {student.score}");
        int sum, difference;
        addSubtractionOut(a, b, out sum, out difference);
        Console.WriteLine($"{sum},{difference}");
        addVoid(a, b);
        var value1 = display("Hello.");
        Console.WriteLine("Returned value: " + value1);
        var value2 = display(70);
        Console.WriteLine("Returned value: " + value2);
```

```
        var value3 = display(3.1415926);
        Console.WriteLine("Returned value: " + value3);
    }
}
```

\>>>

```
8
8,2
Name: 30, Id: Alice, Score: 95.5
8,2
Nothing to return!
Value: Alice.
Type: String
Returned value: Alice.
Value: 30
Type: Int32
Returned value: 30
Value: 95.5
Type: Double
Returned value: 95.5
```

（5）函数声明

Python 中不需要提前声明函数，其函数在代码中首次定义时自动声明。解释器在运行时按顺序执行代码，即代码的执行顺序就是定义和调用的顺序，因此只要在调用前定义了该函数，Python 解释器就可以识别并调用该函数。

C/C++ 语言中，函数声明（function declaration）用于告诉编译器函数的名称，返回类型和参数类型（函数的签名），以便在代码中调用函数时，编译器可以识别并验证函数的正确性。函数声明通常位于文件的顶部、头文件中，或者在调用函数之前，其语法格式为 `return_type function_name(parameter_type1 parameter_name1, parameter_type2 parameter_name2, ...);`。当函数的定义出现在调用之后或者在不同的文件中时，函数声明是必要的，以帮助编译器在编译阶段确认函数的存在及其参数类型，避免找不到函数定义的编译错误。在大型项目中，通常将函数声明放在头文件中，可以在多个源文件中使用相同的函数定义。

C# 编译器会自动识别代码中的方法和成员，只要方法存在于同一个类或命名空间中，编译器便可识别，不用在调用之前进行声明。

C

下述示例调换了函数 `greet()` 和 `main()` 函数的位置，如果不在文件开始声明函数，而直接在 `main()` 函数中调用 `greet()`，则会提示 `'greet' undefined;` 等错误信息。（6235.c）

```
#include <stdio.h>

void greet(char name[]); // 函数声明

int main() {
    char name[] = "C";
    greet(name);

    return 0;
}

void greet(char name[]) {
    printf("Hello, %s!\n", name);
}
```

\>>>

```
Hello, C!
```

C++

下述示例调换了函数 *greet()* 和 *main()* 函数的位置，如果不在文件开始声明函数，而直接在 *main()* 函数中调用 *greet()*，则会提示 *'greet': identifier not found* 等错误信息。（6236.cpp）

```
#include <iostream>
#include <string>
#include <format>

void greet(std::string name); // 函数声明

int main() {
    std::string name = "C++";
    greet(name);

    return 0;
}

void greet(std::string name) {
    std::cout << std::format("Hello, {}!", name) << std::endl;
}
```

\>>>

```
Hello, C++!
```

6.2　特殊的函数 / 方法

6.2.1　匿名函数（Lambda）

Lambda 表达式（函数/方法）是表示匿名函数（不需要命名的函数）的一种简洁方式。不同编程语言中的Lambda 语法和功能有所不同。Python 的Lambda 表达式最简洁、灵活，适合快速定义函数；C 语言本身没有原生的Lambda 表达式，只能通过函数指针或 *struct* 来模拟；C++ 提供了Lambda 表达式功能，支持捕获变量、返回类型推导等高级特性；C# 与 C++ 类似，提供了简洁的Lambda 语法，当更注重与委托系统和语言集成查询（language integrated query，LINQ）的结合。匿名函数语法和特性的对比见表6.10。

表6.10　匿名函数语法和特性

特性/语言	Py	C	C++	C#
Lambda 语法	*lambda parameters: expression*	不原生支持	*[capture](parameter_list) -> return_type {function_body}*	*parameters => expression*
函数类型	匿名函数	函数指针	匿名函数对象	匿名方法（委托）
捕获外部变量	不支持	不支持	支持（按引用或按值）	支持（闭包捕获）
与 STL / LINQ 等函数方法配合使用	支持（例如 *map*、*filter* 等）	不适用	支持（STL 算法）	支持（LINQ 查询、事件等）
返回类型	自动推导	固定，取决于函数	可以显示指定或自动推导	可以显示指定或自动推导

Py

Python 的匿名函数由 *Lambda* 关键字定义，语法示例为 *lambda x,y:x+y*，其中 *:* 之前为传入的参数，之后为表达式。匿名函数没有函数名（但可以赋予变量），通常用于在需要函数对象的地方快速定义小的、一次性使用的函数。（6237.py）

```
from functools import reduce
# 基本的匿名函数
add = lambda x, y: x + y
print(add(5, 3))
# 用于排序。给定 sort() 方法的键函数（即参数 key），根据函数返回值，对列表排序
people = [("Alice", 30), ("Bob", 25), ("Charlie", 35)]
people.sort(key=lambda person: person[1])
print(people)
# 配合 filter()。用于过滤序列，保留符合条件的元素
numbers = [1, 2, 3, 4, 5]
even_numbers = list(filter(lambda x: x % 2 == 0, numbers))
print(even_numbers)
# 配合 map()。将函数作用于序列的每个元素
squared = list(map(lambda x: x**2, numbers))
print(squared)
# 配合 reduce()。对序列中的元素根据函数进行累计计算。需要导入 functools 模块
product = reduce(lambda x, y: x * y, numbers)
print(product)
```

\>>>

```
8
[('Bob', 25), ('Alice', 30), ('Charlie', 35)]
[2, 4]
[1, 4, 9, 16, 25]
120
```

C 语言不支持匿名函数，但可以借助函数指针来模拟匿名函数行为。（6238.c）

```
#include <stdio.h>
#include <stdlib.h>

void printArrayInt(int arr[], int size) {
    printf("{");
    for (int i = 0; i < size; i++) {
        printf("%d", arr[i]);
        if (i < size - 1) printf(", ");
    }
    printf("}\n");
}

// 定义一个函数，用函数指针调用该函数
int add(int x, int y) {
    return x + y;
}
// 用于接收函数指针作为参数的 qsort 等函数，模拟匿名函数的行为
int compare(const void* a, const void* b) {
    return (*(int*)a - *(int*)b);
}
int main() {
```

```
    int (*func_ptr)(int, int) = add; // 用函数指针调用 add 函数
    printf("Result: %d\n", func_ptr(5, 3));

    int arr[] = { 5,3,8,1,4 };
    size_t arr_size = sizeof(arr) / sizeof(arr[0]);

    qsort(arr, arr_size, sizeof(int), compare);
    printArrayInt(arr, arr_size);

    return 0;
}
```

>>>

```
Result: 8
{1, 3, 4, 5, 8}
```

*compare*函数代码行解释

```
int compare(const void* a, const void* b) {
    return (*(int*)a - *(int*)b);
}
```

❶ 函数声明

• *int* 函数的返回类型为*int*，表示返回一个整数值。

• *compare* 函数名称，定义比较两个元素的函数。

• *const void* a*和*const void* b* 这两个参数是指向常量*void*类型的指针。*void*指针是一种通用指针类型，可以指向任何数据类型；*const*是为了确保函数不会修改指向的数据；因为该函数用于*qsort*排序函数，其接收*void**类型指针，所以*a*和*b*必须是*void**类型指针，支持对任何类型的数据进行排序。

❷ 函数体

• **(int*)a* *a*是*const void**类型指针。通过*(int *)a*将*a*强制转换为指向*int*类型的指针；然后通过***运算符解引用指针，获取*a*所指向的值，并将其视为一个*int*类型的值。**(int*)b*解释同**(int*)a*。

• **(int*)a - *(int*)b* 该表达式用于计算*a*和*b*所指向整数值之间的差，返回结果为负数、正数或0。

❸ 返回值

• 返回值用于*qsort*函数来决定如何排序数组中的元素。如果为负数，*a*应排在*b*前面；如果为正数，*a*应该排在*b*后面；如果为0，表示*a*和*b*相等，其顺序保持不变。

C++

C++11 引入了Lambda 表达式（匿名函数），其基本语法为*[capture](parameter_list) -> return_type {function_body}*，其中*[]*为捕获列表，用来指定从外部作用域捕获那些变量。可以捕获外部变量的值或引用；*()*为参数列表，和普通函数一样，指定函数的参数；*->*返回类型，可选，指定函数返回的类型。如果返回类型可以从表达式推导出来，则可以省略；*{}*为函数体，定义函数的实际操作。(6239.cpp)

```
#include <iostream>
#include <format>
#include <vector>
#include <algorithm>
```

```
int main() {
    // 一个简单的 lambda 函数。[]为空，不捕获任何外部变量。()为空，内部没有参数
    auto printX = []() {
        int x = 10;
        std::cout << std::format("x = {}\n", x);
        };

    printX();

    // 带参数的 lambda 函数。[]为空，不捕获任何外部变量。(int a, int b) 为接收两个整型参
数。-> int 指定返回类型为整型
    auto add = [](int a, int b)->int {
        return a + b;
        };

    std::cout << std::format("Sum: {}\n", add(5, 3));

    // 捕获外部变量——按值捕获。示例中 [x,y] 可以捕获外部变量的副本
    int x = 50, y = 30;
    auto printSumByVal = [x, y]() {
        std::cout << std::format("Sum-by value: {}\n", x + y);
        };
    printSumByVal();

    // [] 为捕获外部变量的副本，x 和 y 为按值捕获，即在 lambda 函数创建时复制一份 x 和 y
的值。当外部变量在 lambda 函数执行后才修改，lambda 函数依然使用创建时的原始值，而不会用修改后
的值
    x = 60;
    y = 40;
    printSumByVal();
    std::cout << x << ";" << y << std::endl;

    // 捕获外部变量——按引用捕获。[&]为按引用捕获。示例中 [&x, &y] 捕获 x 和 y 的引用，
lambda 中对 x 和 y 的修改会影响外部的 x 和 y 的值
    auto printSumByRef = [&x, &y]() {
        std::cout << std::format("Sum-by reference: {}\n", x + y);
        x += 5;
        y += 5;
        };
    printSumByRef();
    std::cout << x << ";" << y << std::endl;

    // 捕获特定变量。可以混合使用按值捕获和按引用捕获
    auto printSumByRefVal = [x, &y]() {
        std::cout << std::format("Sum-by reference and val: {}\n", x + y);
        };
    printSumByRefVal();
    x += 5;
    y += 5;
    printSumByRefVal();

    // 捕获所有外部变量——按值捕获。[=]捕获所有外部变量的副本
    int z = 100;
    auto printSumAllByVal = [=]() {
        std::cout << std::format("Sum-by value: {}\n", x + y + z);
        };
    printSumAllByVal();

    // 捕获所有外部变量——按引用捕获。[&]捕获所有外部变量的引用
    z = 200;
        auto printSumAllByRef = [&]() {
```

```
        std::cout << std::format("Sum-by reference: {}\n", x + y + z);
        };
    printSumAllByRef();

    // 如果 lambda 函数的返回类型无法自动推导，则需明确指定返回类型
    auto multiply = [](double a, double b)->double {
        return a * b;
        };
    std::cout << std::format("{}\n", multiply(3.5, 2.5));

    // lambda 函数经常与 std::for_earch，std::sort 等 STL 算法配合使用
    std::vector<int> vec = { 3,4,5,6,7 };
    std::for_each(vec.begin(), vec.end(), [](int n) {
        std::cout << n << " ";
        });

    // lambda 不能修改按值捕获的变量，但是如果要修改，可以使用 mutable 关键字
    auto counter = [count = 0]() mutable {
        return ++count;
        };

    std::cout << std::endl;
    std::cout << counter() << std::endl;
    std::cout << counter() << std::endl;
    std::cout << counter() << std::endl;

    return 0;
}
```

\>>>

```
x = 10
Sum: 8
Sum-by value: 80
Sum-by value: 80
60;40
Sum-by reference: 100
65;45
Sum-by reference and val: 110
Sum-by reference and val: 115
Sum-by value: 210
Sum-by reference: 310
8.75
3 4 5 6 7
1
2
3
```

解释 *std::for_each*和 *lambda* 函数配合使用的方法

```
std::vector<int> vec = { 3,4,5,6,7 };
std::for_each(vec.begin(), vec.end(), [](int n) {
    std::cout << n << " ";
    });
```

❶ 声明并初始化 *std::vector<int>*

• *std::vector<int>* 声明一个 *std::vector* 类型的容器（向量），元素类型为 *int*。*std::vector* 是 C++ 标准库提供的动态数组类，可以存储任意数量的元素，可参考数据结构部分的详细解释。

• `{ 3,4,5,6,7 }` 通过初始化列表对 `vec` 初始化，向向量中添加了5个整数元素：3，4，5，6，7。

❷ 调用 `std::for_each` 遍历向量

• `std::for_each(vec.begin(), vec.end(), ...)` 是C++标准库的一个算法，用于遍历容器中的每个元素，并对每个元素执行给定的操作。

• `vec.begin()` 返回指向 `vec` 容器首元素的迭代器，即指向第一个元素3。

• `vec.end()` 返回指向 `vec` 容器尾后元素的迭代器，即指向7之后的位置。

• `std::for_each` 对 `vec.begin()` 到 `vec.end()` 之间的每个元素执行第3个参数中的操作。

❸ Lambda 函数

• `[]` 为空，Lambda 表达式不会捕获任何外部变量。

• `(int n)` Lambda 的参数列表，表示Lambda 接收一个 `int` 类型的参数 `n`。每次调用时，`n` 将被 `vec` 中的当前元素替代。

• `std::cout << n << " ";` 为Lambda 函数体。在函数体内，调用 `std::cout` 输出当前元素 `n` 和一个空格 `" "`。目的是输出每个元素，并以空格分隔。

解释 `counter` Lambda 函数

```
auto counter = [count = 0]() mutable {
    return ++count;
    };
```

• `auto counter` `auto` 关键字用于自动推导变量 `counter` 的类型。由于 `counter` 被初始化为一个 Lambda 表达式，因此编译器会自动推导其类型为 `std::function` 或某种函数类型。`counter` 是一个可调用的函数对象，即定义的Lambda 函数。

• `[count = 0]` 为Lambda 的捕获列表，表示从外部作用域捕获变量。`count = 0` 是捕获变量 `count` 的方式，通过值捕获将 `count` 初始化为0。Lambda 捕获的是 `count` 的副本，而不是引用外部作用域的 `count`。按值捕获使得 `count` 是 Lambda 内部的一个局部变量，并使其初始值为0。

• `() mutable` `()` 是 Lambda 的参数列表，表示这个Lambda 不接收任何参数。`mutable` 关键字允许 Lambda 在函数体内修改捕获的变量。默认情况下，Lambda 捕获的变量是只读的，但使用 `mutable` 后，可以在Lambda 内部修改这些捕获的变量。即使捕获的是按值传递的变量，`mutable` 也会使这些变量可以在Lambda 执行时被修改。

• `{return ++count;}` 为Lambda 的函数体，即Lambda 执行时的具体操作。`++count` 对捕获的 `count` 变量执行自增操作，并返回自增后的结果。由于 `count` 是在Lambda 内部作为局部变量捕获的副本，因此每次调用 `counter` 时，`count` 都会自增并保持其最新值。

C#

C#中的匿名函数可以通过委托 `delegate` 和Lambda 表达式实现，通常用于创建没有显示名称的函数，用于临时回调或者作为参数传递给方法。Lambda 表达式的基本语法为 `parameters => expression`，包括：参数列表，定义传递给函数的参数；=>，Lambda 操作符，用于将参数列表和函数体分开；函数体，可以是一个表达式或一个包含多条语句的代码块。（6240.cs）

```
using System;
```

```
class Program
{
    static void printArrayAny(Array arr)
    {
        Console.Write("{");
        for (int i = 0; i < arr.Length; i++)
        {
            if (i == arr.Length - 1)
            {
                Console.Write($"{arr.GetValue(i)}}}\n");
            }
            else
            {
                Console.Write($"{arr.GetValue(i)},");
            }

        }
    }
    public event Action<string> OnMessageReceived;
    static void Main()
    {
        // 通过 delegate 关键字定义匿名函数。
        Func<int, int, int> addDelegate = delegate (int x, int y)
        {
            return x + y;
        };
        Console.WriteLine(addDelegate(5, 3));
        // 一个简单的 Lambda 表达式示例
        Func<int, int, int> addLambda = (x, y) => x + y;
        Console.WriteLine(addLambda(5, 3));
        // 带有语句块的 Lambda 表达式
        Func<int, int, int> subtract = (x, y) =>
        {
            int result = x - y;
            return result;
        };
        Console.WriteLine(subtract(5, 3));
        // 捕获外部变量。C# 的 Lambda 表达式可以捕获外部作用域的变量，意味着可以在 Lambda
表达式内访问和修改外部变量，例如 factor 变量
        int factor = 2;
        Func<int, int> multiply = x => x * factor;
        Console.WriteLine(multiply(5));
        factor = 3;
        Console.WriteLine(multiply(5));
        // 在参数列表中指定参数类型
        Func<int, int, int> multiplyInt = (int x, int y) => x * y;
        Console.WriteLine(multiplyInt(7, 8));
        // Lambda 表达式常与语言集成查询（Language Integrated Query，LINQ）配合使用，来
实现查询、过滤和排序等操作
        var numbers = new[] { 1, 2, 3, 4, 5, 6 };
        var evenNumbers = numbers.Where(x => x % 2 == 0).ToArray();
        printArrayAny(evenNumbers);
```

```
        // Lambda 也用于事件处理，尤其简化委托的创建
        Program program = new Program();
        program.OnMessageReceived += message => Console.WriteLine("Received: " + message);
        program.OnMessageReceived?.Invoke("Hello, Lambda!");
        program.OnMessageReceived += messageExtra => Console.WriteLine("Received Extra: " + messageExtra);
        program.OnMessageReceived?.Invoke("Hi, C#!");
    }
}
```

\>>>

```
8
8
2
10
15
56
{2,4,6}
Received: Hello, Lambda!
Received: Hi, C#!
Received Extra: Hi, C#!
```

解释 *addDelegate* 匿名方法定义

```
Func<int, int, int> addDelegate = delegate (int x, int y)
{
    return x + y;
};
```

❶ *Func<int,int,int>*

• *Func*是 C# 中的一种委托类型，表示一个接收参数并返回值的函数。*Func<int, int,int>*表示接收两个*int*类型参数并返回一个*int*类型结果的委托类型，代表一个方法（函数）。

❷ *= delegate(int x,int y)*

• *delegate*是 C# 中定义匿名方法（或无名方法）的关键字。*delegate(int x,int y)*定义了一个匿名方法，该方法接收两个整数参数*x*和*y*，并且没有名称。*(int x,int y)*为匿名方法的参数列表。

❸ 方法体 *{return x + y}*

• 执行方法体内语句块。

解释 Lambda 表达式处理事件的订阅和触发

```
    Program program = new Program();
    program.OnMessageReceived += message => Console.WriteLine("Received: " + message);
    program.OnMessageReceived?.Invoke("Hello, Lambda!");
```

❶ 创建 *Program*类的实例

• 创建了*Program*类的一个实例*program*。*Program*类中定义有一个名为*OnMessageReceived*的事件，后续代码会通过这个事件来处理消息。

❷ 订阅事件并使用 Lambda 表达式

• *program.OnMessageReceived*　*OnMessageReceived*是*Program*类中的一个事件。事件通常用于允许其他类或对象响应类中的某些操作。*OnMessageReceived*为*EventHandler <string>*类型的事件，即传递一个字符串类型的消息。

• *+=*　这个操作符用于将一个处理方法或Lambda 表达式添加到事件的订阅列表中。当事件触发时，所有订阅了这个事件的方法都会被调用。

• *message => Console.WriteLine("Received: " + message);*　为Lambda 表达式，用于定义事件的处理方法。当*OnMessageReceived*事件被触发时，会调用这个方法。

• *message*　是事件处理方法的参数，代表接收到的消息。

• *Console.WriteLine("Received: " + message);*　当事件触发时，消息会被输出到控制台，并在消息前添加字符串*"Received: "*。

❸ 触发事件

• *?.*　该操作符是一个空（值）条件操作符，以确保在触发事件之前，事件*OnMessageReceived*不是*null*。如果事件没有任何订阅者，*Invoke*就不会被调用，从而避免空引用异常。

• *Invoke("Hello, Lambda!")*　调用*OnMessageReceived*事件并传递一个字符串*"Hello, Lambda!"*。当事件被触发时，所有订阅了此事件的处理程序（示例为 Lambda 表达式）将被执行，且传入的参数（*"Hello, Lambda!"*）会被传递给这些处理程序。

6.2.2　委托（Delegate）和回调函数

委托（delegate）是编程语言中的一种类型，允许将方法或函数作为参数传递给其他函数，或者使得函数可以在运行时被动态调用。不同语言对委托的实现有不同的概念和实现方式，Python 使用函数对象、回调函数或闭包来模拟委托；C 使用函数指针来模拟委托；C++ 可以使用函数指针、*std::function*或 Lambda 表达式来实现委托；C# 内建委托类型，通过*delegate*关键字来定义，并且支持事件、回调等功能。不同语言的实现方式各有特点，但本质上都是通过将方法或函数作为参数传递，从而实现动态调用的机制。

Py

在 Python 中，没有明确的“委托”类型，但可以使用函数对象、回调函数或闭包模拟委托行为。

❶ 使用回调函数（6241.py）

在 Python 中，函数本身是对象，可以直接传递给其他函数，类似于委托。

```
def greeting(name):
    return f"Hello, {name}!"

def print_message(func, name):
    print(func(name)) # 调用委托函数

# 委托行为
print_message(greeting, "Alice")
```

\>>>

```
Hello, Alice!
```

❷ 使用闭包（6242.py）

```
def delegate():
    def greet(name):
        return f"Hello, {name}!"
```

```
    return greet

greeting_func = delegate() # 获取闭包函数
print(greeting_func("Bob"))
```

>>>

```
Hello, Bob!
```

在 Python 中，闭包（closure）是指一个函数对象（通常是嵌套函数）能够“记住”并访问其外部函数的局部变量，即使外部函数已经返回。闭包的本质是函数和它的外部作用域（nonlocal 或 global）变量的绑定关系。闭包包括外部函数（封装一个局部变量）；内部函数（引用了外部函数的局部变量）；外部函数返回内部函数，使得内部函数在外部函数执行完毕后依然访问外部函数的局部变量。（6243.py）

```
def outer_function(outer_variable):
    # 外部函数的局部变量
    def inner_function(inner_variable):
        # 内部函数引用外部函数的变量
        return outer_variable + inner_variable

    # 返回内部函数
    return inner_function

# 创建一个闭包
closure = outer_function(10)
# 调用闭包函数
print(closure(5))
```

>>>

```
15
```

闭包能够创建带有状态的函数，可以实现数据隐藏和封装；维护一个函数的内部状态，而不暴露该状态。例如，用闭包实现一个计时器的程序。（6244.py）

```
def make_counter():
    count = 0

    def counter():
        nonlocal count
        count += 1
        return count

    return counter

counter1 = make_counter()
counter2 = make_counter()

print(counter1())
print(counter1())
print(counter2())
print(counter2())
```

>>>

```
1
2
1
2
```

*make_counter*是一个外部函数，定义了一个局部变量*count*。*counter*是内部函数，其每次被调用时会增加*count*的值，并返回该值。通过*nonlocal*关键字，*counter*能够修改外部函数*make_counter*的*count*变量。*counter1*和*counter2*分别是两个独立的计数器，拥有各自的*count*状态，不会互相干扰。

C

C 中没有内置的委托类型，但可以通过函数指针模拟委托。函数指针允许将函数传递给其他函数，或者动态地调用不同的函数。下列示例中将函数的地址（函数指针）传递给 printMessage，实现类似委托的效果。(6245.c)

```
#include <stdio.h>

void greeting(const char* name) {
    printf("Hello, %s!\n", name);
}

void printMessage(void (*func)(const char*), const char* name) {
    func(name);
}

int main() {
    printMessage(greeting, "Charlie");

    return 0;
}
```

\>>>

```
Hello, Charlie!
```

C++

C++ 中，委托通常通过函数指针、Lambda 表达式或*std::function*实现。

❶ 使用函数指针（6246.cpp）

```
#include <iostream>
#include <format>

void greeting(const std::string& name) {
    std::cout << std::format("Hello, {}!", name);
}

void printMessage(void (*func)(const std::string&), const std::string& name) {
    func(name); // 调用委托函数
}

int main() {
    printMessage(greeting, "David");

    return 0;
}
```

\>>>

```
Hello, David!
```

❷ *std::function*（6247.cpp）

*std::function*定义在*<functional>*头文件中，是一个通用的函数包装器，语法为*std::function<R(Args...)>*（*R*为函数返回类型；*Args...*为函数参数类型），可以将

任何符合特定签名的可调用对象（如普通函数、函数指针、Lambda 表达式、成员函数指针、函数对象等）存储和传递，可用于回调函数的实现，并允许在不需要显示指定回调类型的情况下注册多个回调函数。

```
#include <iostream>
#include <format>
#include <functional>

void exampleFunction(int x) {
    std::cout << std::format("Function called with value: {}\n", x);
}

int main() {
    // 创建一个 std::function 对象，接收一个 int 参数并返回 void
    std::function<void(int)>func;

    // 将普通函数绑定到 std::function
    func = exampleFunction;

    // 调用通过 std::function 绑定的函数
    func(42);

    return 0;
}
```

\>>>

```
Function called with value: 42
```

❸ 使用 Lambda 表达式（6248.cpp）

```
std::function可以存储 Lambda 表达式。
#include <iostream>
#include <format>
#include <functional>

int main() {
    // 使用 Lambda 表达式创建 std::function
    std::function<void(int)>func = [](int x) {
        std::cout << std::format("Lambda called with value: {}\n", x);
        };
    func(10);

    return 0;
}
```

\>>>

```
Lambda called with value: 10
```

❹ 使用成员函数指针（6249.cpp）

std::function 可以存储成员函数指针，并通过对象实例调用。

```
#include <iostream>
#include <format>
#include <functional>

class MyClass {
public:
    void memberFunction(int x) {
        std::cout << std::format("Member function called with value: {}\n", x);
    }
```

```
};

int main() {
    MyClass obj;
    // 创建 std::function 对象，并绑定成员函数
    std::function<void(MyClass&, int)>func = &MyClass::memberFunction;
    // 使用对象实例调用成员函数
    func(obj, 100);
    return 0;
}
```

>>>

```
Member function called with value: 100
```

❺ 存储和调用回调函数（6250.cpp）

```
#include <iostream>
#include <format>
#include <functional>

void callback(int value) {
    std::cout << std::format("Callback called with value: {}\n", value);
}
void executeCallback(std::function<void(int)>callback, int value) {
    callback(value); // 调用回调函数
}

int main() {
    executeCallback(callback, 5);
    return 0;
}
```

>>>

```
Callback called with value: 5
```

❻ 存储多个回调函数（6251.cpp）

```
#include <iostream>
#include <format>
#include <functional>
#include <vector>

void callback1(int value) {
    std::cout << std::format("Callback-1 called with value: {}\n", value);
}

void callback2(int value) {
    std::cout << std::format("Callback-2 called with value: {}\n", value);
}

int main() {
    std::vector<std::function<void(int)>>callbacks;
    callbacks.push_back(callback1);
    callbacks.push_back(callback2);
    // 调用所有回调函数
    for (auto& cb : callbacks) {
```

```
        cb(7);
    }
    return 0;
}
```

\>>>

```
Callback-1 called with value: 7
Callback-2 called with value: 7
```

C#

❶ 委托的定义

C# 的委托（delegate）是一个类型安全的函数指针，允许方法作为参数传递，或者允许在运行时动态调用方法。委托可以用来实现事件处理、回调及灵活的代码设计。委托是一个类型，定义了方法签名（即方法的返回类型和参数类型），例如 `delegate int AddDelegate (int a, int b)`，定义了一个 `AddDelegate` 的委托类型，接收两个 `int` 类型的参数并返回一个 `int` 参数。委托可以指向任何符合签名的方法。

❷ 创建和使用委托（6252.cs）

```
using System;
class Program
{
    // 定义一个委托类型
    public delegate int AddDelegate(int a, int b);
    // 定义一个方法
    public static int Add(int a, int b)
    {
        return a + b;
    }
    static void Main()
    {
        // 创建一个委托实例，并指向 Add 方法
        AddDelegate addDelegate = new AddDelegate(Add);
        // 通过委托调用方法
        int result = addDelegate(5, 3);
        Console.WriteLine(result);
    }
}
```

\>>>

```
8
```

❸ 多播委托（Multicast Delegate）（6253.cs）

多播委托可以指向多个方法。多个方法会按顺序执行，并且返回值会被忽略，除非最后一个方法返回一个值。

```
using System;
public delegate void MethodsDelegate(string message);
class Program
```

```
{
    static void Method1(string message)
    {
        Console.WriteLine($"Method-1: {message}");
    }
    static void Method2(string message)
    {
        Console.WriteLine($"Method-2: {message}");
    }

    static void Main()
    {
        MethodsDelegate deleg = Method1;
        deleg += Method2; // 添加一个方法到委托链
        deleg("Hello, Delegates!"); // 会依次调用 Method1 和 Method2
    }
}
```

>>>

```
Method-1: Hello, Delegates!
Method-2: Hello, Delegates!
```

❹ 配合使用匿名方法和 Lambda 表达式（6254.cs）

```
using System;
public delegate int AddDelegate(int a, int b);
class Program
{
    static void Main()
    {
        // 配合使用匿名方法
        AddDelegate addDelegateAnonymous = delegate (int a, int b)
        {
            return a + b;
        };
        Console.WriteLine(addDelegateAnonymous(5, 3));
        // 配合使用 Lambda 表达式
        AddDelegate addDelegateLambda = (a, b) => a + b;
        Console.WriteLine(addDelegateLambda(5, 3));
    }
}
```

>>>

```
8
8
```

❺ 委托作为事件处理器（6255.cs）

委托常用于事件处理，指定事件处理方法的签名。

```
using System;
public delegate void EventHandler(string message);
class Publisher
```

```
{
    public event EventHandler Notify;

    public void TriggerEvent(string message)
    {
        Notify?.Invoke(message); // 触发事件
    }
}

class Subscriber
{
    public void OnNotify(string message)
    {
        Console.WriteLine("Event received: " + message);
    }
}

class Program
{

    static void Main()
    {
        Publisher publisher = new Publisher();
        Subscriber subscriber = new Subscriber();

        publisher.Notify += subscriber.OnNotify; // 订阅事件
        publisher.TriggerEvent("Hello Event!");
    }
}
```

>>>

```
Event received: Hello Event!
```

代码解读

•. *public delegate void EventHandler(string message);* 定义了一个委托类型*EventHandler*，表示一个接收*string*类型参数且没有返回值的方法签名。这个委托签名会被用来定义事件处理程序（事件订阅方法）的签名。

•. *class Publisher* 定义一个名为*Publisher*的类，代表事件的发布者，负责触发事件。

•. *public event EventHandler Notify* 在*Publisher*中定义一个名为*Notify*的事件，其中*event*关键字表示这是一个事件，而*EventHandler*是事件的委托类型。即，*Notify*事件可以将一个或多个符合*EventHandler*委托签名的方法关联起来（即订阅者方法）。

•. *public void TriggerEvent(string message)* 定义一个名为*TriggerEvent*的方法，接收一个*string*类型的参数*message*，用于触发事件。

•. *Notify?.Invoke(message);* *Notify*是一个委托类型的事件，*Invoke*是委托的调用方法，会触发所有订阅这个事件的方法。*?.*为空（值）条件操作符，如果*Notify*事件有订阅者（即不为*null*），就调用*Invoke*方法触发事件；如果*Notify*事件没有订阅者（即为*null*），则不执行任何动作，避免引发空引用异常。

•. *class Subscriber* 定义一个名为*Subscriber*的类，代表事件的订阅者。订阅者会定义响应事件的方法。

•. *public void OnNotify(string message)* 订阅者类中的方法 *OnNotify* 用于响应事件。这个方法的签名符合 *EventHandler* 委托的签名（接收一个 *string* 参数并返回 *void*）。当事件触发时，*OnNotify* 会被调用，并输出 *message* 的内容。

•. *Publisher publisher = new Publisher();* 创建一个 *Publisher* 类的实例，代表事件的发布者。

•. *Subscriber subscriber = new Subscriber();* 创建一个 *Subscriber* 类的实例，代表事件的订阅者。

•. *publisher.Notify += subscriber.OnNotify;* 该行代码实现事件订阅，*+=* 将订阅的方法（*Notify*）添加到事件的委托调用列表中，表示当 *Notify* 事件触发时，*subscriber.OnNotify* 会被调用，即为 *Notify* 事件的一个处理方法。

•. *publisher.TriggerEvent("Hello Event!");* 触发 *publisher* 实例的 *Notify* 事件。调用 *TriggerEvent* 方法时，事件被触发，*Notify* 委托会调用所有已经订阅的处理方法（如 *subscriber.OnNotify*）。

❻ 委托的类型（6256.cs）

• *Func<T, TResult>* 代表返回类型为 *TResult*，并且接收类型为 *T* 的方法的委托。

• *Action<T>* 代表无返回值且接收类型为 *T* 的方法的委托。

• *Predicate<T>* 代表接收类型为 *T* 的参数并返回 *bool* 的方法的委托。

```
using System;

class Program
{

    static void Main()
    {
        Func<int, int, int> addFunc = (a, b) => a + b;
        Console.WriteLine(addFunc(5, 3));

        Action<string> printAction = message => Console.WriteLine(message);
        printAction("Hello, Action!");

        Predicate<int> isPositive = number => number > 0;
        Console.WriteLine(isPositive(3));

    }
}
```

\>>>

```
8
Hello, Action!
True
```

6.2.3 内联函数

内联函数（inline function）是一种优化机制。Python 通过解释执行不进行内联；C/C++ 提供了 *inline* 关键字，允许编译器决定是否进行内联，从而提高小函数的性能；C# 使用 *MethodImplOptions.AggressiveInlining* 提供类似的功能，但内联是否发生依赖于即时编译器（just-in-time，JIT）编译器的决定。内联函数通常用于小函数计算的开销，而对于大型函数或复杂计算，内联函数可能会导致代码膨胀，生成大量重复的代码，增加编译时间和程序体积。示例代码见表 6.11。

表6.11　内联函数各编程语言代码示例

<table>
<tr><th></th><th></th><th>>>></th></tr>
<tr><td>C
（6257.c）</td><td><pre>#include <stdio.h>

static inline int square(int x) {
    return x * x;
}

int main() {
    int result = square(5);
    printf("Square: %d\n", result);

    return 0;
}</pre></td><td rowspan="2">Square: 25</td></tr>
<tr><td>C++
（6258.cpp）</td><td><pre>#include <iostream>
#include <format>

inline int square(int x) {
    return x * x;
}

int main() {
    std::cout << std::format("Square: {}\n", square(5));

    return 0;
}</pre></td></tr>
<tr><td>C#
（6259.cs）</td><td><pre>using System;
using System.Runtime.CompilerServices;

class Program
{
    [MethodImpl(MethodImplOptions.AggressiveInlining)]
    static int Add(int a, int b)
    {
        return a + b;
    }
    static void Main()
    {
        int c = Add(5, 3);
        Console.WriteLine(c);
    }
}</pre></td><td>8</td></tr>
</table>

6.2.4　函数/方法重载

函数/方法重载（function overloading）是指在同一作用域内，可以定义多个同名但参数列表不同的函数，编译器会根据函数调用时传递的参数类型和数量来决定调用哪个版本的函数。Python 和 C 不支持函数重载。C++ 和 C# 支持函数/方法重载，其根据参数的类型、数量和顺序来选择正确的函数。示例代码见表6.12。

表6.12　函数/方法重载各编程语言代码示例

<table>
<tr><th></th><th></th><th>>>></th></tr>
<tr><td>C++
（6260.cpp）</td><td><pre>#include <iostream>

int add(int a, int b) {
    return a + b;
}

double add(double a, double b) {
    return a + b;
}</pre></td><td>8
8.6</td></tr>
</table>

续表

💻	📜	>>>

C++	<pre>int main() {
	    std::cout << add(5, 3) << std::endl;
	    std::cout << add(5.3, 3.3) << std::endl;
	    return 0;
	}</pre>
		8
		8.6

C#
（6261.cs）
	<pre>using System;
	class Program
	{
	    static int Add(int a, int b)
	    {
	        return a + b;
	    }
	    static double Add(double a, double b)
	    {
	        return a + b;
	    }
	    static void Main()
	    {
	        Console.WriteLine(Add(5, 3));
	        Console.WriteLine(Add(5.3, 3.3));
	    }
	}</pre>	

6.2.5　递归函数

递归是函数/方法调用自身的一种编程技术。在递归中，问题被分解成更小的相同问题，直到遇到一个基准条件（终止条件），终止递归。因此递归函数通常包含两部分，一是基准条件，即避免无限递归的条件；二是递归调用，将问题简化成更小的子问题。阶乘（factorial）即为一个经典的递归问题，定义为 *n! = n * (n - 1) * (n - 2) * ... * 1*，特别地，*0!=1*。用递归的方式来计算阶乘，其过程如下。

```
factorial(5) = 5 * factorial(4)
factorial(4) = 4 * factorial(3)
factorial(3) = 3 * factorial(2)
factorial(2) = 2 * factorial(1)
factorial(1) = 1 * factorial(0)
factorial(0) = 1  // 这是基准条件
```

在这个过程中，*factorial(0)* 是基准条件，即当 *n* 等于0时，递归停止，返回1。然后递归逐层返回计算结果，最终 *factorial(5)* 会返回120。

各编程语言示例代码见表6.13。

表6.13　递归函数各编程语言代码示例

💻	📜	>>>

Py
（6262.py）
	<pre>def factorial(n):
	    if n == 0:
	        return 1
	    else:
	        return n * factorial(n - 1)
	
	print(factorial(5))</pre>
		120

续表

💻	📜	>>>

C（6263.c）	`#include <stdio.h>`
	
	`int factorial(int n) {`
	`    if (n == 0)`
	`        return 1;`
	`    else`
	`        return n * factorial(n - 1);`
	`}`
	
	`int main() {`
	`    printf("%d\n", factorial(5));`
	`    return 0;`
	`}`
		120

C++（6264.cpp）	`#include <iostream>`
	
	`int factorial(int n) {`
	`    if (n == 0)`
	`        return 1;`
	`    else`
	`        return n * factorial(n - 1);`
	`}`
	
	`int main() {`
	`    std::cout << factorial(5) << std::endl;`
	
	`    return 0;`
	`}`	

C#（6265.cs）	`using System;`
	
	`class Program`
	`{`
	`    static int Factorial(int n)`
	`    {`
	`        if (n == 0)`
	`            return 1;`
	`        else`
	`            return n * Factorial(n - 1);`
	`    }`
	
	`    static void Main()`
	`    {`
	`        Console.WriteLine(Factorial(5));`
	`    }`
	`}`	

Py

6.3 Python 的函数装饰器

Python 的函数装饰器是一种函数，用于修改或扩展其他函数的行为，其本质功能是接收一个作为参数的函数并返回一个新函数。这种机制可以在不改变原始函数代码的情况下，动态地为函数添加功能，例如，添加日志、权限校验、性能计时等，并可实现更复杂的功能扩展。

其过程解释如下。

❶ 函数调用另一个函数（函数作为参数）

定义3个函数，其中 *say_hello(name)* 和 *be_awesome(name)* 传入的为常规参数（不以函数作为参数），并进行了不同方式的字符串格式化；而 *greet_bob(greeter_func)*，从 *greeter_* *func("Bob")*语句可以判断出函数参数*greeter_func*为一个函数，并将*say_hello(name)*和*be_awesome(name)*函数作为参数传入到函数*greet_bob(greeter_func)*。(6266.py)

```
def say_hello(name):
    return f"Hello {name}"

def be_awesome(name):
    return f"Yo {name}, together we are the awesomest!"

def greet_bob(greeter_func):
    return greeter_func("Bob")

print(greet_bob(say_hello))
print(greet_bob(be_awesome))
```

\>>>

```
Hello Bob
Yo Bob, together we are the awesomest!
```

❷ 内置/嵌套函数（inner functions）(6267.py)

如果函数内部存在多个内置/嵌套函数，函数定义的前后位置并不重要，主要由执行语句的顺序确定。同时，内部/嵌套函数属于父函数*parent()*的局部作用域，仅在*parent()*内部作为局部变量存在。

```
def parent():
    print("Printing from the parent() function")

    def first_child():
        print("Printing from the first_child() function")

    def second_child():
        print("Printing from the second_child() function")

    second_child()
    first_child()

parent()
```

\>>>

```
Printing from the parent() function
Printing from the second_child() function
Printing from the first_child() function
```

❸ 函数返回值为一个函数（6268.py）

Python 允许使用函数作为返回值，示例中*parent()*函数返回了一个内置函数。返回函数时，为*return first_child*，是一个没有*()*的函数名，意味返回*first_child*函数的引用。如果有*()*，则返回*first_child*函数的一个结果。当函数返回值为函数，则返回值（通常赋予新的变量名）可以像普通函数一样调用。

```
def parent(num):
    def first_child():
        return "Hi, I am Emma"

    def second_child():
        return "Call me Liam"

    if num == 1:
        return first_child
    else:
```

```
        return second_child

first = parent(1)
second = parent(2)

print(first)
print(first())
print(second())
```

\>>>

```
<function parent.<locals>.first_child at 0x000001CEF59763E0>
Hi, I am Emma
Call me Liam
```

❹ 简单的装饰器（6269.py）

say_whee = my_decorator(say_whee) 返回 *my_decorator(func)* 父函数内置/嵌套函数 *wrapper()* 的引用，为 *return wrapper*。该内置函数包含父类传入的一个函数参数 *func*，并执行 *func()*。执行 *say_whee()*，即执行父类 *my_decorator(func)* 内的 *wrapper()* 内置函数，此时该函数已经独立于父函数 *my_decorator(func)*，并包含有执行 *wrapper()* 函数所需的所有参数，这里为参数函数 *func*。因此，*say_whee = my_decorator(say_whee)* 中的 *say_whee* 为一个闭包（closure 或 lexical closure），存储了一个函数和与其关联的环境参数。

内置函数 *wrapper()* 实际上对传入的参数函数 *say_whee()* 的功能进行了增加，即“装饰”，所以可以说装饰器的作用是对一个函数进行包装、修改其已有的功能等。

```
def my_decorator(func):
    def wrapper():
        print("Something is happening before the function is called.")
        func()
        print("Something is happening after the function is called.")

    return wrapper

def say_whee():
    print("Whee!")

say_whee = my_decorator(say_whee)
say_whee()
```

\>>>

```
Something is happening before the function is called.
Whee!
Something is happening after the function is called.
```

say_whee = not_during_the_night(say_whee) 装饰，其根据条件判断执行不同的操作，如果满足 *7 <= datetime.now().hour < 22*，则执行外部函数 *say_whee()*；否则，什么都不发生。（6270.py）

```
from datetime import datetime

def not_during_the_night(func):
    def wrapper():
        if 7 <= datetime.now().hour < 22:
```

```
            func()
        else:
            pass  # Hush, the neighbors are asleep

    return wrapper

def say_whee():
    print("Whee!")

say_whee = not_during_the_night(say_whee)
say_whee()
```

\>>>

```
Whee!
```

❺ 语法糖（Syntactic Sugar）（6271.py）

上面的装饰器方法较为笨拙。为了简化代码过程，Python 允许用 *@symbol* 方式使用装饰器，有时称为pie语法。示例与上述结果一致，但是通过 *@my_decorator*，pie方法替代了 *say_whee = not_during_the_night(say_whee)* 代码，简化操作。

```
def my_decorator(func):
    def wrapper():
        print("Something is happening before the function is called.")
        func()
        print("Something is happening after the function is called.")

    return wrapper
@my_decorator
def say_whee():
    print("Whee!")

say_whee()
```

\>>>

```
Something is happening before the function is called.
Whee!
Something is happening after the function is called.
```

❻ 带参数的装饰器（6272.py）

*wrapper_do_twice(*args, **kwargs)* 内置函数传入参数为 **args* 和 ***kwargs*，接收任意数量的位置参数和关键字参数，并将其传入参数函数。

```
def do_twice(func):
    def wrapper_do_twice(*args, **kwargs):
        func(*args, **kwargs)
        func(*args, **kwargs)

    return wrapper_do_twice

@do_twice
def greet(name):
    print(f"Hello {name}")

greet("World")
```

\>>>

```
Hello World
Hello World
```

❼ 装饰器的返回值（6273.py）

如果装饰器要返回值，*do_twice(func)* 内置函数 *wrapper_do_twice(*args, **kwargs)* 在调用参数函数 *func* 时，需要执行 *return func(*args, **kwargs)*，返回参数函数的返回值。

```
def do_twice(func):
    def wrapper_do_twice(*args, **kwargs):
        func(*args, **kwargs)
        return func(*args, **kwargs)

    return wrapper_do_twice

@do_twice
def return_greeting(name):
    print("Creating greeting")
    return f"Hi {name}"

hi_adam = return_greeting("Adam")
print("-" * 50)
print(hi_adam)

print("-" * 50)
print(return_greeting)
print(return_greeting.__name__)
print("-" * 50)
print(help(return_greeting))
```

\>>>

```
Creating greeting
Creating greeting
--------------------------------------------------
Hi Adam
--------------------------------------------------
<function do_twice.<locals>.wrapper_do_twice at 0x000002A8EE2E18A0>
wrapper_do_twice
--------------------------------------------------
Help on function wrapper_do_twice in module __main__:

wrapper_do_twice(*args, **kwargs)

None
```

可以接收装饰器内置/嵌套函数的返回值，赋予变量 *func_returned*，并返回该结果。该结果最终将由 *hi_adam* 变量接收。（6274.py）

```
def do_twice(func):
    def wrapper_do_twice(*args, **kwargs):
        func_returned=func(*args, **kwargs)
        return func_returned

    return wrapper_do_twice

@do_twice
def return_greeting(name):
    print("Creating greeting")
```

```
    return f"Hi {name}"

hi_adam = return_greeting("Adam")
print(hi_adam)
```

\>>>

```
Creating greeting
Hi Adam
```

❽ 保留原始函数的信息-自省（introspection）调整（6275.py）

自省是指一个对象在运行时了解自己属性的能力。例如，一个函数知道它自己的名字和文档。在上述示例中，通过*return_greeting.__name__*，*help(return_greeting)*等方式可以查看函数对象相关属性，但是，发现给出的是*wrapper_do_twice*的内置函数，而不是*return_greeting*函数，因此可以通过functools库的*@functools.wraps(func)*方法解决这个问题，保留原始函数的信息。

```
import functools

def do_twice(func):
    @functools.wraps(func)
    def wrapper_do_twice(*args, **kwargs):
        func_returned = func(*args, **kwargs)
        return func_returned

    return wrapper_do_twice

@do_twice
def return_greeting(name):
    print("Creating greeting")
    return f"Hi {name}"

hi_adam = return_greeting("Adam")
print("-" * 50)
print(hi_adam)

print("-" * 50)
print(return_greeting)
print(return_greeting.__name__)
print("-" * 50)
print(help(return_greeting))
```

\>>>

```
Creating greeting
--------------------------------------------------
Hi Adam
--------------------------------------------------
<function return_greeting at 0x0000016C56CD1940>
return_greeting
--------------------------------------------------
Help on function return_greeting in module __main__:

return_greeting(name)

None
```

❾ 带参数的装饰器（6276.py）

装饰器中可以带参数，例如 *@repeat(num_times=3)* 中的 *num_times=3*。此时对装饰器函数做了调整，增加了一层嵌套内置函数，传递装饰器参数。

```
import functools

def repeat(num_times):
    def decorator_repeat(func):
        @functools.wraps(func)
        def wrapper_repeat(*args, **kwargs):
            for _ in range(num_times):
                value = func(*args, **kwargs)
            return value

        return wrapper_repeat

    return decorator_repeat

@repeat(num_times=3)
def greet(name):
    print(f"Hello {name}")

greet("Galaxy")
```

\>>>

```
Hello Galaxy
Hello Galaxy
Hello Galaxy
```

❿ 多个装饰器装饰一个函数（6277.py）

可以将多个装饰器堆叠在一起，应用在一个函数上。此时装饰器执行的顺序是从内到外的，如示例中先执行 *@decor*，返回值为20，而后再执行 *@decor1*，返回值为400。

```
def decor1(func):
    def inner():
        x = func()
        return x * x

    return inner

def decor(func):
    def inner():
        x = func()
        return 2 * x

    return inner

@decor1
@decor
def num():
    return 10

print(num())
```

\>>>

```
400
```

⓫ decorator模块简化装饰器

使用decorator模块库的 *@decorator* 装饰器装饰"装饰函数"，可以简化装饰器定义。如示例代码取消了内置函数，在 *do_print(func,*args, **kwargs)* 装饰函数中一起输入原始函数和输入参数。（6278.py）

```
from decorator import decorator

@decorator
def do_print(func, *args, **kwargs):
    print("Hi {}!".format(*args, **kwargs))
    return func(*args, **kwargs)

@do_print
def greet(name):
    print(f"Hello {name}!")

greet("World")
```

\>>>

```
Hi World!
Hello World!
```

6.4　作用域和命名空间

6.4.1　作用域

在编程中，作用域指变量、函数或对象在代码块中的可访问范围。

（1）作用域类型

Py

❶ 局部作用域（Local Scope）（6279.py）

为函数或方法内部定义的变量，其作用范围仅限于该函数或方法内。局部变量的生命周期从函数调用开始，到函数执行结束。

```
def foo():
    x = 10 # 局部变量
    print(x)

foo()
# print(x) # 如果运行，将提示错误信息： NameError: name 'x' is not defined
```

\>>>

```
10
```

❷ 嵌套作用域（Enclosing Scope）

嵌套函数（函数内部定义函数）中，外部函数的局部作用域。内部函数可以访问外部函数的变量，但不能直接修改，除非使用 *nonlocal*。示例代码见表6.14。

表6.14　嵌套作用域代码示例

<table>
<tr><th>访问外部函数变量（6280.py）</th><th>修改外部函数变量（6281.py）</th></tr>
<tr><td><pre>def outer():
    x = 10 # 外部函数变量

    def inner():
        print(x) # 内部函数访问外部函数变量

    inner()</pre></td><td><pre>def outer():
    x = 10 # 外部函数变量

    def inner():
        nonlocal x # 声明内层函数内可以修改外部作用域变量
        x = 20</pre></td></tr>
</table>

续表

访问外部函数变量（6280.py）	修改外部函数变量（6281.py）
outer() >>> 10	inner() print(x) outer() >>> 20

❸ 全局作用域（Global Scope）

模块级别定义的变量，作用范围为整个模块。全局变量可以在模块内的任何位置被访问，但在函数内修改时需用 *global* 声明。示例代码见表6.15。

表6.15　全局作用域代码示例

访问全局变量（6282.py）	修改全局变量（6283.py）

x = 10 # 全局变量
 	
def foo():
    print(x) # 访问全局变量
 	
foo()
>>>
10
	x = 10 # 全局变量
	
	def foo():
	    global x # 声明局部作用域可以修改全局变量
	    x = 20 # 修改全局变量
	
	foo()
	print(x)
	>>>
	20

❹ 内置作用域（Built-in Scope）

由 Python 解释器提供的内置作用域，包括标准函数（如 *len*、*print*）等。其优先级最低，只在局部、嵌套和全局作用域中找不到时才会访问内置作用域。（6284.py）

```
def foo():
    print(len([1, 2, 3])) # len() 为内置函数

foo()
>>>
3
```

Python按照LEGB顺序查找变量，依次为局部（Local）→嵌套（Enclosing）→全局（Global）→内置（Built-in）。

- Local（局部作用域）　当前函数或代码块内部的变量。
- Enclosing（嵌套作用域）　嵌套函数的外部函数变量。
- Global（全局作用域）　模块级别的变量。
- Built-in（内置作用域）　Python 的内置函数或变量。

（6285.py）

```
x = “global”

def outer():
    x = "enclosing"
    def inner():
        x = "local"
        print(x) # 按 LEGB 顺序查找变量

    inner()
```

```
outer()
```

\>>>

```
local
```

C

❶ 块作用域（Block Scope）（6286.c）

由花括号 *{}* 定义的代码块内的变量具有块作用域。块作用域变量只能在其定义的块内可见，块外无法访问。代码块结束后，块作用域变量被销毁。

```
#include <stdio.h>

int main() {
    {
        int x = 10; // x 的作用域仅限于这个块
        printf("x = %d\n", x);
    }
    // printf("x = %d\n", x); // 将会提示错误信息: identifier "x" is undefined

    return 0;
}
```

\>>>

```
x = 10
```

❷ 文件作用域（File Scope）（6287.c）

在所有函数之外定义的变量或函数具有文件作用域，其在文件中从定义的位置开始，到文件末尾都可见。全局变量具有文件作用域，可以在整个文件中访问。通过`static`关键字可以限制文件作用域的变量或函数只能在当前文件中使用。

```
#include <stdio.h>

int globalVar = 100;

static int staticVar = 50;

int main() {
    printf("globalVar = %d\n", globalVar);
    printf("staticVar = %d\n", staticVar);
    return 0;
}
```

\>>>

```
globalVar = 100
staticVar = 50
```

❸ 函数作用域（Function Scope）（6288.c）

仅 *goto* 语句的标签具有函数作用域。标签的作用范围仅限于定义它们的函数内部，不能被其他函数访问。

```
#include <stdio.h>

void test() {
    goto myLabel; // 跳转到 myLabel 标签
```

```
    printf("This will be skipped.\n");
myLabel:
    printf("Jumped to label!\n");
}
int main() {
    test();
    return 0;
}
```

>>>

```
Jumped to label!
```

❹ 函数原型作用域（Function Prototype Scope）（6289.c）

函数参数在函数原型中有作用域。参数的作用域仅限于函数原型内部，函数定义中可以使用不同的名字。

```
#include <stdio.h>
// 函数原型中的参数 a 作用域仅限于此处
void func(int a);
int main() {
    func(9);
    return 0;
}
// 函数定义中可以使用不同的参数名
void func(int b) {
    printf("b = %d\n", b);
}
```

>>>

```
b = 9
```

❺ 代码块嵌套与屏蔽规则（6290.c）

当嵌套的代码块中定义了与外部代码块同名的变量时，内部变量会屏蔽外部变量。

```
#include <stdio.h>
int main() {
    int x = 5; // 外部变量 x
    {
        int x = 10; // 屏蔽外部变量
        printf("Inner x = %d\n", x);
    }
    printf("Outer x = %d\n", x);
    return 0;
}
```

>>>

```
Inner x = 10
Outer x = 5
```

❻ 静态变量的作用域（6291.c）

使用`static`声明的变量具有静态存储持续性，但遵循其定义位置所决定的作用域规则。

函数内部的静态变量具有块作用域，但其值在程序运行期间保持不变。文件作用域的静态变量仅对当前文件可见。

```
#include <stdio.h>

void counter() {
    static int count = 0; // 静态变量，块作用域
    count++;
    printf("Count = %d\n", count);
}

int main() {
    counter();
    counter();

    return 0;
}
```

\>>>

```
Count = 1
Count = 2
```

C++

❶ 全局作用域（Global Scope）（6292.cpp）

在所有函数或类之外定义的标识符，具有全局作用域。其在整个文件中都可以访问，除非被局部变量隐藏。在程序开始时分配内存，程序结束时销毁。

```
#include <iostream>
#include <format>

int globalVar = 100; // 全局变量

void printGlobal() {
    std::cout << std::format("Global variable: {}\n", globalVar);
}

int main() {
    printGlobal();

    return 0;
}
```

\>>>

```
Global variable: 100
```

❷ 局部作用域（Local Scope）（6293.cpp）

在函数、语句块或循环内部定义的标识符，仅在所在的函数或语句块内有效，超出范围则不可访问。当函数被调用时分配内存，函数返回时销毁。

```
#include <iostream>
#include <format>

void localScopeExample() {
    int localVar = 200; // 局部变量
    std::cout << std::format("Local variable: {}\n", localVar);
}

int main() {
    localScopeExample();
```

```
    // std::cout << localVar; // 提示错误信息，identifier "localVar" is undefined

    return 0;
}
```

>>>

```
Local variable: 200
```

❸ 类作用域（Class Scope）（6294.cpp）

在类内定义的成员（变量、函数、类型等）具有类作用域。类的成员可以通过类的对象访问，但如果成员是*private*，则只有类的成员函数能够访问，并随着对象的创建和销毁而变化。示例中*publicVar*是类*MyClass*的成员，其在类的作用域内可用。

```
#include <iostream>
#include <format>

class MyClass {
public:
    int publicVar; // 公有成员变量

    MyClass(int val) {
        publicVar = val;
    }

    void printVar() {
        std::cout << std::format("Public variable: {}\n", publicVar);
    }
};

int main() {
    MyClass obj(300);
    obj.printVar(); // 访问类成员

    return 0;
}
```

>>>

```
Public variable: 300
```

❹ 块作用域（BLock Scope）（6295.cpp）

在一对 *{}* 之间定义的标识符，仅在该代码块内有效，退出代码块后则不可见，其在代码块开始时分配内存，退出时销毁。

```
#include <iostream>
#include <format>

int main() {
    {
        int blockVar = 400; // 块作用域变量
        std::cout << std::format("Block variable: {}\n", blockVar);
    }
    // std::cout << blockVar; // 返回错误提示信息，identifier "blockVar" is undefined

    return 0;
}
```

>>>

```
Block variable: 400
```

❺ 函数作用域（Function Scope）（6296.cpp）

在函数内部定义的标识符，通常指的是形参和局部变量，仅在函数体内有效。函数被调用时，内存被分配；返回时内存被销毁。

```
#include <iostream>
#include <format>

void exampleFunction(int param) {
    int localVar = 500; // 局部变量
    std::cout << std::format("Parameter: {}\n", param);
    std::cout << std::format("Local variable: {}\n", localVar);
}

int main() {
    exampleFunction(700); // 调用函数

    return 0;
}
```

\>>>

```
Parameter: 700
Local variable: 500
```

C++ 的作用域机制通过限制标识符的有效范围来避免命名冲突，并帮助管理变量的生命周期。通过合理使用作用域，可以使代码更易于维护和理解。

C#

C# 中的作用域是指程序中定义的变量、方法或其他成员可以被访问的范围，其影响着代码的可读性、维护性以及变量的生命周期。

❶ 局部作用域（Local Scope）（6297.cs）

局部变量是在方法、构造函数或代码块 { } 中声明的变量，其只能在定义它们的代码块中访问，在代码块结束时销毁，并只能在声明的位置之后访问，也不允许声明同名变量。

```
using System;

class Program
{
    static void Example()
    {
        int localVar = 10; // 局部变量
        Console.WriteLine(localVar); // 有效
    }

    static void Main()
    {
        Example();
        // Console.WriteLine(localVar); // 无效，超出作用域，返回错误提示，The name
'localVar' does not exist in the current context
    }
}
```

\>>>

```
10
```

❷ 类作用域（Class Scope）（6298.cs）

类作用域适用于类的字段、方法和属性，其可以在类的范围内访问。使用访问修饰符

（*private*、*public*、*protected*、*internal*）控制可见性。在实例方法中，可以通过 *this* 访问非静态成员。静态成员在整个类范围内共享。

```
using System;

class MyClass
{
    private int field = 57; // 类作用域，私有字段
    public void ShowField()
    {
        Console.WriteLine(field); // 访问类字段
    }
}

class Program
{
    static void Main()
    {
        MyClass obj = new MyClass();
        obj.ShowField();
    }
}
```

\>>>

```
57
```

❸ 静态作用域（Static Scope）（6299.cs）

静态成员属于类而不是特定实例，其作用域为整个程序。其不需要实例化类即可访问，并在程序运行期间唯一存在，不会重复创建。

```
using System;

class MyClass
{
    public static int StaticValue = 100; // 静态作用域
}

class Program
{
    static void Main()
    {
        Console.WriteLine(MyClass.StaticValue); // 静态成员访问
    }
}
```

\>>>

```
100
```

❹ 块作用域（Block Scope）（6300.cs）

```
using System;

class Program
{
    static void Example()
    {
        if (true)
        {
```

```
            int blockVar = 30; // 块作用域
            Console.WriteLine(blockVar);
        }
        // Console.WriteLine(blockVar); // 错误，超出作用域，提示信息为，The name 
'blockVar' does not exist in the current context
    }
    static void Main()
    {
        Example();
    }
}
```

\>>>

```
30
```

❺ 参数作用域（Parameter Scope）（6301.cs）

方法的参数在方法的内部具有作用域，其在方法外不可访问，并且，其参数变量会覆盖同名的外部变量。

```
using System;

class Program
{
    static void ShowMessage(string message)
    {
        Console.WriteLine(message);
    }
    static void Main()
    {
        ShowMessage("Hello, C#!");
    }
}
```

\>>>

```
Hello, C#!
```

❻ 命名空间作用域（Namespace Scope）（6302.cs）

命名空间作用域包含在命名空间中定义的所有类型和成员。如果导入一个命名空间，则该命名空间内的所有内容对导入对象都可用。使用时应防止名称冲突。

```
using System;
namespace MyNamespace
{
    class MyClass
    {
        public void MyMethod()
        {
            Console.WriteLine("Namespace scope!");
        }
    }
}

class Program
{
```

```
    static void Main()
    {
        MyNamespace.MyClass obj = new MyNamespace.MyClass();
        obj.MyMethod();
    }
}
```

\>>>

```
Namespace scope!
```

❼ 全局作用域（Global Scope）（6303.cs）

C# 没有传统意义上的全局变量，但可以使用静态类或文件范围的功能实现类似效果，其静态成员对整个程序可见。但不能直接在顶层定义变量。

```
using System;

static class Global
{
    public static int GlobalValue = 70; // 全局范围
}

class Program
{
    static void Main()
    {
        Console.WriteLine(Global.GlobalValue); // 全局访问
    }
}
```

\>>>

```
70
```

（2）常见问题和注意事项

Py

❶ 局部变量与全局变量同名（6304.py）

函数内的局部变量会覆盖同名的全局变量。

```
x = 10

def foo():
    x = 20 # 局部变量
    print(x)

foo()
print(x)
```

\>>>

```
20
10
```

❷ 未定义的局部变量（6305.py）

函数内若引用未定义的变量会报错。

```
def foo():
    print(x) # 会提示错误信息：NameError: name 'x' is not defined
```

```
foo()
```

❸ 动态命名空间（6306.py）

使用*global()*和*locals()*查看变量的命名空间。

```
x = 10

def foo():
    y = 20
    print("Global: ", globals())
    print("Local: ", locals())

foo()
```

C

*static*关键字有两种主要用途：静态存储期和限制链接性。具体用途取决于*static*在不同上下文中的位置。

❶ 静态存储期（6307.c）

当在变量声明前使用*static*时，改变了该变量的存储期，使其从自动变量变为静态变量。静态变量在程序的整个执行期间都存在，而不是像普通局部变量那样，在函数调用结束时被销毁。

• 静态局部变量　如果*static*用于局部变量，则会使该变量在函数调用之间保持其值，即使退出函数，变量的值仍然保留。以静态变量的作用域给出的代码为例，*static int count = 0;*定义了*count*为一个静态局部变量，不会在每次调用*counter()*函数时重新初始化，而是保持其上一次调用的值。每次调用*counter()*函数时，*count*的值都会累加，而不是从0开始。

• 静态全局变量　当*static*用于全局变量时，该变量只在定义它的文件中可见，而不可以在其他文件中访问，从而限制了变量的作用域，只在当前文件中有效。

```
// file1.c
static int globalVar = 10;  // 静态全局变量

void printVar() {
    printf("Global Var: %d\n", globalVar);
}

// file2.c
extern void printVar(); // 尝试访问 file1.c 中的函数

int main() {
    printVar(); // 只能调用函数，无法直接访问 globalVar 静态全局变量

    return 0;
}
```

❷ 限制链接性（6308.c）

*static*也可以用于函数的定义，使得该函数仅在当前文件中可见，防止在其他文件中被调用。这有利于模块化编程，避免函数名冲突。

```
// file1.c
static void myFunction() {
```

```
    printf("This function is private to file1.c\n");
}
// file2.c
extern void myFunction(); // 提示错误，myFunction 在 file2.c 中不可见

int main() {
    myFunction(); // 错误，myFunction 不能在 file2.c 中调用
    return 0;
}
```

C#

❶ 作用域内不允许声明同名变量（6309.cs）

```
using System;
class Program
{
    static void Example()
    {
        int a = 10;
        int a = 20; // 提示错误信息，The variable 'a' is assigned but its value is
never used
    }
    static void Main()
    {
        Example();
    }
}
```

❷ 内层作用域的变量会隐藏外层作用域的变量（6310.cs）

```
using System;
class Program
{
    static void Example()
    {
        int x = 10;
        {
            int x = 20; // 提示错误信息，A local or parameter named 'x' cannot be
declared in this scope because that name is used in an enclosing local scope to
define a local or parameter
            Console.WriteLine(x);
        }
    }
    static void Main()
    {
        Example();
    }
}
```

6.4.2 命名空间

命名空间（namespace）是编程语言中的一种机制，用于组织代码并防止命名冲突，通过创建一个逻辑容器，将标识符（如变量名、函数名、类名等）隔离在不同的空间中，从而避免命

名冲突。命名空间的主要作用如下。

❶ 避免命名冲突：当项目规模变大时，不同部分可能使用相同的名称。命名空间可以确保这些名称在逻辑上是隔离的。

❷ 组织代码：命名空间将相关的功能分组，使代码结构清晰易读。

❸ 访问控制：通过命名空间限制或明确标识某些符号的作用域，增强代码的安全性和可维护性。

命名空间中的标识符互不影响（隔离性）；且很多语言支持嵌套命名空间，形成层级结构；并允许使用完整路径访问标识符，也可以通过别名或导入简化访问（灵活引用）；一些语言也支持运行时加载命名空间（如 Python 的动态导入等）。如果将命名空间比作文件夹结构，全局命名空间则为根目录，子命名空间为文件夹，不同文件夹可以包含相同的文件名（标识符），但访问时需要指定路径（命名空间）。

命名空间是一种代码组织和隔离机制，能够避免命名冲突，提升代码可读性和可维护性，其示例代码见表6.16。不同编程语言对命名空间的支持和实现方法虽有所不同，但核心目标一致，即为开发者提供清晰、安全的代码管理工具。命名空间在大型项目开发中可以通过分模块的命名空间组织代码，便于团队协作；集成第三方库时，避免引入库后产生命名冲突；而同一项目中的不同功能模块可以使用相同的标识符，由于命名空间相互隔离而互不干扰。

表6.16　命名空间各编程语言代码示例

<table>
<tr><th>💻</th><th>📜</th><th>>>></th></tr>
<tr><td>Py（6311.py）
在 Python 中，命名空间是一个字典（内部实现），用于映射变量名到对象。每个作用域都有一个相关的命名空间。但 Python 没有显式的 namespace 关键字，而是通过作用域规则（LEGB）管理命名空间的查找顺序。可以使用 globals() 和 locals() 访问命名空间。</td><td><pre>
# 定义全局命名空间
x = "global"

def foo():
    # 局部命名空间
    y = "local"

    print(x) # 查找全局命名空间
    print(y) # 查找局部命名空间

foo()
</pre></td><td rowspan="2">global
local</td></tr>
<tr><td>C（6312.c）
C 语言中没有像 C++ 和 C# 那样明确的命名空间概念。C 使用文件级作用域（文件内的标识符）和全局作用域（程序中的所有函数和全局变量）的组合来管理命名冲突，控制变量的生命周期和可访问性。</td><td><pre>
#include <stdio.h>

char x[] = "global"; // 全局变量

void foo() {
    char y[] = "local"; // 局部变量
    printf("%s\n", x); // 访问全局变量
    printf("%s\n", y); // 访问局部变量
}

int main() {
    foo();

    return 0;
}
</pre></td></tr>
<tr><td>C++（6313.cpp）
C++ 引入了显式的 namespace 关键字来定义命名空间，用于组织和避免标识符冲突。命名空间可以嵌套，也可以进行别名声明，通过 :: 运算符访问命名空间中的元素。</td><td><pre>
#include <iostream>
#include <format>

namespace MyNamespace {
    int x = 10;
    void print() {
        std::cout << "Inside MyNamespace" << std::
endl;
</pre></td><td>10
Inside
MyNamespace</td></tr>
</table>

续表

<table>
<tr><th>💻</th><th>📜</th><th>>>></th></tr>
<tr><td>C++
C++ 引入了显式的 namespace 关键字来定义命名空间，用于组织和避免标识符冲突。命名空间可以嵌套，也可以进行别名声明，通过 :: 运算符访问命名空间中的元素。</td><td><pre>
        }
}
int main() {
    std::cout << std::format("{}\n", MyNamespace::x); // 访问命名空间内的变量
    MyNamespace::print(); // 访问命名空间内的函数
    return 0;
}
</pre></td><td>10
Inside
MyNamespace</td></tr>
<tr><td>C#（6314.cs）
C# 使用 namespace 关键字来定义命名空间，允许组织类、结构、接口等成员。命名空间可以嵌套，并避免命名冲突，用 using 关键字来简化命名空间的访问。</td><td><pre>
using System;
namespace MyNamespace
{
    class MyClass
    {
        public int x = 20;
        public void Print()
        {
            Console.WriteLine("Inside MyNamespace");
        }
    }
}
class Program
{
    static void Main()
    {
        MyNamespace.MyClass obj = new MyNamespace.MyClass(); // 实例化命名空间中的类
        Console.WriteLine(obj.x); // 访问类中的字段
        obj.Print(); // 访问类中的方法
    }
}
</pre></td><td>20
Inside
MyNamespace</td></tr>
</table>

Python、C、C++ 和 C# 命名空间的对比，见表6.17。Python 中通过作用域来管理命名空间，不需要显式地命名空间定义；C 语言使用简单的作用域规则管理全局和局部变量，但没有 *namespace* 关键字；C++ 和 C# 提供了强大的命名空间功能，允许显式地用 *namespace* 定义和管理命名空间，特别适用于大型项目，以避免命名冲突。

表6.17　命名空间的特性

特性	Python	C	C++	C#
显式命名空间	无	无	*namespace*	*namespace*
命名空间定义	使用作用域规则（LEGB）管理	通过全局变量和局部变量管理	使用 *namespace* 关键字	使用 *namespace* 关键字
嵌套支持	无	无	支持嵌套命名空间	支持嵌套命名空间
命名空间访问	通过作用域规则，*globals()* 和 *locals()*	通过作用域规则	使用 *::* 运算符访问命名空间成员	使用 *.* 或 *using* 访问命名空间成员

6.5　宏定义

宏定义（macro definition）是C和C++语言的预处理指令，用于在编译前进行文本替换。宏定义通过 *#define* 关键字声明，在编译时由预处理器进行处理，并不会占用运行时资源，适用于定义常量、代码替换和条件编译。对于C++，为了提升类型安全性和调试性，建议用

const、constexpr、inline替代define。C#没有直接等价于C/C++ #define的宏定义功能，尤其是宏函数（带参数的宏），但有一些替代方案可以实现类似的功能。Python 不支持C/C++语言的宏定义（#define）。

（1）基本宏定义（常量）

C/C++

在 C/C++ 中，常量通常用宏定义。

- #define没有数据类型，直接进行文本替换。
- 不能使用 ;结尾。
- 因为在其编译前就已被替换，因此不能被调试。

（6315.c，6316.cpp）

```
[C]
#include <stdio.h>

#define PI 3.1415926
#define MAX_VALUE 1000

int main() {
    double circle_area = PI * 10 * 10;
    double diff = MAX_VALUE - circle_area;
    printf("circle_area = %f; diff = %f", circle_area, diff);

    return 0;
}
```

\>>>

```
circle_area = 314.159260; diff = 685.840740
```

```
[C++]
#include <iostream>
#include <format>

#define PI 3.1415926
#define MAX_VALUE 1000

int main() {
    double circle_area = PI * 10 * 10;
    double diff = MAX_VALUE - circle_area;
    std::cout << std::format("circle_area = {:f}; diff = {:f}", circle_area,
diff) << std::endl;

    return 0;
}
```

\>>>

```
circle_area = 314.159260; diff = 685.840740
```

C++

[C++ 的推荐使用]（6317.cpp）

C++ 推荐使用 const或 constexpr代替宏定义常量，从而具有类型检查和作用域控制。

```
#include <iostream>
#include <format>

constexpr double PI = 3.1415926;
const int MAX_VALUE = 1000;
```

```
int main() {
    double circle_area = PI * 10 * 10;
    double diff = MAX_VALUE - circle_area;
    std::cout << std::format("circle_area = {:f}; diff = {:f}", circle_
area, diff) << std::endl;

    return 0;
}
```

>>>

```
circle_area = 314.159260; diff = 685.840740
```

*const*关键字用于定义只读变量，其值在运行时或编译时确定，具体取决于初始化值的类型。如*const*变量在运行时初始化，示例中*y*是*const*变量，但它的值取决于*x*，而*x*是运行时传入的参数，因此*y*不是编译时常量。（6318.cpp）

```
#include <iostream>

void foo(int x) {
    const int y = x; // 运行时确定 y 的值
    std::cout << y << std::endl;
}

int main() {
    foo(10); // 运行时决定 有 的值
    return 0;
}
```

>>>

```
10
```

*constexpr*关键字用于定义真正的编译时常量，其值必须在编译时完全确定。适用于常量变量、函数和构造函数，可用于*constexpr*函数的返回值计算。具有*constexpr*的变量默认为*const*，无需额外添加*const*修饰。*constexpr*变量必须用常量表达式初始化，否则会导致编译错误，如示例中*square(5)*在编译时计算，而*rand()*需要运行时计算，因此*square(rand())*不能用于*constexpr*变量初始化。（6319.cpp）

```
#include <iostream>

constexpr int square(int x) {
    return x * x;
}

int main() {
    constexpr int val = square(5); // 编译时计算
    std::cout << val << std::endl;
    // constexpr int error_val = square(rand()); // 错误示例: rand() 不是编译时常量
    return 0;
}
```

>>>

```
25
```

C#

C#的替代方法：用*const*代替*#define*常量，在编译时确定，*const*有作用域和类型检查，不会发生*#define*文本替换导致的错误。（6320.cs）

```
using System;

class Program
{
    const double PI = 3.1415926;
    static void Main()
    {
        Console.WriteLine($"Circle area: {PI * 10 * 10}");
    }
}
```

\>>>

```
Circle area: 314.15926
```

如果常量不能在编译时确定（如运行时从配置文件读取），用*static readonly*代替可变常量，其运行时可变，适用于从外部加载数据。（6321.cs）

```
using System;

class Config
{
    public static readonly double Gravity = 9.81;
}

class Program
{
    static void Main()
    {
        Console.WriteLine($"Gravity: {Config.Gravity}");
    }
}
```

\>>>

```
Gravity: 9.81
```

（2）宏函数（带参数的宏）

C/C++

宏可以像函数一样接收参数，并进行文本替换，称为宏函数（以C为例）。（6322.c）

```
#include <stdio.h>

#define SQUARE(x) ((x) * (x))
#define MAX(a,b) ((a)>(b) ? (a) : (b))

int main() {
    int num = 5;
    int result = SQUARE(num);
    int max_value = MAX(10, 20);

    printf("result = %d; max_value = %d", result, max_value);

    return 0;
}
```

\>>>

```
result = 25; max_value = 20
```

宏展开后（预处理器替换）为*int result = ((5) * (5));*，即25；*int max_value = ((10) > (20) ? (10) : (20));*，即20。而宏函数没有类型检查，*#define*直接进行

文本替换，如*printf("%d", SQUARE(2.5));* ，结果是4，而不是 6.25。

C++

C++ 的推荐使用示例代码如下。（6323.cpp）

```
#include <iostream>
#include <format>

inline int square(int x) { return x * x; };
inline int max(int a, int b) { return (a > b) ? a : b; };

int main() {
    int num = 5;
    int result = square(num);
    int max_value = max(10, 20);

    printf("result = %d; max_value = %d", result, max_value);

    return 0;
}
```

\>>>

```
result = 25; max_value = 20
```

C#

C# 的替代方法：C# 可以使用 *static* 方法来代替宏函数。（6324.cs）

```
using System;

class MathUtils
{
    public static int Square(int x) => x * x; // => 是表达式主体定义（expression-
bodied method），简化了 { return x * x; } 语句
}

class Program
{
    static void Main()
    {
        Console.WriteLine(MathUtils.Square(5));
    }
}
```

\>>>

```
25
```

使用泛型代替通用宏。

示例中 *T* 是泛型类型，允许 *Max* 方法适用于不同的数据类型。*where T : IComparable<T>* 是泛型约束，表示 *T* 必须实现 *IComparable<T>* 接口，以确保可以进行比较。（6325.cs）

```
using System;

class MathUtils
{
    public static T Max<T>(T a, T b) where T : IComparable<T>
    {
        return a.CompareTo(b) > 0 ? a : b;
    }
}
```

```
class Program
{
    static void Main()
    {
        Console.WriteLine(MathUtils.Max(10, 20));
        Console.WriteLine(MathUtils.Max("apple", "banana"));
    }
}
```

\>>>

```
20
banana
```

（3）多行宏（6326.c）

C/C++

```
#include <stdio.h>

#define PRINT_RESULT(a,b)\
    printf("Max of %d and %d is %d.\n", (a),(b), ((a) > (b) ? (a) : (b)))

int main() {
    PRINT_RESULT(5, 10);

    return 0;
}
```

\>>>

```
Max of 5 and 10 is 10.
```

（4）预定义宏（6327.c）

C/C++

```
#include <stdio.h>

int main() {
    printf("File: %s\n", __FILE__); // 当前源文件的名称
    printf("Line: %d\n", __LINE__); // 当前代码的行号
    printf("Date: %s\n", __DATE__); // 当前编译日期
    printf("Time: %s\n", __TIME__); // 当前编译时间
    printf("Func: %s\n", __func__); // 当前函数名称

    return 0;
}
```

\>>>

```
File: C:\Users\richi\Omen_RichieBao\omen_github\PY_C_CPP_CSHARP\code\C\Source.c
Line: 5
Date: Mar 21 2025
Time: 04:56:22
Func: main
```

（5）条件编译

条件编译指令允许根据不同的条件编译不同的代码，常用于调试、平台兼容性、库配置等。

❶ *#ifdef/#ifndef/#endif*（以 C 为例）（6328.c）

示例中如果 *#define DEBUG* 存在，则 *LOG(msg)* 会被替换为 *printf* 语句；如果 *#define DEBUG* 被注释掉，则 *LOG(msg)* 为空，不执行任何操作。

```
#include <stdio.h>

#define DEBUG

#ifdef DEBUG
#define LOG(msg) printf("DEBUG: %s\n", msg)
#else
#define LOG(msg)
#endif

int main() {
    LOG("Program started.");
    return 0;
}
```

>>>

```
DEBUG: Program started.
```

❷ *#if/#elif/#else*（以C为例）（6329.c）

```
#include <stdio.h>

#define VERSION 2

#if VERSION == 1
#define FEATURE "Feature A Enabled"
#elif VERSION == 2
#define FEATURE "Feature b Enabled"
#else
#define FEATURE "Default feature"
#endif

int main() {
    printf("%s\n", FEATURE);
    return 0;
}
```

>>>

```
Feature b Enabled
```

示例中预处理器展开后，如果 *VERSION == 2*，则为

```
#define FEATURE "Feature B Enabled"
printf("%s\n", "Feature B Enabled");
```

C#

C# 支持预处理指令 *#define*，但仅用于条件编译，不能定义常量或宏函数。（6330.cs）

```
#define DEBUG_MODE

using System;

class Program
{
    static void Main()
    {
```

```
#if DEBUG_MODE
        Console.WriteLine("Debug mode is ON.");
#else
        Console.WriteLine("Release mode.");
#endif
    }
}
```

\>>>

```
Debug mode is ON.
```

示例中如果注释掉 `#define DEBUG_MOD`，则执行 `Console.WriteLine("Release mode.");`行。

（6）避免重复定义（头文件保护）

C/C++

在头文件中，为了防止重复包含，通常使用以下语句（以C为例）。（6331.c）

```
#ifndef MY_HEADER_H
#define MY_HEADER_H

// 头文件内容

#endif  // MY_HEADER_H
```

或者在 C++11 及以上，可以使用 `#pragma once`（简化版本）。（6332.c）

```
#pragma once
// 头文件内容
```

C#

C# 的替代方法：因为C# 每个类文件独立，不会像 C/C++ 头文件多次包含，因此不需要头文件保护，但如果要控制命名空间，可以使用 `namespace`。

定义独立的 `MyLibrary.cs` 文件。（6333.cs）

```
using System;

namespace MyLibrary
{
    public class Utils
    {
        public static void PrintMessage()
        {
            Console.WriteLine("Hello from MyLibrary!");
        }
    }
}
```

在 `Program.cs` 文件中包含 `using MyLibrary;` 以调用 `MyLibrary.cs` 文件下的 `PrintMessage` 方法。（6334.cs）

```
using System;
using MyLibrary;

class Program
{
    static void Main()
```

```
    {
        Utils.PrintMessage();
    }
}
```

\>>>

```
Hello from MyLibrary!
```

（7）变参宏（可变参数宏）（6335.c）

C/C++

在 C99 和 C++11 及以上，宏可以接收可变参数（以 C 为例）。

```
#include <stdio.h>
#define LOG(format, ...) printf("LOG: " format "\n", __VA_ARGS__)
int main() {
    LOG("Value: %d", 42);
    LOG("x = %d, y = %d", 10, 20);
    return 0;
}
```

\>>>

```
LOG: Value: 42
LOG: x = 10, y = 20
```

6.6 知识拓展

6.6.1 Python 类型提示

Python 的类型提示（type hinting）是一种用来提高代码可读性和可靠性的工具，允许开发者在定义变量、函数参数和返回值时指定其类型。类型提示不会在运行时强制执行，而主要用于静态代码检查工具（如 mypy）和集成开发环境（IDE）的代码补全及错误检测。

mypy 是 Python 的静态类型检查器，有助于确保在代码中正确使用变量和函数。如将类型提示（PEP 484）添加到 Python 代码中，可以使用 mypy 检查是否错误地使用了这些类型。因为 Python 是一种动态语言，所以通常只有在运行时才会检查错误，返回异常信息。而 mypy 是一个静态检查器，当提供了类型提示后，不需运行程序即可进行错误检查。使用 mypy，需在所在 Python 环境终端执行 *pip install mypy* 进行安装，并执行 *mypy fileName.py*（所在目录）进行检查。例如定义一个名为“typingChecking.py”的模块（一个 .py 后缀名的 Python 文件），其代码如下。（6336.py）

```
def greeting(name: str) -> str:
    return 'Hello ' + name
greeting(3)
greeting(b'Alice')
greeting("World!")  # 无错误
def bad_greeting(name: str) -> str:
    return 'Hello ' * name
```

当在 Python 环境终端中执行 *mypy typingChecking.py*，将会返回以下结果。

```
(PYCourse) C:\Users\richie\omen_richiebao\TEMP>mypy typingChecking.py
typingChecking.py:4: error: Argument 1 to "greeting" has incompatible type
"int"; expected "str"  [arg-type]
typingChecking.py:5: error: Argument 1 to "greeting" has incompatible type
"bytes"; expected "str"  [arg-type]
typingChecking.py:9: error: Unsupported operand types for * ("str" and "str")
[operator]
Found 3 errors in 1 file (checked 1 source file)
```

如果并不提供类型提示，执行上述语句将不会有任何错误信息返回，而仅打印类似*Success: no issues found in 1 source file*的信息。

❶ 基础用法

见表6.18。

表6.18　Python类型提示的基础用法

类型提示	变量的类型提示（6337.py）	函数参数和返回值（6338.py）	函数无返回值（6339.py）

代码示例	`name: str = "Alice"`
	`age: int = 30`
	`height: float = 6.7`
	`is_student: bool = False`
		`def greet(name: str) -> str:`
		`  return f"Hello, {name}"`
			`def log_message(message: str) -> None:`
			`  print(message)`

❷ 常用类型

见表6.19。

表6.19　Python类型提示的常用类型

常用类型	示例代码

列表和字典
（6340.py）
	`from typing import List, Dict`
	`names: List[str] = ["Alice", "Bob"]`
	`scores: Dict[str, int] = {"Alice": 95, "Bob": 85}`

元组 （6341.py）	`from typing import Tuple` `point: Tuple[int, int] = (10, 20)`
联合类型（可以是包含的多种类型之一） （6342.py）	`from typing import Union` `data: Union[int, str] = "union"`

可选类型（允许为 *None*）
（6343.py）
	`from typing import Optional`
	`age: Optional[int] = None`
	`age = 27`

Any 类型（任意类型）
（6344.py）
	`from typing import Any`
	`value: Any = "something"`
	`value = 123`

❸ 高级用法

见表6.20。

表6.20　Python类型提示的高级用法

高级类型提示	示例代码

类型别名
（6345.py）
	`from typing import List`
	`Vector = List[float]`
	`def scale(v: Vector, scalar: float) -> Vector:`
	`    return [x * scalar for x in v]`

泛型
（6346.py）
	`from typing import TypeVar, List`
	`T = TypeVar("T")`
	`def first_element(lst: List[T]) -> T:`

续表

<table>
<tr><th>高级类型提示</th><th>示例代码</th></tr>
<tr><td>泛型</td><td><pre>   return lst[0]

print(first_element([1, 2, 3]))
print(first_element(["a", "b", "c"]))
>>>
1
a</pre></td></tr>
<tr><td>Callable
（6347.py）</td><td><pre>from typing import Callable

def apply_func(func: Callable[[int, int], int], x: int, y: int) ->
int:
    return func(x, y)

def add(a: int, b: int) -> int:
    return a + b

print(apply_func(add, 5, 3))
>>>
8</pre></td></tr>
<tr><td>TypeDict
（字典的固定结构）
（6348.py）</td><td><pre>from typing import TypedDict

class Point(TypedDict):
    x: int
    y: int

point: Point = {"X": 1, "y": 2}</pre></td></tr>
</table>

6.6.2 指针*、取地址&、解引用*和引用&

在 C/C++ 中，指针、取地址、解引用和引用在内存管理、函数参数传递等方面起到至关重要的作用，各操作及其示例代码见表6.21。

表6.21 C/C++中指针与引用的对比及示例（6349.c，6350.cpp）

<table>
<tr><th>操作</th><th>指针*；取地址&；解引用*</th><th>引用&</th></tr>
<tr><td>示例代码</td><td>指针（*）是一个变量（指针类型），存储有另一个变量的地址。
取地址（&）用于获取一个变量的内存地址。
解引用（*）通过指针访问指针类型变量所指向的变量的值。<pre>#include <stdio.h>

int main() {
    int x = 10;
    int* p = &x; // *（指针） 为声明变量 p 为指
针类型；指向由 & (取地址)获取的变量 x 的内存地址

    printf("%d\n", x);
    printf("%d\n", *p); // * （解引用）为通过指
针类型变量 p 指向的变量 x 的值
    printf("%p\n", p); // 用 %p，打印指针类型变
量 p 存储的另一个变量 x 的地址

    return 0;
}
>>>
10
10
000000EE6438F924</pre></td><td>在 C++ 中，&符号也用作引用符号，表示对某个变量的引用。引用可以看作为变量的别名，通过引用修改的值会直接影响原变量。引用通常用于函数参数传递，避免数据拷贝，而通过引用修改外部变量的值。<pre>#include <iostream>
#include <format>

int main() {
    int x = 10;
    int& ref = x;
    ref = 20;
    std::cout << std::format("x={};
ref={}\n", x, ref);

    return 0;
}
>>>
x=20; ref=20</pre></td></tr>
</table>

第7章 面向对象

面向对象编程（object-oriented programming，OOP）是一种编程范式，以对象为核心，通过模拟现实世界的对象及其交互，设计和实现程序。OOP 的主要目标是提高代码的重用性、可维护性和扩展性，其核心概念包括对象（object）、类（class）、封装（encapsulation）、继承（inheritance）、多态（polymorphism）和抽象（abstraction）等。

- 对象　是程序中的一个实体，表示现实中的某个具体事务。每个对象包含两部分：一个是属性（attributes），用于描述对象的状态，用变量表示；一个是方法（methods），定义对象的行为，用函数表示。
- 类　是对象的模板或蓝图，用于定义一组具有相同属性和方法的对象，将对象的结构和行为进行抽象。
- 封装　将数据（属性）和操作（方法）封装在类中，并通过访问权限（如公有、私有）保护数据，来隐藏实现细节，提高代码的安全性。
- 继承　子类可以继承父类的属性和方法，从而复用代码，并可以对其进行扩展或重写，以提高代码的复用性，实现层次化设计。
- 多态　同一方法在不同对象中可以表现出不同的行为，以提高代码的灵活性，且实现统一接口。
- 抽象　通过隐藏细节，只暴露必要的功能，提高代码的易用性和可读性，可以通过抽象类或接口实现。

OOP 的优势体现在模块化，将代码划分为独立模块（类和对象），便于维护和调试；代码复用，通过继承和组合，减少重复代码；灵活性和扩展性，通过多态，能够在不修改原有代码的情况下扩展系统功能；贴近现实，模拟现实世界对象及其关系，使设计变得直观。除了 C 语言，Python、C++ 和 C# 均支持 OOP。

7.1 类与对象和封装

本节内容包括：定义类，实例化对象，类的属性（字段）和方法，及访问修饰符。

Py

❶ 类的基本用法（7351.py）

在 Python 中，使用`class`关键字，后接类名，定义一个类。类名通常使用 PascalCase（每个单词首字母大写）的命名约定，例如*MyClass*。`__init__`方法为构造函数，是初始化方法，在创建对象时自动执行，常用于传入参数和初始化对象属性。`self`表示实例本身，所有实例方法的第一个参数必须是`self`。实例化对象是指通过类生成对象。调用类名时会自动调用`__init__`方法。

类的属性和方法可以细分为实例属性和方法、类属性和方法。实例属性和方法是每个对象都有的自己独立的属性和方法，通过`self`访问；类属性和方法，是所有对象共享的属性和方法。类属性和方法不仅可以通过实例访问，也可以直接通过类访问。类的方法通过`@classmethod`装饰器定义，使用`cls`作为第一个参数。

```
# A-定义类。使用 class 关键字定义类
class Dog:
```

```
    species = "Canis familiars" # 类属性

    # __init__ 为初始化方法，可以传入初始化参数，定义属性
    def __init__(self, name, breed):
        self.name = name # 通过 self 将属性绑定到对象。为实例属性
        self.breed = breed

    # 实例方法。为定义的行为
    def bark(self): # 用 self 作为方法的第一个参数
        print(f"{self.name} says: Woof!")

    # 设置年龄
    def setAge(self, age):
        self.age = age

    # 获取年龄
    def getAge(self):
        return self.age

    # 通过装饰器定义类方法
    @classmethod
    def describe(cls):
        return cls.species

# B-创建对象。使用类创建对象
dog1 = Dog("Buddy", "Golden Retriever")
dog2 = Dog("Max", "Bulldog")

# 调用实例属性
print(dog1.name)
print(dog2.breed)

# 调用方法
dog1.bark()
dog2.bark()

# 设置和获取动态属性
dog1.setAge(3)
print(dog1.getAge())
# 调用类属性
print(Dog.species) # 通过类访问
print(dog1.species) # 通过实例访问
print(dog2.species)

# 调用类方法
print(Dog.describe()) # 通过类访问
print(dog1.describe()) # 通过实例访问
print(dog2.describe())
```

>>>

```
Buddy
Bulldog
Buddy says: Woof!
Max says: Woof!
3
Canis familiars
Canis familiars
Canis familiars
Canis familiars
Canis familiars
Canis familiars
```

代码解读

↳. 类的定义和属性声明

```
class Dog:
    species = "Canis familiars"
```

• 定义了一个名为 *Dog* 的类，表示为狗的模型。

• *species* 是一个类属性，属于整个类 *Dog*，而不是某个实例（对象）。其值为 *Canis familiars*，表示狗的学名。

↳. 初始化函数

```
    def __init__(self, name, breed):
        self.name = name
        self.breed = breed
```

• *__init__* 是构造函数，在创建类的实例（对象）时自动调用。

• 参数 *name* 和 *breed* 分别表示狗的名字和品种，并通过 *self* 绑定到该对象，使每个实例拥有独立的 *name* 和 *breed* 属性。

↳. 实例方法：*bark*

```
    def bark(self):
        print(f"{self.name} says: Woof!")
```

• *bark* 是一个实例方法，表示狗叫。

• 通过打印该实例的 *name*，然后加上 *"says: Woof!"* 来表示。

↳. 实例方法：*setAge* 和 *getAge*

```
    def setAge(self, age):
        self.age = age

    def getAge(self):
        return self.age
```

• *setAge* 是用来给实例设置 *age*（狗年龄）属性的函数。

• *getAge* 是用来获取实例的 *age* 属性的函数。

• *age* 属性在实例初始化时并未定义，而是通过调用 *setAge* 方法动态添加。

↳. 类方法：*describe*

```
    @classmethod
    def describe(cls):
        return cls.species
```

• *@classmethod* 装饰器表示这是一个类方法，而不是实例方法。

• 类方法的第一个参数是 *cls*，代表类本身，而不是具体实例。

• *describe* 返回类属性 *species* 的值。

↳. 创建实例

```
dog1 = Dog("Buddy", "Golden Retriever")
dog2 = Dog("Max", "Bulldog")
```

• 使用 *Dog* 类创建两个实例：*dog1* 和 *dog2*。

- *dog1*的名字是 *"Buddy"*，品种是 *"Golden Retriever"*。
- *dog2*的名字是 *"Max"*，品种是 *"Bulldog"*。

↳. 访问实例属性

```
print(dog1.name)
print(dog2.breed)
```

- 打印 *dog1* 的 *name* 属性，输出 *"Buddy"*。
- 打印 *dog2* 的 *breed* 属性，输出 *"Bulldog"*。

↳. 调用实例方法：*bark*

```
dog1.bark()
dog2.bark()
```

- 调用 *dog1* 的 *bark* 方法，输出 *"Buddy says: Woof!"*。
- 调用 *dog2* 的 *bark* 方法，输出 *"Max says: Woof!"*。

↳. 设置和获取动态属性 *age*

```
dog1.setAge(3)
print(dog1.getAge())
```

- 使用 *setAge* 方法给 *dog1* 设置 *age* 属性为 *3*。
- 使用 *getAge* 方法获取 *dog1* 的 *age* 属性，输出 *3*。

↳访问类属性

```
print(Dog.species)
print(dog1.species)
print(dog2.species)
```

- 直接通过类名 *Dog* 访问类属性 *species*，输出 *"Canis familiars"*。
- 通过实例 *dog1* 和 *dog2* 访问类属性 *species*，输出结果仍然是 *"Canis familiars"*，因为类属性是共享的。

↳调用类方法

```
print(Dog.describe())
print(dog1.describe())
print(dog2.describe())
```

- 通过类名 *Dog* 调用类方法 *describe*，返回 *species* 的值，输出 *"Canis familiars"*。
- 通过实例 *dog1* 和 *dog2* 调用类方法，效果与通过类名调用相同，输出 *"Canis familiars"*。

❷ 类的私有属性和私有方法

在 Python 中，类的私有属性和私有方法是一种约定，通过前缀使用双下划线__来标识，命名规则如 *__attribute_name* 和 *__method_name*。如果希望某个属性是私有的，使用单下划线_更加常见，表示“受保护”。但这种方法不能够完全阻止外部访问。实际上，Python 没有真正意义上的私有成员概念，但提供了名称改写（name mangling），以避免外部代码直接访问。双下划线会触发名称改写机制，使得私有属性和私有方法的名称被修改为 *_ClassName__AttributeName* 的形式，从而减少了命名冲突的危险。因此可以通过名称改写机制访问，如 *obj._MyClass__private_attr*。但并不推荐使用这种方法，而应使用 *getter* 和 *setter*

方法来访问或修改私有属性。然而，过多的私有成员可能使代码难以测试和维护，只有在明确需要保护实现细节时才使用私有成员。（7352.py）

```
class MyClass:
    def __init__(self):
        self.__private_attr = 43 # 私有属性
        self._protected_attr = "This is a convention-prottected attribute" #受保护

    def get_private_attr(self):
        return self.__private_attr # 通过方法访问私有属性

    def set_private_attr(self, value):
        self.__private_attr = value

    # 私有方法
    def __private_method(self):
        print("This is a private mehotd.")

    def public_method(self):
        self.__private_method() # 类内调用私有方法

obj = MyClass()
print(obj._MyClass__private_attr) # 可以通过名称改写机制访问，但不推荐

obj.set_private_attr(97) # 设置私有属性
print(obj.get_private_attr()) # 通过方法访问私有属性
```

\>>>

```
43
97
```

C++

C++ 使用 *class* 关键字定义类，后接类名，类名通常使用 PascalCase（每个单词首字母大写）的命名约定，例如 *MyClass*。类包括的访问修饰符有：只能在类内访问的 *private*；可以从类外部访问的 *public*；在继承中对子类可见的 *protected*。构造函数的名称与类名相同，且没有返回值，用于传入参数和初始化对象的属性。定义类时包含属性（成员变量）和行为（成员函数），实例化对象后，即使用类创建对象后，可以通过对象访问类的公有成员。

关键字 *static* 定义类中的静态成员变量（static member variable），为所有对象共享。但静态成员变量需要在类外进行定义和初始化。关键字 *static* 定义类中的静态成员函数，其可以通过类名直接调用，而不需要实例化对象。静态成员函数与具体的对象无关，因此无法使用 *this* 指针，不能是虚函数 *virtual*，也只能访问静态成员变量或其他静态成员函数，不能访问非静态成员。（7353.cpp）

```
#include <iostream>
#include <format>

// 定义类
class Dog {
    // 私有成员变量和成员函数
private:
    int age;
    // 公有成员变量和成员函数
public:
    //成员变量
    static std::string species; // 静态成员变量
```

```
    std::string name;
    std::string breed;
    // 构造函数
    Dog(const std::string& name, const std::string& breed) {
        this->name = name;
        this->breed = breed;
        this->age = 0;
    }
    //成员函数
    void bark() const {
        std::cout << std::format("{} syas: Woof!\n", name);
    }
    //设置年龄
    void setAge(int age) {
        this->age = age;
    }
    // 获取年龄
    int getAge() const {
        return age;
    }
    // 静态成员函数
    static std::string describe() {
        return species;
    }
};
std::string Dog::species = "Canis familiaris";
int main() {
    // 实例化对象
    Dog dog1("Buddy", "Golden Retriever");
    Dog dog2("Max", "Bulldog");
    std::cout << dog1.name << std::endl;
    std::cout << dog2.name << std::endl;
    dog1.bark();
    dog2.bark();
    // 修改属性
    dog1.setAge(3);
    std::cout << dog1.getAge() << std::endl;
    // 访问静态成员变量
    std::cout << Dog::species << std::endl;
    std::cout << dog1.species << std::endl;
    std::cout << dog2.species << std::endl;
    // 调用静态成员函数
    std::cout << Dog::describe() << std::endl;
    std::cout << dog1.describe() << std::endl;
    std::cout << dog2.describe() << std::endl;
    return 0;
}
```

\>>>

```
Buddy
Max
```

```
Buddy syas: Woof!
Max syas: Woof!
3
Canis familiaris
Canis familiaris
Canis familiaris
Canis familiaris
Canis familiaris
Canis familiaris
```

代码解读

❶ 类的定义

```
class Dog {
private:
    ...
public:
    ...
};
```

成员变量如下。

- *int age*（私有成员） 用于存储狗的年龄。
- *static std::string species*（静态成员） 表示狗的物种名称，所有类实例共享此属性。
- *std::string name*和*std::string breed*（公有成员） 分别表示狗的名字和品种。

构造函数如下。

```
Dog(const std::string& name, const std::string& breed)
```

- 初始化*Dog*类的实例。
- 使用*this->*关键字将参数*name*和*breed*赋值给当前对象的成员变量。
- 初始化*age*为0。

成员函数如下。

- *void bark() const* 打印出狗的名字和它发出的叫声。*const*表示该函数不会修改类成员变量。
- *void setAge(int age)* 设置狗的年龄。
- *int getAge() const* 返回狗的年龄。*const*表示该函数不会修改类成员变量。
- *static std::string describe()* 静态成员函数，用于返回静态成员变量*species*的值。静态成员不依赖于具体对象，可以通过类名直接调用。

❷ 静态成员变量初始化

```
std::string Dog::species = "Canis familiaris";
```

- 定义并初始化species。必须在类的外部对静态成员变量进行初始化。

❸ 主函数

```
int main() {
    Dog dog1("Buddy", "Golden Retriever");
    Dog dog2("Max", "Bulldog");
```

• 创建两个*Dog*对象。*dog1*名字为*"Buddy"*，品种为*"Golden Retriever"*；*dog2*名字为*"Max"*，品种为*"Bulldog"*。

❹ 访问实例属性

```
std::cout << dog1.name << std::endl;
std::cout << dog2.name << std::endl;
```

• 打印*dog1*和*dog2*的名字。

❺ 调用成员函数

```
dog1.bark();
dog2.bark();
```

• 调用*dog1*和*dog2*的*bark*方法。

❻ 设置和获取年龄

```
dog1.setAge(3);
std::cout << dog1.getAge() << std::endl;
```

• 设置*dog1*的年龄为3。
• 使用*getAge*方法获取并打印输出3。

❼ 访问静态变量（属性）

```
std::cout << Dog::species << std::endl;
std::cout << dog1.species << std::endl;
std::cout << dog2.species << std::endl;
```

• 直接通过类名*Dog*访问静态成员变量*species*，输出*Canis familiaris*。
• 通过对象*dog1*和*dog2*访问*species*，输出结果同。

❽ 调用静态成员函数

```
std::cout << Dog::describe() << std::endl;
std::cout << dog1.describe() << std::endl;
std::cout << dog2.describe() << std::endl;
```

• 通过类名*Dog*调用静态方法*describe*，输出*species*的值，输出为*Canis familiaris*。
• 通过对象*dog1*和*dog2*调用静态方法，输出结果同。

C#

❶ 类的基本用法（7354.cs）

在 C# 中，用*class*关键字定义类，后接类名，类名通常使用 PascalCase（每个单词首字母大写）的命名约定，例如*MyClass*。构造函数可用于传入值（如果带参数）和初始化对象的字段，其名称与类名同，并没有返回值。如果不显示定义，C# 会自动提供一个默认的无参构造函数。C# 的访问修饰符用于控制类成员的访问权限：*private*为只能在类内部访问（默认）；*public*则可以从类外部访问；*protected*为子类可访问；*internal*为同一程序集内可访问；*protected internal*为同一程序集或子类中可访问。

```
using System;
// 定义类
class Dog
```

```
{
    // 静态变量
    public static string species = "Canis familiaris";

    // 实例成员变量
    public string name;
    public string breed;
    private int age;

    // 构造方法
    public Dog(string name, string breed)
    {
        this.name = name;
        this.breed = breed;
        this.age = 0; // 设置默认值
    }

    // 狗叫的实例方法
    public void Bark()
    {
        Console.WriteLine($"{this.name} says: Woof!");
    }

    // 设置狗的年龄
    public void SetAge(int age)
    {
        this.age = age;
    }

    // 访问狗的年龄
    public int GetAge()
    {
        return this.age;
    }

    // 描述物种的静态方法
    public static string Describe()
    {
        return species;
    }

}

class Program
{
    static void Main()
    {
        // 创建 Dog 的实例
        Dog dog1 = new Dog("Buddy", "Golden Retriever");
        Dog dog2 = new Dog("Max", "Bulldog");

        // 访问狗的名字和品种
        Console.WriteLine(dog1.name);
        Console.WriteLine(dog2.breed);

        // 调用狗的实例方法（狗吠）
        dog1.Bark();
        dog2.Bark();

        // 设置和打印狗的年龄
        dog1.SetAge(3);
        dog1.GetAge();

        // 打印静态变量
```

```
        Console.WriteLine(Dog.species);
        //Console.WriteLine(dog1.species); // 实例化对象不能访问静态变量

        // 调用静态方法
        Console.WriteLine(Dog.Describe());
        // Console.WriteLine(dog1.Describe());  // 实例化方法不能调用静态方法
    }
}
```

\>>>

```
Buddy
Bulldog
Buddy says: Woof!
Max says: Woof!
Canis familiaris
Canis familiaris
```

代码解读

↳.引入命名空间

```
using System;
```

• 引入*System*命名空间，其包含基础的类库，如*Console*类，用于处理控制台输入和输出。

↳. 定义 *Dog*类

```
class Dog
{
    public static string species = "Canis familiaris";
```

• 定义一个*Dog*类，为狗的属性和行为。

• *species*是一个由*static*关键字定义的静态成员变量，属于类本身，而不是类的实例。其初始值为*"Canis familiaris"*，表示狗的物种名称。

↳.实例成员变量

```
    public string name;
    public string breed;
    private int age;
```

• *name*和*breed*是实例变量，分别表示狗的名字和品种。这些成员变量使用*public*关键字，使其对外部是公开的，为公有成员变量。

• *age*使用*private*关键字，是私有成员变量，表示狗的年龄，只有类的内部方法可以访问。

↳.构造函数

```
    public Dog(string name, string breed)
    {
        this.name = name;
        this.breed = breed;
        this.age = 0;
    }
```

• 构造函数*Dog(string name, string breed)*用来初始化*Dog*类的实例。

• *this.name*和*this.breed*通过构造函数的参数*name*和*breed*来初始化实例变量。

• *this.age = 0;*将*age*实例变量初始化为0。

↳.*Bark*方法

```
    public void Bark()
    {
        Console.WriteLine($"{this.name} says: Woof!");
    }
```

- *Bark*是一个实例方法，描述狗叫的行为。
- 使用*Console.WriteLine*输出狗的名字和叫声*"says: Woof!"*。

↳. *SetAge* 方法

```
    public void SetAge(int age)
    {
        this.age = age;
    }
```

- *SetAge*是一个实例方法，用来设置狗的年龄。
- 输入参数为*age*，将其赋值给实例的*age*变量。

↳. *GetAge*方法

```
    public int GetAge()
    {
        return this.age;
    }
```

- *GetAge*是一个实例方法，用于获取狗的年龄。
- 返回实例的*age*变量的值。

↳. 静态 *Describe* 方法

```
    public static string Describe()
    {
        return species;
    }
```

- *Describe*是一个静态方法，可以通过类名直接调用，而不需要实例化对象。
- 该方法返回静态成员 *species*，表示狗的物种名称。

↳. *Program* 类

```
class Program
{
    static void Main()
    {
```

- *Program*是主程序类，其中包含*Main*方法，作为程序的入口点。
- *static*关键字表示该方法是静态的，可以直接由 CLR（公共语言运行）时调用，而不需要创建*Program*类的实例。

↳. 创建实例和输出

```
        Dog dog1 = new Dog("Buddy", "Golden Retriever");
        Dog dog2 = new Dog("Max", "Bulldog");
        Console.WriteLine(dog1.name);
```

```
        Console.WriteLine(dog2.breed);
```

• 创建了两个*Dog*对象*dog1*和*dog2*，分别表示一只名为*"Buddy"*、品种为*"Golden Retriever"*的狗和一只名为*"Max"*、品种为*"Bulldog"*的狗。

• 使用*Console.WriteLine*输出*dog1*的名字*name*和*dog2*的品种*breed*。

↳. 调用*Bark*方法

```
        dog1.Bark();
        dog2.Bark();
```

• 调用*dog1*和*dog2*的*Bark*方法。

↳. 设置和获取年龄

```
        dog1.SetAge(3);
        dog1.GetAge();
```

• 调用*dog1.SetAge(3)*，将*dog1*的年龄设置为3。

• 调用*dog1.GetAge()*，获取*dog1*的年龄，为返回值。

↳. 访问静态变量和方法

```
        Console.WriteLine(Dog.species);
        //Console.WriteLine(dog1.species);
```

• 使用*Console.WriteLine(Dog.species);*输出*species*静态变量的值，即*"Canis familiaris"*。

• 注释掉了*//Console.WriteLine(dog1.species);*代码行，因为*species*属于静态成员，可以通过类名直接访问，而不是通过实例访问。

↳. 调用静态 *Describe* 方法

```
         Console.WriteLine(Dog.Describe());
```

• 使用*Console.WriteLine(Dog.Describe());*调用类方法*Describe()*，输出静态成员*species*的值。

• 注释掉了*// Console.WriteLine(dog1.Describe());*代码行，因为*Describe*是静态方法，不需要通过实例对象调用。

❷ *Static*解释（7355.cs）

*static*关键字可用于声明类的静态成员、静态类和静态构造方法。静态成员中的静态变量和静态方法属于类本身，而不是类的实例，因此不需要通过实例化对象来访问或调用，而是通过类本身来调用，如上述示例代码。

静态类只能包含静态成员，不能实例化。静态类通常用于封装与对象状态无关的功能。示例中*MathUtilities*是静态类，不能创建该类的实例，所以方法和变量都是静态的。

```
using System;

public static class MathUtilities
{
    public static double Pi = 3.14;
    public static double Square(double x)
    {
```

```
        return x * x;
    }
}

class Program
{
    static void Main()
    {
        Console.WriteLine(MathUtilities.Pi);
        Console.WriteLine(MathUtilities.Square(5));
    }
}
```

\>>>

```
3.14
25
```

静态构造函数用于初始化静态成员，并且只会在类的第一次访问时执行一次。静态构造函数没有访问修饰符，不能接收参数，通常用于静态字段的初始化。(7356.cs)

```
using System;

public class Example
{
    public static int counter;

    // 静态构造函数
    static Example()
    {
        counter = 10;
        Console.WriteLine("Static constructor called.");
    }

    public static void ShowCounter()
    {
        Console.WriteLine($"Counter: {counter}");
    }
}

class Program
{
    static void Main()
    {
        Example.ShowCounter();
    }
}
```

\>>>

```
Static constructor called.
Counter: 10
```

静态属性类似于静态变量，通常提供对静态字段的封装访问。示例代码中`count`是静态属性，可以通过类名来访问和修改。(7357.cs)

```
using System;

public class Counter
{
    private static int _count;
```

```
    public static int Count
    {
        get { return _count; }
        set { _count = value; }
    }
}
class Program
{
    static void Main()
    {
        Counter.Count = 7;
        Console.WriteLine(Counter.Count);
    }
}
```

\>>>

```
7
```

代码解读

↳. 定义 *Counter* 类

```
public class Counter
{
    private static int _count;
```

• 定义一个*Counter*类，使用*public*访问修饰符，表示该类对所有代码可见。

• 定义一个私有变量*_count*，用于存储计数值。*static*表示这个变量属于类本身，而不是属于类的某个实例，所有实例共享这一变量。使用下划线_作为私有字段的命名约定，表明它是类的内部实现细节。

↳. 定义 *Count* 属性

```
    public static int Count
    {
        get { return _count; }
        set { _count = value; }
    }
```

• 定义一个公有的静态属性*Count*，对外部代码公开。

• *get*访问器（*getter*）用于返回*_count*的值。外部代码通过*Counter.Count*读取当前的计数值。

• *set*访问器（*setter*）用于修改*_count*的值。外部代码通过*Counter.Count = value;*设置新的计数器。

静态属性*Count*和静态字段*_count*的区别在于：*_count*是类内部使用的实际存储变量；*Count*是对外的接口，提供对*_count*的受控访问。

7.2 继承和多态

❶ 继承

在面向对象编程（OOP）中，继承是一个核心概念，但不同编程语言在实现继承时存在语法和行为上的差异，见表7.1。在 Python 中，继承通过在类定义时使用括号指定父类来实现。子类可以重写父类的方法，并使用 *super()* 调用父类方法［如 *super().speak()*］。C++ 中的继承通过在类声明中使用 **:** 来指定基类。C++ 支持公有继承（public）、保护继承（protected）和私有继承（private）。方法可以被重写，并且使用 *virtual* 关键字启动运行时多态，配合 *override* 重写基类的虚函数。C# 的继承通过冒号 **:** 类指定基类，方法可以使用 *virtual* 关键字声明虚方法，子类可以使用 *override* 关键字重写虚方法，并支持多态。

表7.1　继承的特性

特性	Python	C++	C#
继承类型	单继承和多（重）继承	单继承和多（重）继承	单继承和接口实现多（重）继承
默认基类	*object*	无默认基类	*System.Object*
访问控制	没有明确访问修饰符	*public*、*protected*、*private*	*public*、*protected*、*private*
多继承支持	支持（MRO 管理）	支持（但易出现菱形继承问题）	不支持，使用接口实现
内存管理	自动	手动	自动
多态支持	动态（通过 duck typing）	静态和动态（*virtual/override*）	静态和动态（*virtual/override*）

❷ 多态

多态是面向对象编程的一个重要特性，指的是同一操作作用于不同类型对象时所表现出的不同行为，见表7.2。通过多态，父类指针或引用可以指向子类对象，并调用被重写的方法。多态可以分为运行时多态（动态多态）和编译时多态（静态多态）。

表7.2　多态的特性

特性	Python	C++	C#
支持的多态类型	运行时多态（通过 duck typing）	运行时多态（虚函数/重写）+编译时多态（函数重载/模板）	运行时多态（虚方法/重写）+编译时多态（方法重载/泛型）
动态绑定	自动	通过虚函数和动态绑定	通过虚方法和动态绑定
关键字	无显示关键字，动态解析	*virtual*（基类），*override*（派生类）	*virtual*（基类），*override*（派生类）
多态的实现方式	方法重写、duck typing	通过虚函数和重写	通过虚方法和重写
编译时多态	不支持	支持（函数重载、模板）	支持（方法重载、泛型）

Python 中的多态被称为 duck typing（鸭子类型）是因为其基于对象的行为而非其类型。在 Python 中，如果一个对象像鸭子一样游泳、嘎嘎叫，就可以认为它是鸭子。这个概念用来形容 Python 中的动态类型和多态性，即只要对象实现了必要的方法或属性，就能够被当作某个类型来使用，而不关心其具体的类型是什么。这个术语来源于一句谚语“If it looks like a duck and quacks like a duck, it's a duck”（如果它看起来像鸭子、听起来也像鸭子，那它就是鸭子）。

Py

Python 中，OOP 中的继承允许一个类从另一个类继承属性和方法。继承使得代码复用变得容易，并也支持多态等其他 OOP 特性。继承的基本概念包括父类（base class/superclass），被继承的类；和子类（drived class/subclass），继承父类的类。

❶ 单继承（7358.py）

```
# 定义父类（基类）
class Animal:
    def __init__(self, name):
        self.name = name
```

```
    def speak(self):
        return f"{self.name} makes a sound."

# 定义子类（派生类）
class Dog(Animal):
    def __init__(self, name, breed):
        super().__init__(name) # 调用父类的构造方法
        self.breed = breed

    def speak(self): # 子类重新父类的方法
        print(f"{self.name} barks.")

class Cat(Animal):
    def speak(self): # 子类重新父类的方法
        print(f"{self.name} meows.")

dog = Dog("Buddy", "Golden Retriever")
cat = Cat("Whiskers")

dog.speak()
cat.speak()
```

\>>>

```
Buddy barks.
Whiskers meows.
```

代码解读

• *super()* 用于调用父类的方法。例如，在子类中的构造函数中，使用 *super().__init__(name)* 来调用父类的构造方法。

• 方法重写（*Override*） 子类可以重写父类的方法，修改其行为，例如子类重写父类的 *speak()* 方法。

• *__init__* 构造方法 子类可以重写父类的构造方法，以便根据需要初始化子类特有的属性。通过 *super()* 可以调用父类的 *__init__* 方法，确保父类的初始化逻辑被执行。

❷ 多（重）继承（7359.py）

Python 支持多重继承，即一个子类可以继承多个父类。在多重继承中，类的继承顺序非常重要，其遵循方法解析顺序（method rsolution order，MRO）。MRO 确定了在调用方法时，Python 会按照什么顺序去查找方法和属性，尤其当涉及多个父类时。可以使用类的 *mro()* 方法或 *__mro__* 属性查看类的 MRO 顺序。

```
class Animal:
    def __init__(self, name):
        self.name = name

class Mammal:
    def give_birth(self):
        print(f"{self.name} gives birth.")

class Dog(Animal, Mammal):
    def __init__(self, name, breed):
        Animal.__init__(self, name)
        self.breed = breed

    def speak(self):
        print(f"{self.name} barks.")
```

```
dog = Dog("Buddy", "Golden Retriever")
dog.speak()
dog.give_birth()

print(Dog.mro())
```

\>>>

```
Buddy barks.
Buddy gives birth.
[<class '__main__.Dog'>, <class '__main__.Animal'>, <class '__main__.
Mammal'>, <class 'object'>]
```

C++

C++ 中，OOP 中的继承是将一个类的属性和方法，即成员变量和成员函数传递到另一个类的机制。继承允许在已有类基础上创建新类，增强代码复用性。继承的基本概念包括基类（base class），被继承的类和派生类（derived class），从基类继承的类。

❶ 单继承（7360.cpp）

```
#include <iostream>
#include <format>

// 基类
class Base {
public:
    int baseValue;

    Base(int val) : baseValue(val) {} // 基类构造函数

    virtual void display() { // 使用 virtual（虚函数），允许派生类重写该方法
        std::cout << std::format("Base class value: {}\n", baseValue);
    }
};

// 派生类
class Derived : public Base { // 公有继承
public:
    int derivedValue;

    Derived(int baseVal, int derivedValue) : Base(baseVal), derivedValue
(derivedValue) {} // 派生类构造函数

    void display() override { // 使用 override，重写基类的虚函数 display
        std::cout << std::format("Derived class value: {}\n", derivedValue);
    }
};

int main() {
    Derived instance(10, 20); // 创建 Derived 类对象 instance

    // 调用 display 方法
    instance.display();

    return 0;
}
```

\>>>

```
Derived class value: 20
```

代码解读

↳. 定义基类，及成员变量

• class Base { ... }; 定义一个名为Base的类，表示基类。

• public: 公共访问修饰符，接下来的成员对外部代码可访问。

• int baseValue; 定义一个整型成员变量baseValue，表示基类的值。

↳. 基类的构造函数

• Base(int val): baseValue(val) {} 与类同名来定义构造函数，接收一个参数val；用初始化列表 baseValue(val) {}，直接初始化成员变量baseValue，提高效率。

↳. 虚函数

• virtual void display() 定义虚函数display，用于输出baseValue的值。由virtual关键字定义的虚函数允许派生类重写该方法，并支持运行时多态。

• std::format("Base class value: {}\n", baseValue) 使用std::format格式化输出baseValue。std::cout将格式化后的字符打印到控制台。

↳. 定义派生类，及成员变量

• class Derived : public Base { ... }; 定义派生类Derived，继承自基类Base。使用public Base表示公开继承，基类的public成员和方法在派生类中仍然为public。

• int derivedValue; 定义一个整型成员变量derivedValue，表示派生类的特有值。

↳ 派生类构造函数

• Derived(int baseVal, int derivedValue) 构造函数接收两个参数，baseVal（传递给基类的值）和derivedValue（派生类的值）。

• : Base(baseVal) 调用基类的构造函数，初始化baseValue。

• derivedValue(derivedValue) 使用初始化列表初始化派生类的成员变量derivedValue。

↳. 重写虚函数

• void display() override override关键字明确声明该方法是对基类虚函数的重写，以增强代码的可读性和安全性。重写基类的display虚函数。

↳. 实例化对象和调用方法

• Derived instance(10, 20); 创建Derived类的对象instance。调用Derived类的构造函数初始化Base::baseValue（baseVal = 10）和Derived::derivedValue（derivedValue = 20）。

• instance.display(); 调用instance对象的display方法。由于Derived类重写了display，运行时调用的是派生类的版本。

又如以下示例（7361.cpp）。

```
#include <iostream>
#include <format>

// 基类
class Animal {
public:
    Animal(const std::string& name) :name(name) {}

    virtual void speak() {
        std::cout << std::format("{} makes a sound.\n", name);
    }

protected:
    std::string name;
```

```
};
// 派生类
class Dog : public Animal {
public:
    Dog(const std::string& name, const std::string& breed) :Animal(name), breed(b
reed) {}

    void speak()override {
        std::cout << std::format("{}, barks!\n", name);
    }
private:
    std::string breed;
};


int main() {
    Dog dog("Buddy", "Golden Retriever");
    dog.speak();

    return 0;
}
```

>>>

```
Buddy, barks!
```

代码解读

• 继承方式有公有继承（public）、保护继承（protected）和私有继承（private）。公有继承为派生类公开继承基类的公有成员，是最常见的继承类型；保护继承为派生类以受保护的方式继承基类的公有成员和受保护成员；私有继承为派生类以私有的方式继承基类的公有成员和受保护成员。

• 构造函数与初始化列表　在派生类构造函数中，必须显式地调用基类的构造函数来初始化基类部分。并通过初始化列表来初始化基类部分。

• 方法重写（Override）　派生类可以重写（覆盖）父类的方法，例如 *speak()* 方法在 *Dog* 类中被重写。*override* 关键字可以明确告诉编译器正在重写基类的虚函数 *virtual*。基类的方法如果声明为 *virtual*，则可以实现运行时多态，意味着通过基类指针或引用调用派生类的方法时，实际调用的是派生类的方法，而不是基类中的方法。

❷ 多（重）继承（7362.cpp）

C++ 支持多重继承，一个派生类可以继承多个基类，多个基类之间使用逗号分隔。但多重继承可能会导致“菱形继承问题”（或“钻石问题”），即多个基类继承自同一祖先类，而派生类又同时继承这些基类，导致派生类中有多个相同的基类成员副本（冗余继承），派生类无法明确选择哪一个基类成员（歧义问题）。为了解决菱形问题，C++ 提供了虚继承（virtual inheritance），使基类的成员在派生类中只有一份共享的副本，语法为 *class DerivedClass : virtual public BaseClass { };*。多重继承实现了代码复用，也更贴近某些场景中一个类具有多基类的特性。但是也带来了复杂性，可维护性差和性能影响等问题。因此，尽量避免不必要的多重继承，优先选择单继承或组合继承，并使用虚继承来解决菱形继承问题，明确指定基类作用域，避免成员访问的歧义，并对复杂继承关系进行清晰的设计和注释，确保代码可读性。

```
#include <iostream>
#include <format>
```

```
class A {
public:
    void displayA() {
        std::cout << "Class A" << std::endl;
    }
};

class B {
public:
    void displayB() {
        std::cout << "Class B" << std::endl;
    }
};

class C : public A, public B {
public:
    void displayC() {
        std::cout << "Class C" << std::endl;
    }
};

int main() {
    C obj;
    obj.displayA();
    obj.displayB();
    obj.displayC();
    return 0;
}
```

>>>

```
Class A
Class B
Class C
```

❸ 析构函数（7363.cpp）

析构函数（destructor）是一个特殊的成员函数，用于在对象的生命周期结束时自动执行清理工作，以释放对象占用的资源，例如内存、文件句柄或网络连接等。析构函数的名称与类名同，但是需要在前面加一个波浪号 ~，以区分构造函数。例如 *~Base()*；析构函数不能接收参数，也不能返回任何值；当对象的生命周期结束时，析构函数会被自动调用，无需手动；析构函数不能被重载。

```
#include <iostream>

class MyClass {
public:
    MyClass() {
        std::cout << "Constructor called!" << std::endl;
    }

    ~MyClass() {
        std::cout << "Destructor called!" << std::endl;
    }
};

int main() {
    MyClass obj; // 创建对象，调用构造函数
```

```
    std::cout << "Inside main function." << std::endl;
    // main 函数结束，obj 的析构函数被调用
    return 0;
}
```

\>>>

```
Constructor called!
Inside main function.
Destructor called!
```

需要注意，不要在析构函数中抛出异常，这可能会导致未定义的行为，尤其在栈展开（stack unwinding）过程中。当对象数组销毁时，析构函数会被依次调用。(7364.cpp)

```
#include <iostream>
#include <format>

class MyClass {
public:
    MyClass() {
        std::cout << "Constructor called!" << std::endl;
    }

    ~MyClass() {
        std::cout << "Destructor called!" << std::endl;
    }
};

int main() {
    MyClass arr[3];
    std::cout << "Inside main function." << std::endl;

    return 0;
}
```

\>>>

```
Constructor called!
Constructor called!
Constructor called!
Inside main function.
Destructor called!
Destructor called!
Destructor called!
```

如果一个类有多态行为（即通过基类指针或引用操作派生类对象），析构函数应声明为虚函数（*virtual*），成为虚析构函数，以确保销毁对象时调用正确的析构函数。(7365.cpp)

```
#include <iostream>
#include <format>

class Base {
public:
    Base() {
        std::cout << "Constructor called!" << std::endl;
    }

    virtual ~Base() { std::cout << "Base destructor" << std::endl; }
};

class Derived : public Base {
```

```
    ~Derived() override { std::cout << "Derived destructor" << std::endl; }
};

int main() {
    Base* obj = new Derived();
    delete obj;
    return 0;
}
```

\>>>

```
Constructor called!
Derived destructor
Base destructor
```

C#

在 C# 中，继承是面向对象编程（OOP）的核心特征之一，允许一个类继承另一个类的成员（属性和方法），从而实现代码的复用、扩展和多态性。OOP 的基本概念包括基类（base class/parent class）和派生类（derived class/child class）。C# 中的继承使用 : 来表示，派生类可以继承基类的公有成员和受保护成员。

❶ 单继承（7366.cs）

```
using System;
class BaseClass
{
    public string Name { get; set; }
    public void Display()
    {
        Console.WriteLine($"Name: {Name}");
    }
}

class DerivedClass : BaseClass
{
    public int Age { get; set; }
    public void Show()
    {
        Console.WriteLine($"Name: {Name};  Age: {Age}");
    }
}

class Program
{
    static void Main()
    {
        // 创建 BaseClass 类的实例，设置字段值，并调用 Show 和 Display 方法
        DerivedClass derivedObj = new DerivedClass();
        derivedObj.Name = "Bob";
        derivedObj.Age = 29;
        derivedObj.Show();
        derivedObj.Display();
    }
}
```

```
>>>
Name: Bob; Age: 29
Name: Bob
```

代码解读

↳. 定义基类*BaseClass*和属性*Name*及方法*Display*

• *class BaseClass { ... }* 定义一个名为*BaseClass*的类，这个类包含一个属性*Name*和一个方法*Display*。

• *public string Name { get; set; }* 定义一个*public*的自动实现属性*Name*，类型为*string*。自动属性意味着 C# 会自动为该属性提供一个私有字段，并提供默认的*get*和*set*访问器。*get*访问器返回字段的值；*set*访问器设置字段的值。

• *public void Display()* 定义一个公有方法*Display*，没有返回值（*void*），仅使用*Console.WriteLine($"Name: {Name}");*输出格式化的字符串，包含*Name*字段的值。

↳. 定义派生类*DerivedClass*和属性*Age*及方法*Show*

• *class DerivedClass : BaseClass { ... }* 定义一个名为*DerivedClass*的类，继承自基类*BaseClass*，意味着*DerivedClass*拥有*BaseClass*的所有公有（公共）成员（包括*Name*字段和*Display*方法）。*DerivedClass*还新增了一个*Age*属性和一个*show*方法。

• *public int Age { get; set; }* 定义一个*public*的自动实现属性*Age*，类型为*int*。这个属性用于存储派生类中的年龄数据。

• *public void Show()* 定义了一个公共方法*Show*，没有返回值（*void*），仅用*Console.WriteLine($"Name: {Name}; Age: {Age}");*打印*Name*和*Age*字段值。

又如以下示例（7367.cs）。

```
using System;
// 基类
class Animal
{
    public string Name { get; set; }
    public Animal(string name)
    {
        Name = name;
    }
    public virtual void Speak()
    {
        Console.WriteLine($"{Name} makes a sound.");
    }
}
// 派生类
class Dog : Animal
{
    public Dog(string name) : base(name) { }
    public override void Speak() // 重写基类方法
    {
        Console.WriteLine($"{Name} barks.");
    }
}
```

```
// 派生类
class Cat : Animal
{
    public Cat(string name) : base(name) { }

    public override void Speak() // 重写基类方法
    {
        base.Speak();
        Console.WriteLine($"{Name} meows.");
    }
}

class Program
{
    static void Main()
    {
        Animal dog = new Dog("Budyy");
        Animal cat = new Cat("Whiskers");

        dog.Speak();
        cat.Speak();
    }
}
```

>>>

```
Budyy barks.
Whiskers makes a sound.
Whiskers meows.
```

代码解读

• 构造函数与基类调用　派生类的构造函数通常需要调用基类的构造函数，用*base*关键字实现。

• 方法重写　在基类中用*virtual*关键字声明可以被重写的方法；在派生类中使用*override*关键字重写该方法；如果派生类不希望其方法再被重写，可以使用*sealed*关键字，如*public sealed override void Speak() {}*。

• *base*关键字　用于访问和调用基类的成员（属性或方法），如*base.Speak();*。

• 多态（polymorphisum）　多态通过基类引用调用派生类对象的方法。使用虚方法（*virtual*）和重写（*override*）实现运行时多态。

• 访问修饰符　基类的*public*和*protected*成员可以被派生类访问；*private*成员不能被派生类直接访问；*protected*修饰符允许派生类访问，但外部类无法访问。

❷ 接口（interface）与继承（7368.cs）

接口（interface）和多重继承（multiple inheritance）是常见的面向对象编程概念。C# 不支持类的多重继承（即一个类直接继承多个类），但是支持实现多个接口。这种机制允许获得类似多重继承的功能，同时避免多重继承带来的复杂性和潜在问题。接口是定义一组方法签名（没有实现）的结构，任何类或结构体都可以实现一个或多个接口。接口可以包含方法、属性、事件和索引器等成员，但不能包含字段。接口的特点有：不能包含实现，只有方法签名；类必须实现接口中定义的所有方法（除非类是抽象类）；一个类可以实现多个接口，相当于多重继承；接口本身可以继承多个其他接口。

```
using System;
// 定义接口
```

```
public interface IDrivable
{
    void Drive(); // 接口方法没有实现
}
public interface IFlyable
{
    void Fly(); // 接口方法没有实现
}
// 实现多个接口
public class Vehicle : IDrivable, IFlyable
{
    public void Drive()
    {
        Console.WriteLine("Driving the vehicle");
    }
    public void Fly()
    {
        Console.WriteLine("Flying the vehicle");
    }
}
class Program
{
    static void Main()
    {
        Vehicle v = new Vehicle();
        v.Drive(); // 调用 Drive 方法
        v.Fly(); // 调用 Fly 方法
    }
}
```

\>>>

```
Driving the vehicle
Flying the vehicle
```

代码解读

- *IDriveable*和*IFlyable*是两个接口，分别定义了*Drive*和*Fly*方法。
- *Vehicle*类同时实现了*IDriveable*和*IFlyable*这两个接口，并提供了具体实现。
- 在*Main*方法中，创建了*Vehicle*类的对象*v*，然后调用了*Drive()*和*Fly()*方法。

接口可以继承其他接口。这样一个接口可以继承多个接口的方法签名。(7369.cs)

```
using System;
// 定义基础接口
public interface IShape
{
    void Draw();
}
public interface IColorable
{
    void Color();
}
// 定义一个继承多个接口的接口
public interface IColoredShape : IShape, IColorable
```

```
{
    void GetShapeDetails();
}
// 实现接口
public class Circle : IColoredShape
{
    public void Draw()
    {
        Console.WriteLine("Drawing Circle");
    }
    public void Color()
    {
        Console.WriteLine("Coloring Circle");
    }
    public void GetShapeDetails()
    {
        Console.WriteLine("This is a colored circle");
    }
}
class Program
{
    static void Main()
    {
        Circle c = new Circle();
        c.Draw(); // 绘制圆形
        c.Color(); // 给圆形上色
        c.GetShapeDetails(); // 获取圆形细节
    }
}
```

>>>

```
Drawing Circle
Coloring Circle
This is a colored circle
```

代码解读

- *IShape*和*IColorable*是两个基础接口。
- *IColoredShape*继承自这两个接口，要求实现它们的方法。
- *Circle*类实现了*IColoredShape*接口，并提供了相应的实现。

C#中，析构函数（Destructor）是一种特殊的成员方法，用于在对象销毁之前执行清理工作，通常用于释放非托管资源，例如文件句柄、数据库连接或其他系统资源等。C# 的垃圾回收机制会自动管理托管资源的内存，因此不需手动释放托管对象，但对于非托管资源，依然需要显示清理。如果类持有非托管资源，推荐实现 IDisposable 接口，并在 Dispose 方法中显示释放资源，避免依赖析构函数。

7.3 抽象

抽象是面向对象编程（OOP）的一个重要概念，指的是隐藏对象的具体实现。通过提供一个简洁的接口，让用户只关注功能的使用，而无需了解内部的实现细节。抽象通常通过抽象类和接口来实现，其特性见表7.3。

表7.3　抽象的特性

特性	Python	C++	C#
定义抽象类	*class Animal(ABC)*	*class Animal {virtual void speak() = 0;};*	*abstract class Animal {}*
抽象方法	*@abstractmethod def speak(self):*	*virtual void speak() = 0*	*public abstract void Speak();*
抽象类实例化	不能实例化抽象类	不能实例化包含纯虚函数的类	不能实例化抽象类
继承与实现	子类必须实现抽象方法	子类必须实现纯虚函数	子类必须实现抽象方法
已实现方法	可以包含普通方法	可以包含已实现方法	可以包含已实现方法
关键字	*@abstractmethod, ABC*	*virtual, = 0*	*abstract, override*

Py

在 Python 中，抽象类是通过 abc（abstract base class）模块来实现的。抽象类（abstract class）是不能实例化的类，其定义了一个接口（方法），但这些方法并没有具体实现，子类必须实现这些抽象方法。具体实现是使用*ABC*类（*abc.ABC*）和*@abstractmethod*装饰器来定义抽象类和抽象方法。抽象类可以包含非抽象方法（既有实现的方法）。（7370.py）

```
from abc import ABC, abstractmethod

class Animal(ABC):
    @abstractmethod
    def speak(self):
        pass

class Dog(Animal):
    def speak(self):
        return "Woof"

class Cat(Animal):
    def speak(self):
        return "Meow"

# animal = Animal() # 错误，不能实例化抽象类，返回错误信息为 TypeError: Can't
instantiate abstract class Animal without an implementation for abstract
method 'speak'
dog = Dog()
cat = Cat()

print(dog.speak())
print(cat.speak())
```

>>>

```
Woof
Meow
```

代码解读

- *Animal*类是抽象类，不能直接实例化。
- *speak()*方法是抽象方法，必须由子类实现。
- *@abstractmethod*装饰器标记抽象方法，确保子类实现这些方法。

C++

在C++中，抽象类通过纯虚函数（pure virtual function）来实现。一个包含至少一个纯虚函数的类就是一个抽象类，不能实例化。纯虚函数使用`= 0`语法类定义。派生类必须实现所有的纯虚函数，除非子类本身也是抽象类。（7371.cpp）

```
#include <iostream>
#include <format>

class Animal {
public:
    virtual void speak() = 0; // 纯虚函数
    virtual ~Animal() {} // 虚析构函数
};

class Dog : public Animal {
public:
    void speak() override {
        std::cout << "Woof" << std::endl;
    }
};

class Cat : public Animal {
public:
    void speak() override {
        std::cout << "Meow" << std::endl;
    }
};

int main() {
    // Animal animal; // 错误：不能实例化抽象类，返回错误信息为，object of abstract
class type "Animal" is not allowed
    Animal* dog = new Dog();
    Animal* cat = new Cat();

    dog->speak();
    cat->speak();

    delete dog;
    delete cat;

    return 0;
}
```

>>>

```
Woof
Meow
```

代码解读

- *speak()* 是一个纯虚函数，*Animal* 类是抽象类。
- *Dog* 和 *Cat* 必须实现 *speak()* 方法，才能实例化。
- 纯虚函数使用 *= 0* 来定义，表示该函数没有实现，必须由子类实现。

C#

在 C# 中，抽象类使用 *abstract* 关键字定义。抽象类可以包含抽象方法和已实现的方法。抽象方法在类中声明，但没有实现，必须在子类中实现。使用 *abstract* 关键字定义抽象类和抽象方法。抽象类可以包含已经实现的方法，派生类可以选择重写这些方法。（7372.cs）

```
using System;

abstract class Animal
{
    public abstract void Speak(); // 抽象方法

    public void Move()
    {
        Console.WriteLine("Moving...");
    }
}

class Dog : Animal
{
    public override void Speak()
    {
        Console.WriteLine("Woof");
    }
}

class Cat : Animal
{
    public override void Speak()
    {
        Console.WriteLine("Meow");
    }
}

class Program
{
    static void Main()
    {
        // Animal animal = new Animal(); // 错误：不能实例化抽象类，返回错误信息为，
Cannot create an instance of the abstract type or interface 'Animal'
        Animal dog = new Dog();
        Animal cat = new Cat();

        dog.Speak();
        cat.Speak();
        dog.Move();
    }
}
```

>>>

```
Woof
Meow
Moving...
```

代码解读

- *Speak()* 是抽象方法，必须在派生类中实现。
- *Move()* 是已实现的方法，派生类可以选择是否重写。
- 抽象类不能实例化，必须通过派生类来实例化。

第8章 结构体和联合体

C、C++和C#的结构体（struct）及C/C++ 联合体（union）是用来组合不同类型数据的工具，由用户定义，从而形成一个单一复合数据类型，其目的是让相关数据能够作为一个整体进行处理，每个成员可以有不同的数据类型。C/C++ 结构体和联合体的主要区别见表8.1。

表8.1　结构体和联合体主要区别

比较内容	结构体	联合体
内存分配	结构体中的每个成员都有自己的内存空间，结构体的总大小等于所有成员大小的总和	联合体中的所有成员共享同一块内存空间，因为联合体每次只能存储其中一个成员，联合体的大小等于最大成员的大小
访问方式	结构体的每个成员都可以独立存储和访问，多个成员可以同时有效	联合体的所有成员共用同一块内存，每次只能存储一个成员，因此在同一时刻只能访问一个成员
用途	通常用于存储不同类型的多个数据元素，例如表示一个学生的信息（姓名、年龄、成绩等）	通常用于节省内存空间，特别是在需要存储不同类型数据但只在某一时刻需要其中之一的场景中

8.1 结构体

8.1.1 结构体的基本语法

C

C 结构体的基本语法如下（8373.c）。

```
// 定义结构体
struct StructureName {
    dataType member1;
    dataType member2;
    // 其他成员
};
```

具体示例如下。

```
#include <stdio.h>

struct Person {
    char name[50];
    int age;
    float height;
};

int main() {
    // 声明结构体变量并初始化
    struct Person person1 = { "Alice", 30, 173 };

    // 访问结构体成员
    printf("Name: %s\n", person1.name);
    printf("Age: %d\n", person1.age);
    printf("Height: %.2f\n", person1.height);

    // 修改结构体成员
    person1.age = 27;
    printf("Updated Age: %d\n", person1.age);
```

```
    return 0;
}
```

>>>

```
Name: Alice
Age: 30
Height: 173.00
Updated Age: 27
```

C++

C++ 结构体与类的功能类似，但默认成员权限为*public*。除了包含 C 的结构体功能外，还支持构造函数、方法及其他面向对象的特征。

C++ 结构体的基本语法如下（8374.cpp）。

```
struct StructureName {
    dataType member1;
    dataType member2;
    // 其他成员
};
```

具体示例如下。

```
#include <iostream>

// 定义结构体
struct Person {
    std::string name;
    int age;
    double height;
};

int main() {
    // 定义结构体变量并初始化
    Person person1 = { "Alice", 30,173 };

    // 访问结构体成员
    std::cout << "Name: " << person1.name << std::endl;
    std::cout << "Age: " << person1.age << std::endl;
    std::cout << "Height: " << person1.height << std::endl;

    // 修改结构体成员
    person1.age = 27;
    std::cout << "Updated Age: " << person1.age << std::endl;

    return 0;
}
```

>>>

```
Name: Alice
Age: 30
Height: 173
Updated Age: 27
```

C#

在 C# 中，结构体*struct*是一种值类型数据结构，用于封装多个相关的数据。与类（class）不同，结构体存储于堆栈（stack），具有更高的性能，尤其在处理小型数据时。

C# 结构体使用*struct*关键字定义，可以包括字段、属性、方法、事件、索引器和构造函

数等。由于结构体是值类型，赋值操作会复制值，而不是引用。(8375.cs)

```
using System.ComponentModel.DataAnnotations;
struct StructureName
{
    public Datatype Member1;
    public Datatype Member2;
    public StructureName(DataType member1, Datatype member2)
    {
        Member1 = member1;
        Member2 = member2;
    }
    public void Display()
    {
        Console.WriteLine($"Member1: {Member1}, Member2: {< Member2}");
    }
}
```

具体示例如下。

```
using System;
struct Point
{
    public int X;
    public int Y;
    // 带参数的构造函数
    public Point(int x, int y)
    {
        X = x;
        Y = y;
    }
    // 显示点的信息
    public void Display()
    {
        Console.WriteLine($"Point: ({X},{Y})");
    }
}
class Program
{
    static void Main()
    {
        // 使用构造函数初始化结构体
        Point p1 = new Point(10, 20);
        // 逐一赋值初始化
        Point p2;
        p2.X = 30;
        p2.Y = 40;
        // 调用方法
        p1.Display();
        p2.Display();
    }
}
```

>>>

```
Point: (10,20)
Point: (30,40)
```

8.1.2　结构体的声明和定义方式

❶ 先定义结构体再声明变量（8376.c）

可以在文件的全局作用域定义结构体，然后在需要的地方声明结构体变量。

```
#include <stdio.h>

struct Point {
    int x;
    int y;
};

int main() {
    struct Point p1 = { 10,20 };
    printf("x = %d; y = %d\n", p1.x, p1.y);

    return 0;
}
```

>>>

```
x = 10; y = 20
```

❷ 在声明变量时定义结构体（8377.c）

如果结构体只在特定范围内使用，则可以直接在变量声明时定义。

声明结构体变量时初始化值。

```
#include <stdio.h>

int main() {
    struct Point {
        int x;
        int y;
    }point1 = { 5,10 }, point2 = { 15,20 };

    printf("point1 = (%d, %d)\n", point1.x, point1.y);
    printf("point2 = (%d, %d)\n", point2.x, point2.y);

    return 0;
}
```

>>>

```
point1 = (5, 10)
point2 = (15, 20)
```

❸ 声明结构体变量后赋值（8378.c）

```
#include <stdio.h>

int main() {
    struct Point {
        int x;
        int y;
    }point1, point2;

    point1.x = 5;
```

```
    point1.y = 10;
    point2.x = 15;
    point2.y = 20;

    printf("point1 = (%d, %d)\n", point1.x, point1.y);
    printf("point2 = (%d, %d)\n", point2.x, point2.y);

    return 0;
}
```

\>>>

```
point1 = (5, 10)
point2 = (15, 20)
```

C++

❶ 先定义结构体再声明变量（8379.cpp）

可以在文件的全局作用域定义结构体，然后在需要的地方声明结构体变量。

```
#include <iostream>
#include <format>

struct Point {
    int x;
    int y;
};

int main() {
    struct Point p1 = { 10,20 };
    std::cout << std::format("x = {}; y = {}\n", p1.x, p1.y);

    return 0;
}
```

\>>>

```
x = 10; y = 20
```

❷ 在声明变量时定义结构体（8380.cpp）

如果结构体只在特定范围内使用，则可以直接在变量声明时定义。

声明结构体变量时初始化值。

```
#include <iostream>
#include <format>

int main() {
    struct Point {
        int x;
        int y;
    }point1 = { 5,10 }, point2 = { 15,20 };

    std::cout << std::format("point1 = ({},{})\n", point1.x, point1.y);
    std::cout << std::format("point2 = ({},{})\n", point2.x, point2.y);

    return 0;
}
```

\>>>

```
point1 = (5,10)
point2 = (15,20)
```

❸ 声明结构体变量后赋值（8381.cpp）

```
#include <iostream>
#include <format>

int main() {
    struct Point {
        int x;
        int y;
    }point1, point2;

    point1.x = 5;
    point1.y = 10;
    point2.x = 15;
    point2.y = 20;

    std::cout << std::format("point1 = ({},{})\n", point1.x, point1.y);
    std::cout << std::format("point2 = ({},{})\n", point2.x, point2.y);

    return 0;
}
```

>>>

```
point1 = (5,10)
point2 = (15,20)
```

8.1.3 结构体的初始化

C

（8382.c）

```
#include <stdio.h>

struct MyStruct {
    int id;
    char name[50];
};

int main() {
    // 声明并初始化（列表初始化）
    struct MyStruct s1 = { 1, "Alice" };
    printf("Id: %d, Name: %s\n", s1.id, s1.name);

    // 声明后赋值（使用成员初始化）
    struct MyStruct s2;
    s2.id = 2;
    snprintf(s2.name, sizeof(s2.name), "John Doe"); // strcpy(s2.
name, "John Doe");
    printf("Id: %d, Name: %s\n", s2.id, s2.name);

    return 0;
}
```

>>>

```
Id: 1, Name: Alice
Id: 2, Name: John Doe
```

代码解读

• *snprintf* 是一个用于将格式化的数据写入字符串数组的函数。其作用与*printf*类似，但*snprintf*不会直接输出到标准输出，而是将结果写入指定的字符数组，并确保其不会超过数组的大小，避免缓冲区溢出。*snprintf*函数原型为*int snprintf* *(char *str, size_t size, const char *format, ...);*。参数*str*指向字符数组的指针，结果将被写入到该数组中；*size*为要写入的最大字符数（包括字符串的终止字符 *\0*），如果数组的大小不足以容纳所有数据，*snprintf*将确保不会超过此大小；*format*为格式化字符串，类似于*printf*的格式化方式，用于指定如何格式化后续的参数；*...*为格式化字符串中指定的额外参数，类似于*printf*中的参数。*snprintf*返回写入字符数组的字符数（不包括终止符 *\0*）。如果返回值大于或等于*size*，则表示结果被截断，输出的数据没有完全写入字符数组。

• *strcpy* 是一个用于将一个字符串复制到另一个字符串的标准库函数，通常用于字符串的复制，但需要注意避免发生缓冲区溢出，其函数原型为*char *strcpy(char *dest, const char *src);*。参数*dest*为目标字符串指针，指向一个足够大的字符数组，存储复制后的字符串；*src*源字符串指针，为复制的字符串。*strcpy*返回*dest*，即目标字符串的指针。

C++

C++ 结构体和 C 类似，但支持更多的初始化方法，如构造函数。（8383.cpp）

```
#include <iostream>
#include <string>
#include <format>

struct MyStruct {
    int id;
    std::string name;

    // 构造函数
    MyStruct() :id(0), name("Nobody") {} // 默认构造函数
    MyStruct(int i, std::string n) :id(i), name(n) {} // 自定义构造函数
};

int main() {
    // 使用构造函数初始化
    MyStruct s1(1, "Alice");

    // 列表初始化
    MyStruct s2 = { 2,"John Doe" };

    // 默认初始化后赋值（需要在结构体中配置默认构造函数）
    MyStruct s3;
    s3.id = 3;
    s3.name = "Lily";

    for (auto s : { s1,s2,s3 }) {
        std::cout << std::format("Id: {}, Name: {}\n", s.id, s.name);
    }

    return 0;
}
```

\>>>

```
Id: 1, Name: Alice
Id: 2, Name: John Doe
Id: 3, Name: Lily
```

代码解读

```
MyStruct() :id(0), name("Nobody") {}
```

• 定义的默认构造函数。这个构造函数没有参数；初始化列表*id(0),name("Nobody")*

用于初始化*id*为*0*和*name*为*Nobody*。当使用*MyStruct*时未提供任何参数，如*MyStruct s3;*，这个默认构造函数将被调用。

```
MyStruct(int i, std::string n) :id(i), name(n) {}
```

• 定义的构造函数。这个构造函数接收两个参数：*int i*和*std::string n*。初始化列表*id(i),name(n)*用于将传入的参数*i*和*n*分别赋值给*id*和*name*成员变量。当创建*MyStruct*对象时提供有具体参数，例如*MyStruct s1(1, "Alice");*，这个构造函数将被调用。

C#

在 C# 中，结构体*struct*默认是值类型（value type），并且编译器会自动生成一个默认构造函数。这个默认构造函数会将所有字段初始化为其默认值，如*int*类型初始化为 0，*string*类型初始化为*null*等。C# 不允许显示定义无参数的默认构造函数（从 C#10 开始例外，但仅适用于 .NET6 或更高版本）。（8384.cs）

```
using System;

struct MyStruct
{
    public int Id;
    public string Name;

    // 构造函数
    public MyStruct(int id, string name)
    {
        Id = id;
        Name = name;
    }
}

class Program
{
    static void Main()
    {
        // 使用构造函数初始化
        MyStruct s1 = new MyStruct(1, "Alice");

        // 声明后对字段赋值初始化
        MyStruct s2;
        s2.Id = 2;
        s2.Name = "John Doe";

        // 对字段使用默认值。调用自动生成的默认构造函数
        MyStruct s3 = new MyStruct();

        Console.WriteLine($"Id: {s1.Id}, Name: {s1.Name}");
        Console.WriteLine($"Id: {s2.Id}, Name: {s2.Name}");
        Console.WriteLine($"Id: {s3.Id}, Name: {s3.Name}");
        Console.WriteLine($"Id: {s3.Id}, Name: {s3.Name ?? "Nobody"}");
    }
}
```

>>>

```
Id: 1, Name: Alice
Id: 2, Name: John Doe
Id: 0, Name:
```

```
Id: 0, Name: Nobody
```

定义无参数（默认）构造函数示例如下。（8385.cs）

```
using System;

struct MyStruct
{
    public int Id;
    public string Name;

    // 显示定义无参数构造函数
    public MyStruct()
    {
        Id = -1;
        Name = "Unknown";
    }
    public MyStruct(int id, string name)
    {
        Id = id;
        Name = name;
    }
}

class Program
{
    static void Main()
    {
        MyStruct s1 = new MyStruct(1, "Alice");

        MyStruct s2;
        s2.Id = 2;
        s2.Name = "John Doe";

        MyStruct s3 = new MyStruct(); // 调用显示定义的无参数构造函数

        Console.WriteLine($"Id: {s1.Id}, Name: {s1.Name}");
        Console.WriteLine($"Id: {s2.Id}, Name: {s2.Name}");
        Console.WriteLine($"Id: {s3.Id}, Name: {s3.Name}");
        Console.WriteLine($"Id: {s3.Id}, Name: {s3.Name ?? "Nobody"}");
    }
}
```

>>>

```
Id: 1, Name: Alice
Id: 2, Name: John Doe
Id: -1, Name: Unknown
Id: -1, Name: Unknown
```

代码解读

```
Console.WriteLine($"Id: {s3.Id}, Name: {s3.Name ?? "Nobody"}");
```

• *??*为空合并运算符（null-coalescing operator）。如果*s3.Name*为*null*，运算结果将为*Nobody*；如不为*null*，运算结果将为*s3.Name*的默认值。

8.1.4 访问结构体

C、C++ 和 C# 访问结构体成员方式略有不同，见表8.2。

表8.2　结构体成员访问方式

特性	C	C++	C#
成员访问操作符	. 和 ->	. 和 ->	.
是否支持方法	否	是	是
是否支持构造函数	否	是	是
是否支持指针	是	是	否（除非启用不安全代码）
默认权限	无	*public*	*public*

C

如果为结构体变量，可以用 . 访问其成员，如 *rect.width*；如果为结构体指针，需要用 -> 来间接访问其成员，如 *ptr->width*。（8386.c）

```
#include <stdio.h>
// 定义结构体
struct Rectangle {
    int width;
    int height;
};

int main() {
    struct Rectangle rect = { 10,20 }; // 声明并初始化结构体变量
    struct Rectangle* ptr = &rect; // 定义指向结构体的指针
    // 使用`.`访问结构体成员
    printf("Width: %d, Height: %d\n", rect.width, rect.height);
    // 使用`->`通过指针访问结构体成员
    printf("Width: %d, Height: %d\n", ptr->width, ptr->height);
    return 0;
}
```

\>>>

```
Width: 10, Height: 20
Width: 10, Height: 20
```

C++

如果为结构体变量，可以用 . 访问其成员，如 *rect.width*（成员变量）和 *rect.display()*（成员函数）；如果为结构体指针，需要用 -> 来间接访问其成员，如 *ptr->width*（成员变量）和 *ptr->display()*（成员函数）。（8387.cpp）

```
#include <iostream>
#include <format>
// 定义结构体
struct Rectangle {
    int width;
    int height;
    // 构造函数
    Rectangle(int w, int h) :width(w), height(h) {}
    // 成员函数
    void display() {
```

```
        std::cout << std::format("Width: {}; Height: {}\n", width, height);
    }
};

int main() {
    Rectangle rect(10, 20); // 调用构造函数创建结构体
    Rectangle* ptr = &rect; // 定义指向结构体的指针

    // 使用`.`访问成员方法
    rect.display();
    // 使用`->`通过指针访问成员方法
    ptr->display();

    // 使用`.`访问成员变量
    std::cout << std::format("Width: {}, Height: {}\n", rect.width,
rect.height);
    // 使用`->`通过指针访问成员变量
    std::cout << std::format("Width: {}, Height: {}\n", ptr->width,
ptr->height);

    return 0;
}
```

>>>

```
Width: 10; Height: 20
Width: 10; Height: 20
Width: 10, Height: 20
Width: 10, Height: 20
```

C#

C# 结构体为值类型，不能像 C/C++ 直接使用指针（除非启用不安全代码），其成员访问同一使用 . 操作符。（8388.cs）

```
using System;

struct Rectangle
{
    public int Width;
    public int Height;

    // 构造函数
    public Rectangle(int width, int height)
    {
        Width = width;
        Height = height;
    }

    // 成员方法
    public void Display()
    {
        Console.WriteLine($"Width: {Width}, Height: {Height}");
    }
}

class Program
{
    static void Main()
    {
        Rectangle rect = new Rectangle(10, 20); // 创建结构体实例
```

```
        // 使用`.`访问成员方法
        rect.Display();
        // 使用`.`访问成员变量
        Console.WriteLine($"Width: {rect.Width}, Height: {rect.Height}");
    }
}
```

\>>>

```
Width: 10, Height: 20
Width: 10, Height: 20
```

8.1.5　结构体数组

C

在 C 中，结构体数组是由结构体类型的多个实例组成的数组。通过下标访问数组中的结构体元素，然后用 . 或 -> 访问结构体成员。（8389.c）

```
#include <stdio.h>
// 定义结构体
struct Point {
    int x;
    int y;
};
int main() {
    // 定义结构体数组并初始化
    struct Point points[3] = {
        {1,2},
        {3,4},
        {5,6}
    };
    // 遍历结构体数组
    for (int i = 0; i < 3; i++) {
        printf("Point %d: x = %d, y = %d\n", i + 1, points[i].x, points[i].y);
    }
    return 0;
}
```

\>>>

```
Point 1: x = 1, y = 2
Point 2: x = 3, y = 4
Point 3: x = 5, y = 6
```

C++

C++ 的结构体数组与 C 基本相同，但可以使用 C++ 的特性，如构造函数和方法，通过初始化列表来赋值。（8390.cpp）

```
#include <iostream>
#include <format>
// 定义结构体
```

```
struct Point {
    int x;
    int y;
    // 构造函数
    Point(int a = 0, int b = 0) :x(a), y(b) {}
    // 成员函数
    void display()const {
        std::cout << std::format("X = {}, y = {}\n", x, y);
    }
};

int main() {
    // 定义结构体数组并初始化
    Point points[3] = { {1,2},{3,4},{5,6} };
    // 遍历结构体数组
    for (int i = 0; i < 3; i++) {
        std::cout << std::format("Point {}: ", i + 1);
        points[i].display();
    }
    return 0;
}
```

>>>

```
Point 1: X = 1, y = 2
Point 2: X = 3, y = 4
Point 3: X = 5, y = 6
```

C#

C# 中，结构体数组中的每个元素都是结构体的一个实例。（8391.cs）

```
using System;
// 定义结构体
struct Point
{
    public int X;
    public int Y;
    // 构造函数
    public Point(int x, int y)
    {
        X = x; Y = y;
    }
    // 成员方法
    public void Display()
    {
        Console.WriteLine($"X = {X}, Y = {Y}");
    }
}

class Program
{
    static void Main()
    {
```

```
            // 定义结构体数组并初始化
            Point[] points = new Point[3]{
                new Point(1,2),
                new Point(3,4),
                new Point(4,5)
             };
            // 遍历结构体数组
            for (int i = 0; i < points.Length; i++)
            {
                Console.Write($"Point {i + 1}: ");
                points[i].Display();
            }

        }
}
```

>>>

```
Point 1: X = 1, Y = 2
Point 2: X = 3, Y = 4
Point 3: X = 4, Y = 5
```

8.1.6　结构体嵌套

在 C、C++ 和 C# 中，结构体可以嵌套，即在一个结构体内部定义另一个结构体。

C

示例中，*struct Address*被嵌套在*struct Person*中，可以使用*person.address.street*和*ptr->address.city*访问嵌套结构体的成员。（8392.c）

```
#include <stdio.h>
// 定义嵌套结构体
struct Address {
    char street[100];
    char city[50];
};
struct Person {
    char name[50];
    int age;
    struct Address address; // 嵌套结构体
};

int main() {
    // 初始化嵌套结构体
    struct Person person = { "John Doe",25,{"Burma Rd", "New York"} };
    struct Person* ptr = &person;
    // 访问嵌套结构体，用`.`或`->`操作符
    printf("Name: %s\n", person.name);
    printf("Age: %d\n", ptr->age);
    printf("Street: %s\n", person.address.street);
    printf("City: %s\n", ptr->address.city);
    return 0;
}
```

\>>>

```
Name: John Doe
Age: 25
Street: Burma Rd
City: New York
```

C++

C++ 嵌套结构体与 C 类似，示例中，*struct Address*被嵌套在*struct Person*中，可以使用*person.address.street*和*ptr->address.city*访问嵌套结构体的成员。（8393.cpp）

```cpp
#include <iostream>
#include <format>

struct Address {
    std::string street;
    std::string city;

    Address(std::string s, std::string c) :street(s), city(c) {}
};

struct Person {
    std::string name;
    int age;
    Address address;

    void display() const {
        std::cout << std::format("Name: {}\n", name);
        std::cout << std::format("Age: {}\n", age);
        std::cout << std::format("Street: {}\n", address.street);
        std::cout << std::format("City: {}\n", address.city);
    }
};

int main() {
    Address addr("Burma Rd", "New York");
    Person person("John Doe", 25, addr);
    Person* ptr = &person;

    person.display();
    std::cout << std::format("Street: {}\n", person.address.street);
    std::cout << std::format("City: {}\n", ptr->address.city);

    return 0;
}
```

\>>>

```
Name: John Doe
Age: 25
Street: Burma Rd
City: New York
Street: Burma Rd
City: New York
```

C#

示例中，*struct Address*被嵌套在*struct Person*中，可以使用*person.Address.Street*访问嵌套结构体的成员。（8394.cs）

```
using System;
using System.Net.Sockets;

struct Address
{
    public string Street;
    public string City;

    public Address(string street, string city)
    {
        Street = street;
        City = city;
    }
}

struct Person
{
    public string Name;
    public int Age;
    public Address Address;

    public Person(string name, int age, Address address)
    {
        Name = name;
        Age = age;
        Address = address;
    }

    public void Display()
    {
        Console.WriteLine($"Name: {Name}");
        Console.WriteLine($"Age: {Age}");
        Console.WriteLine($"Street: {Address.Street}");
        Console.WriteLine($"City: {Address.City}");
    }
}

class Program
{
    static void Main()
    {
        Address address = new Address("Burma Rd", "New York");
        Person person = new Person("John Doe", 25, address);
        person.Display();

        Console.WriteLine($"Street: {person.Address.Street}");
    }
}
```

\>>>

```
Name: John Doe
Age: 25
Street: Burma Rd
City: New York
Street: Burma Rd
```

8.1.7　结构体作为函数参数和返回值

C语言中，结构体作为参数时，按值传递会产生拷贝，影响性能；使用指针（*struct**）

可以避免拷贝，但需要手动管理内存。C++语言支持按引用（&）传递，避免拷贝开销；返回结构体时，可以返回引用或指针以提高效率，但需要保证返回值的生命周期有效。C#语言默认情况下按值传递，会创建副本；同时支持按引用传递，函数内部的修改会影响原始对象；out 传递强制要求函数内部赋值，通常用于返回多个值。结构体作为函数参数和返回值的特性见表8.3。

表8.3 结构体作为函数参数和返回值的特性

特性	C	C++	C#
参数传递	按值、按指针	按值、按引用（&）、按指针	按值、按引用（ref）、按输出（out）
返回值	返回副本	返回副本、引用、指针	返回副本、支持 out 关键字

C

❶ 结构体作为参数传递

C 中的结构体可以按值传递（将整个结构体赋值一份传递给函数）和按指针传递（传递结构体的地址，函数可以直接操作原始数据）。(8395.c)

```
#include <stdio.h>
// 定义结构体
struct Point {
    int x;
    int y;
};
// 按值传递
void printPointByValue(struct Point p) {
    printf("Point by value: (%d, %d)\n", p.x, p.y);
}
// 按指针传递
void modifyPointByPointer(struct Point* p) {
    p->x = 100; // 修改原始数据
    p->y = 200;
}

int main() {
    struct Point p1 = { 10,20 };
    // 按值传递
    printPointByValue(p1);
    // 按指针传递
    modifyPointByPointer(&p1);
    printf("Point after modify: (%d,%d)", p1.x, p1.y);
    return 0;
}
```

\>>>

```
Point by value: (10, 20)
Point after modify: (100,200)
```

❷ 结构体作为返回值

C 中可以直接返回一个结构体值，但返回值通常是结构体的副本。(8396.c)

```
#include <stdio.h>
```

```
// 定义结构体
struct Point {
    int x;
    int y;
};
// 返回结构体
struct Point createPoint(int x, int y) {
    struct Point p = { x,y };
    return p; // 返回结构体副本
}
int main() {
    struct Point p1 = createPoint(10, 20);
    printf("Created Point: (%d, %d)\n", p1.x, p1.y);
    return 0;
}
```

>>>

```
Created Point: (10, 20)
```

C++

❶ 结构体作为参数传递

C++ 中的结构体作为参数传递包括按值传递（传递副本）；按引用传递（使用引用 & 避开副本开销，并允许修改原始数据）；按指针传递，与 C 类似（传递结构体的地址，函数可以直接操作原始数据）。（8397.cpp）

```
#include <iostream>
#include <format>
// 定义结构体
struct Point {
    int x;
    int y;
    // 构造函数
    Point(int x_val, int y_val) :x(x_val), y(y_val) {}
};
// 按值传递
void printPoint(Point p) {
    std::cout << std::format("Point by value: ({}, {})\n", p.x, p.y);
}
// 按引用传递
void modifyPointByRef(Point& p) {
    p.x = 100;
    p.y = 200;
}
// 按指针传递
void modifyPointByPointer(Point* p) {
    p->x = 300;
    p->y = 400;
}
int main() {
    Point p1(10, 20);
```

```
    // 按值传递
    printPoint(p1);

    // 按引用传递
    modifyPointByRef(p1);
    std::cout << std::format("After modify by reference: ({}, {})\n", p1.x, 
p1.y);

    // 按指针传递
    modifyPointByPointer(&p1);
    std::cout << std::format("After modify by pointer: ({}, {})\n", p1.x, p1.y);

    return 0;
}
```

\>>>

```
Point by value: (10, 20)
After modify by reference: (100, 200)
After modify by pointer: (300, 400)
```

❷ 结构体作为返回值

C++ 允许直接返回结构体值，也可以返回引用或指针。（8398.cpp）

```
#include <iostream>
#include <format>

struct Point {
    int x;
    int y;

    Point(int x_val, int y_val) :x(x_val), y(y_val) {}
};

// 返回结构体
Point createPoint(int x, int y) {
    return Point(x, y); // 返回副本
}

// 返回引用（不推荐局部遍历引用）
Point& riskyReferenceReturn() {
    static Point p(0, 0); // 静态变量
    return p;
}

int main() {
    Point p1 = createPoint(10, 20);
    std::cout << std::format("Created Point: ({}, {})\n", p1.x, p1.y);

    Point p2 = riskyReferenceReturn();
    std::cout << std::format("Risky reference Point: ({}, {})\n", p2.x, p2.y);

    return 0;
}
```

\>>>

```
Created Point: (10, 20)
Risky reference Point: (0, 0)
```

C#

❶ 结构体作为参数传递（8399.cs）

C# 结构体作为参数传递包括按值传递（传递副本，原始数据不会被修改）；按引用传递（通过ref关键字传递引用，允许修改原始数据）；按输出传递（使用out关键字返回计算后的值）。

```
using System;
struct Point
{
    public int X;
    public int Y;
    public Point(int x, int y)
    {
        X = x;
        Y = y;
    }
}
class Program
{
    static void Main()
    {
        Point p1 = new Point(10, 20);
        PrintPoint(p1);
        ModifyPoint(ref p1);
        Console.WriteLine($"After modify by ref: ({p1.X}, {p1.Y})");
        Point result;
        createPointByOut(out result, 30, 50);
        Console.WriteLine($"Result: ({result.X}, {result.Y})");
    }
    // 按值传递
    static void PrintPoint(Point p)
    {
        Console.WriteLine($"Point by value: ({p.X}, {p.Y})");
    }
    // 按引用传递
    static void ModifyPoint(ref Point p)
    {
        p.X = 100;
        p.Y = 200;
    }
    // 按输出 out 关键字传递
    static void createPointByOut(out Point p, int x, int y)
    {
        p = new Point(x, y);
    }
}
```

>>>

```
Point by value: (10, 20)
After modify by ref: (100, 200)
Result: (30, 50)
```

❷ 结构体作为返回值（8400.cs）

C# 支持返回结构体值，并可通过out参数返回多个值。

```
using System;
struct Point
{
    public int X;
    public int Y;
    public Point(int x, int y)
    {
        X = x;
        Y = y;
    }
}
class Program
{
    static void Main()
    {
        Point p1 = CreatePoint(10, 20);
        Console.WriteLine($"Created Point: ({p1.X}, {p1.Y})");
    }
    static Point CreatePoint(int x, int y)
    {
        return new Point(x, y);
    }
}
```

\>>>

```
Created Point: (10, 20)
```

8.1.8 C#结构体与接口

C#

C# 中，结构体可以实现接口（*interface*），允许为值类型定义行为，并保持其轻量级的特性；结构体可以实现一个或多个接口，并需要为接口中定义的所有成员提供实现；当将一个结构体赋值给接口变量时，会发生装箱（boxing），导致性能开销。为了避免装箱，可以使用泛型约束（*where T : IShape*）。（8401.cs）

```
using System;
interface IShape
{
    double GetArea();
    void Display() => Console.WriteLine("Default Display Implementation!");
}
struct Rectangle : IShape
{
    public double Width { get; set; }
    public double Height { get; set; }
    public Rectangle(double width, double height)
    {
        Width = width; Height = height;
    }
    // 实现接口方法
```

```
    public double GetArea()
    {
        return Width * Height;
    }

    public void Display()
    {
        Console.WriteLine($"Rectangle: Width = {Width}, Height = {Height}, 
Area = {GetArea()}");
    }

}

class Program
{
    static void Main()
    {
        // 使用结构体
        Rectangle rectangle = new Rectangle(10, 20);
        rectangle.Display();

        // 将结构体赋值给接口
        IShape shape = rectangle;
        shape.Display(); // 掉用接口的方法
        DisplayShape(shape); // 使用泛型约束，避免装箱

        Console.WriteLine($"Area via interface: {shape.GetArea()}");
    }

    static void DisplayShape<T>(T shape) where T : IShape
    {
        shape.Display();
    }
}
```

>>>

```
Rectangle: Width = 10, Height = 20, Area = 200
Rectangle: Width = 10, Height = 20, Area = 200
Rectangle: Width = 10, Height = 20, Area = 200
Area via interface: 200
```

代码解读

```
    static void DisplayShape<T>(T shape) where T : IShape
    {
        shape.Display();
    }
```

- *static*表示该方法是静态方法，不依赖于类的实例，可以直接通过类名调用。
- *void*为方法的返回类型，表示此方法不返回任何值。
- *DisplayShape<T>*是泛型方法定义，*<T>*表示该方法是一个泛型方法，可以接收任何类型的参数，但前提是该类型满足后续的约束条件。
- *(T shape)*是方法参数，*T*是类型参数，表示调用方法时传入的具体类型。*shape*是参数名，表示传入该方法的实际对象。
- *where T : IShape*为泛型约束。*where T : IShape*限制了类型参数*T*，表示*T*必须实现接口*IShape*。这样，*shape*就可以安全地调用*IShape*接口中的成员，例如*Display()*方法。

• *shape.Display();*中，*shape*是传入的泛型类型参数，一个实现了*IShape*接口的对象。通过*IShape*接口调用其定义的*Display*方法。因为类型参数*T*被约束为实现了*IShape*，所以编译器知道*T*类型中肯定有*Display()*方法。

8.2 联合体

联合体（*union*）是 C/C++ 中的一种特殊数据类型，允许在同一内存空间中存储不同的数据类型。联合体的定义如下。

```
union UnionName{
    int intValue;
    float floatValue;
    char charArray[4];
}
```

示例代码见表8.4。

表8.4 联合体C/C++代码示例

C（8402.c）

```
#include <stdio.h>
// 定义联合体
union Data {
    int i;
    float f;
    char str[20];
};

int main() {
    union Data data;
    // 赋值整型
    data.i = 10;
    printf("data.i = %d\n", data.i);
    // 赋值浮点型，会覆盖前面的整型值
    data.f = 365.5;
    printf("data.f = %.2f\n", data.f);
    // 赋值字符串，再次覆盖
    snprintf(data.str, 20, "Hello Union!");
    printf("data.str = %s\n", data.str);
    // 浮点型成员被覆盖后，输出为错误信息
    printf("data.f = %.2f\n", data.f);
    return 0;
}
>>>
data.i = 10
data.f = 365.50
data.str = Hello Union!
data.f = 1143139122437582505939828736.00
```

C++（8403.cpp）

```
#include <iostream>
#include <format>
// 定义联合体
union Data {
    int i;
    float f;
    char str[20];
    // C++ 中可以添加构造函数
    Data() : i(7) {} // 初始化成员 i 值为7
};

int main() {
    Data data;
    // 打印整型成员，值为默认初始值
    std::cout << std::format("data.i = {}\n", data.i);
    // 赋值浮点型，会覆盖前面的整型值
    data.f = 365.5;
    std::cout << std::format("data.f = {}\n", data.f);
    // 赋值字符串，再次覆盖
    snprintf(data.str, 20, "Hello Union!");
    std::cout << std::format("data.str = {}\n", data.str);
    // 浮点型成员被覆盖后，输出为错误信息
    std::cout << std::format("data.f = {}\n", data.f);
    return 0;
}
>>>
data.i = 7
data.f = 365.5
data.str = Hello Union!
data.f = 1.1431391e+27
```

第9章 C/C++指针

指针是 C 和 C++ 中的一种变量，其值是另一个变量的内存地址，即指针是存储内存地址的变量，用于直接操作内存，并间接操作数据。指针为类型相关，如 *int** 指向 *int* 类型变量的指针。通过指针访问变量的值，也可以进行地址计算。

9.1 指针的基本操作

指针的基本操作如下。

- *&* 为获取地址操作符（取地址）。
- *** 表示指针（变量），如 *int* p;*。又为解引用操作符，通过指针访问或修改其所指向的值，如 **p*。

示例代码见表9.1。

表9.1 指针基本操作代码示例

C（9404.c~9406.c）

```c
#include <stdio.h>

int main() {
    int a = 10; // 定义一个整数变量 a
    int* p = &a; // 定义一个指针变量 p，并指向 a 的地址
    printf("Value of a: %d\n", *p); // 通过指针访问 a 的值

    return 0;
}
>>>
Value of a: 10
```

C++（9407.cpp~9409.cpp）

```cpp
#include <iostream>
#include <format>

int main() {
    int a = 10; // 定义一个整数变量
    int* p = &a; // 定义一个指针变量，并指向 a 的地址
    std::cout << std::format("Value of a: {}\n", *p); // 通过指针访问 a 的值

    return 0;
}
>>>
Value of a: 10
```

C

```c
#include <stdio.h>

int main() {
    int x = 10;
    int* p; // 声明一个指向 int 类型的指针
    p = &x; // p 存储 x 的值

    *p = 20; // 修改 x 值为 20

    printf("Value of x: %d\n", *p);

    return 0;
}
>>>
Value of x: 20
```

C++

```cpp
#include <iostream>
#include <format>

int main() {
    int x = 10;
    int* p; // 声明一个指向 int 类型的指针

    p = &x; // p 存储 x 的值
    *p = 20; // 修改 x 值为 20

    std::cout << std::format("Value of x: {}\n", *p);

    return 0;
}
>>>
Value of x: 20
```

C

```c
#include <stdio.h>

int main() {
    int var = 42;
    int* ptr = &var;

    printf("Address of var: %p\n", (void*)&var); // 输出变量的地址
```

C++

```cpp
#include <iostream>
#include <format>

int main() {
    int var = 42;
    int* ptr = &var;
```

续表

<table>
<tr><th>C（9404.c~9406.c）</th><th>C++（9407.cpp~9409.cpp）</th></tr>
<tr><td><pre>
    printf("Address stored in ptr: %p\n",
(void*)ptr); // 打印存储在指针中的地址
    printf("Value at the address stored in
ptr: %d\n", *ptr); //打印存储在指针地址处的值

    return 0;
}
>>>
Address of var: 0000001BC06FF644
Address stored in ptr: 0000001BC06FF644
Value at the address stored in ptr: 42
</pre></td><td><pre>
    std::cout << std::format("Address of
var: {}\n", (void*)&var); // 输出变量的地址
    std::cout << std::format("Address
stored in ptr: {}\n", (void*)ptr); // 输出
变量的地址
    std::cout << std::format("Value at the
address stored in ptr: {}\n", *ptr); //打
印存储在指针地址处的值

    return 0;
}
>>>
Address of var: 0x56a7b5f944
Address stored in ptr: 0x56a7b5f944
Value at the address stored in ptr: 42
</pre></td></tr>
</table>

9.2 指针与数组

❶ 指针与一维数组

数组名实际上是一个常量指针，指向数组的第一个元素。示例代码见表9.2。

表9.2 指针与一维数组代码示例

<table>
<tr><th>C（9410.c）</th><th>C++（9411.cpp）</th></tr>
<tr><td><pre>
#include <stdio.h>

int main() {
    int arr[5] = { 1,4,9,16,25 };
    int* p = arr; // 等价于 int *p = &arr[0];

    printf("%d\n", *p);
    p += 1;

    printf("%d\n", *p);
    printf("%d\n", *(p + 1));

    return 0;
}
>>>
1
4
9
</pre></td><td><pre>
#include <iostream>

int main() {
    int arr[5] = { 1, 4, 9, 16, 25 };
    int* p = arr; // 数组名即为指向第一个元素的
指针

    std::cout << *p << std::endl;

    p += 1;
    std::cout << *p << std::endl;
    std::cout << *(p + 1) << std::endl;

    return 0;
}
>>>
1
4
9
</pre></td></tr>
</table>

❷ 指针与多维数组

一个多维数组可以看作是数组的数组，例如，*int a[3][4]*表示一个包含3个元素的一维数组，而每个元素又是一个包含4个整数的数组。在多维数组中，*a[i][j]*的地址可以用*&a[i][i]*表示，*a*是一个指向*a[0]*的指针，*a[0]*是一个指向数组的指针（即指向*int[4]*的指针）。*a*的类型是*int(*)[4]*，表示一个指向包含4个整数数组的指针；*a+i*表示第*i*行的地址，其类型仍然是*int(*)[4]*；**(a+i)*等价于*a[i]*，是一个*int[4]*数组；**(*(a+i)+j)*等价于*a[i][j]*。示例代码见表9.3。

表9.3　指针与多维数组代码示例

<table>
<tr><th>C（9412.c）</th><th>C++（9413.cpp）</th></tr>
<tr><td><pre>#include <stdio.h>

int main() {
    int a[3][4] = {
        {1,2,3,4},
        {5,6,7,8},
        {9,10,11,12}
    };
    // 用指针访问
    int (*p)[4] = a; // 指向 int[4]的指针
    printf("a[1][2] = %d\n", *(*(p + 1) +
2));
    // 遍历多维数组
    for (int i = 0; i < 3; i++) {
        for (int j = 0; j < 4; j++) {
             printf("%d ", *(*(p + i) + j));
        }
        printf("\n");
    }
    return 0;
}
>>>
a[1][2] = 7
1 2 3 4
5 6 7 8
9 10 11 12</pre></td><td><pre>#include <iostream>

int main() {
    int a[3][4] = {
    {1, 2, 3, 4},
    {5, 6, 7, 8},
    {9, 10, 11, 12}
    };
    // 使用指针访问
    int (*p)[4] = a; // 指向包含 4 个整数数组的
指针
    std::cout << "a[1][2] = " << *(*(p + 1)
+ 2) << std::endl;
    // 遍历多维数组
    for (int i = 0; i < 3; ++i) {
        for (int j = 0; j < 4; ++j) {
            std::cout << *(*(p + i) + j) <<
" ";
        }
        std::cout << std::endl;
    }
    return 0;
}
>>>
a[1][2] = 7
1 2 3 4
5 6 7 8
9 10 11 12</pre></td></tr>
</table>

代码解读

C 和 C++ 代码基本同，以 C 为例解释。

```
int (*p)[4] = a;
```

• 声明指针并指向二维数组。定义一个指针*p*，指向*int[4]*（一维数组，长度为4），即将*p*指向二维数组*a*的起始地址。二维地址的首地址实际上是第一个一维数组的地址。

```
printf("a[1][2] = %d\n", *(*(p + 1) + 2));
```

• 声明指针并指向二维数组。表达式分解：*p+1*中*p*指向二维数组的第0行，加1后指向第1行（{5,6,7,8}）；**(p+1)*为解引用，得到第1行的起始地址（一个一维数组的地址，等同于*a[1]*）；**(p+1)+2*则将第1行的地址向后偏移2个元素，指向*a[1][2]*（值为7）；**(*(p + 1) + 2)*为解引用，取值，结果为7。

```
    for (int i = 0; i < 3; i++) {
        for (int j = 0; j < 4; j++) {
            printf("%d ", *(*(p + i) + j));
        }
        printf("\n");
    }
```

• 遍历二维数组。外层循环*for (int i = 0; i < 3; i++)*为遍历二维数组的每一

行；内层循环 *for (int j = 0; j < 4; j++)* 为遍历当前行的每一列；**(*(p+i)+j)* 中，*p+i* 为指针 *p* 指向第 *i* 行（一个一维数组的地址）；**(p+i)* 解引用，得到第 *i* 行数组；**(*(p+i)+j)* 是将第 *i* 行的起始地址偏移 *j* 个元素；**(*(p+i)+j)* 解引用，取第 *i* 行第 *j* 列的值。

❸ 用一维指针访问多维数组

可以通过将多维数组看作一块连续的内存，使用一维指针访问。示例代码见表9.4。

表9.4 一维指针访问多维数组代码示例

C（9414.c）

```c
#include <stdio.h>

int main() {
    int a[3][4] = {
        {1,2,3,4},
        {5,6,7,8},
        {9,10,11,12}
    };

    // 将二维数组当作一维数组处理
    int* p = &a[0][0];

    // 按一维方式访问元素
    for (int i = 0; i < 12; i++) {
        printf("%d ", *(p + i));
    }
    printf("\n");

    return 0;
}
>>>
1 2 3 4 5 6 7 8 9 10 11 12
```

C++（9415.cpp）

```cpp
#include <iostream>

int main() {
    int a[3][4] = {
    {1, 2, 3, 4},
    {5, 6, 7, 8},
    {9, 10, 11, 12}
    };

    // 将二维数组的首地址赋值给一维指针
    int* p = &a[0][0];

    // 按一维方式访问二维数组
    for (int i = 0; i < 12; ++i) {
        std::cout << *(p + i) << " ";
    }
    std::cout << std::endl;

    return 0;
}
>>>
1 2 3 4 5 6 7 8 9 10 11 12
```

9.3 指针与函数

❶ 指针作为函数参数

使用指针可以实现函数参数的传址调用。示例代码见表9.5。

表9.5 指针作为函数参数的代码示例

C（9416.c）

```c
#include <stdio.h>

void swap(int* x, int* y) {
    int temp = *x;
    *x = *y;
    *y = temp;
}

int main() {
    int a = 10, b = 20;
    swap(&a, &b); // 交换 a 和 b 的值
    printf("a = %d; b = %d", a, b);

    return 0;
}
>>>
a = 20; b = 10
```

C++（9417.cpp）

```cpp
#include <iostream>
#include <format>

void swap(int* x, int* y) {
    int temp = *x;
    *x = *y;
    *y = temp;
}

int main() {
    int a = 10, b = 20;
    swap(&a, &b); // 交换 a 和 b 的值
    std::cout << std::format("a = {}; b =
{}\n", a, b);

    return 0;
}
>>>
a = 20; b = 10
```

代码解读

```
void swap(int* x, int* y)
```

• 函数的定义。定义一个函数*swap*，用于交换两个整数变量的值。参数*int*x*和*int*y*分别指向一个整数的指针，为其地址。*void*表示该函数没有返回值。

```
int temp = *x;
```

• 临时变量保存值。定义一个临时变量*temp*，将*x*所指向的值存储到*temp*中；**x*是解引用操作，获取指针*x*指向内存地址中存储的值。

```
*x = *y;
```

• 将*y*指针指向地址（变量）的值赋值给*x*指针指向地址（变量）的值。**y*为解引用，获取其指向地址的值；**x*通过解引用操作，访问*x*指针所指向的变量，并修改*x*指向内存地址（变量）所存储的值。

```
*y = temp;
```

• 将临时变量的值赋予*x*指针指向地址（变量）的值，完成两个整数变量值的交换。

❷ 指针作为函数返回值

C/C++ 中，指针可以作为函数的返回值，允许函数返回一个内存地址，以便对该地址进行操作。示例代码见表9.6。

表9.6　指针作为函数返回值的代码示例

<table>
<tr><th>C（9418.c）</th><th>C++（9419.cpp）</th></tr>
<tr><td>在C中，最常见的做法是返回指向局部静态变量或动态分配内存的指针。需要特别小心避免返回指向局部变量的指针，因为局部变量的生命周期在函数返回后结束。
而返回指向静态变量的指针，示例中，num是静态变量，在函数调用外仍然存在，因此返回的指针是有效的。
<pre>
#include <stdio.h>

int* getPointerToStaticVariable() {
    static int num = 10; // 静态变量，生命周期直到程序结束
    return #
}

int main() {
    int* ptr = getPointerToStaticVariable();
    printf("Value: %d\n", *ptr);

    return 0;
}
>>>
Value: 10
</pre></td><td>C++ 允许与 C 相同的指针操作，同时提供更多的功能，如智能指针（std::unique_ptr和std::shared_ptr），可以帮助避免内存泄漏。
返回普通指针时，在 C++ 中，new用于动态内存分配，delete[]用于释放内存。
<pre>
#include <iostream>
#include <format>

int* createArray(int size) {
    int* arr = new int[size]; // 动态分配内存
    for (int i = 0; i < size; i++) {
        arr[i] = i;
    }
    return arr;
}

int main() {
    int* arr = createArray(5);
    for (int i = 0; i < 5; i++) {
        std::cout << std::format("{} ", arr[i]);
    }
    std::cout << std::endl;
    delete[] arr; // 释放动态分配的内存

    return 0;
}
>>>
0 1 2 3 4
</pre></td></tr>
</table>

C

返回指向动态分配内存的指针（9420.c）。

```
#include <stdio.h>
#include <stdlib.h>

int* createArray(int size) {
    int* arr = (int*)malloc(size * sizeof(int));
    if (arr == NULL) {
        printf("Memory allocation failed!\n");
        return NULL;
    }
    for (int i = 0; i < size; i++) {
        arr[i] = i;
    }
    return arr;
}

int main() {
    int* arr = createArray(5);
    if (arr != NULL) {
        for (int i = 0; i < 5; i++) {
            printf("%d ", arr[i]);
        }
        printf("\n");
        free(arr);  // 释放动态内存
    }
    return 0;
}
```

\>>>

```
0 1 2 3 4
```

代码解读

```
int* arr = (int*)malloc(size * sizeof(int));
```

• *int* arr*中*arr*是一个指向整数的指针（*int**），为用于存储一个整数数组的起始地址。动态内存分配后，*arr*会指向*malloc*返回的内存块起始地址。

• *(int*)*是强制类型转换。*malloc*会返回一个*void**类型的指针（通用指针），可以指向任何类型的内存块。在 C 中，*void**可以被隐式转换为其他类型的指针，因此*(int*)*强制类型转换是可选的。

• *malloc(size * sizeof(int))*为动态分配指定字节数的内存块，返回该内存块的起始地址。其中参数*size * sizeof(int)*表示要分配的内存大小（以字节为单位）。*size*是一个变量，表示需要的数组元素个数。*sizeof(int)*是一个运算符，用来计算*int*类型的大小（以字节为单位）。

• 如果分配成功，*malloc*返回分配的内存块的起始地址；如果分配失败（例如内存不足），*malloc*返回*NULL*。

C++

返回智能指针。*std::unique_ptr*或*std::shared_ptr*会自动管理内存的释放，因此可以避免内存泄漏。（9421.cpp）

```
#include <iostream>
#include <format>

std::unique_ptr<int[]> createArray(int size) {
        std::unique_ptr<int[]> arr = std::make_unique<int[]>(size);
        for (int i = 0; i < size; i++) {
                arr[i] = i;
        }
        return arr;
}

int main() {
        std::unique_ptr<int[]> arr = createArray(5);
        for (int i = 0; i < 5; i++) {
                std::cout << std::format("{} ", arr[i]);
        }
        std::cout << std::endl;
        // 不需要手动调用 delete，智能指针会自动释放内存
        return 0;
}
```

\>>>

```
0 1 2 3 4
```

代码解读

```
std::unique_ptr<int[]> createArray(int size)
```

• *std::unique_ptr<int[]>*为定义函数*createArray*的返回类型，表示一个管理动态分配的整数数组的智能指针。*std::unique_ptr*是 C++11 引入的智能指针，确保动态内存在使用完成后自动释放，防止内存泄漏。模板参数*int[]*指定这是一个动态分配的整数数组。

• 参数*int size*，指定数组的大小，即需要分配的整数个数。

```
std::unique_ptr<int[]> arr = std::make_unique<int[]>(size);
```

• *std::make_unique<int[]>(size)*是一个用于创建智能指针的函数模板，其动态分配一个大小为*size*的整数数组，并返回一个*std::unique_ptr<int[]>*，指向这个数组的起始地址。使用*std::make_unique*比直接调用*new*更安全，能够避免内存泄漏。

• *std::unique_ptr<int[]> arr*中，*arr*是一个*std::unique_ptr*类型的变量，负责管理分配的整数数组。当*arr*离开作用域时，指针会自动释放所分配的内存，无需显示调用*delete[]*。

9.4 指针与结构体

❶ 通过指针访问结构体（9422.c）

定义结构体后，可以通过指针访问和操作其所指向的成员。

```
#include <stdio.h>

// 定义结构体
struct Point {
```

```
    int x;
    int y;
};

int main() {
    struct Point p = { 10,20 }; // 定义和初始化结构体变量
    struct Point* ptr = &p; // 定义指向结构体的指针

    // 通过指针访问结构体成员
    printf("x: %d, y: %d\n", ptr->x, ptr->y);  // 使用`->`操作符，等价于(*ptr).x
    ptr->x = 30; // 修改结构体成员
    printf("Modified x: %d\n", ptr->x);

    return 0;
}
```

\>>>

```
x: 10, y: 20
Modified x: 30
```

❷ 动态分配结构体内存（9423.c）

使用*malloc*动态分配内存。通过*free*释放动态分配的内存，防止内存泄漏。

```
#include <stdio.h>
#include <stdlib.h> // 包含 malloc 和 free 函数

struct Point {
    int x;
    int y;
};

int main() {
    // 动态分配内存
    struct Point* p = (struct Point*)malloc(sizeof(struct Point));

    if (p == NULL) {
        printf("Memory allocation failed\n");
        return 1;
    }
    // 使用动态分配的结构体
    p->x = 10;
    p->y = 20;
    printf("x: %d, y: %d\n", p->x, p->y);

    free(p); // 释放内存

    return 0;
}
```

\>>>

```
x: 10, y: 20
```

C++

❶ 动态分配结构体内存（9424.cpp）

在 C++ 中，用*new*和*delete*替代 C 中的*malloc*和*free*。

```
#include <iostream>
#include <format>
```

```
struct Point {
    int x;
    int y;
};

int main() {
    Point* p = new Point; // 动态分配结构体
    p->x = 10;
    p->y = 20;
    std::cout << std::format("x: {}, y: {}", p->x, p->y);

    delete p; // 释放内存

    return 0;
}
```

\>>>

```
x: 10, y: 20
```

❷ 使用智能指针（9425.cpp）

用智能指针（如*std::uniuque_ptr*和*std::shared_ptr*）自动管理内存，避免手动释放。

```
#include <iostream>
#include <format>

struct Point {
    int x;
    int y;
};

int main() {
    // 使用 unique_ptr 管理结构体
    std::unique_ptr<Point> p = std::make_unique<Point>();
    p->x = 10;
    p->y = 20;
    std::cout << std::format("x: {}, y: {}\n", p->x, p->y);

    // 无需手动 delete, uniuqe_ptr 自动释放内存
    return 0;
}
```

\>>>

```
x: 10, y: 20
```

9.5　函数指针

函数指针是一种指针类型变量，其存储的是函数的地址。通过函数指针可以间接调用函数。其用途包括回调函数，允许将函数作为参数传递，实现动态行为；动态函数选择，在运行时选择调用不同的函数；策略模式，指针可以指向多种实现，动态切换逻辑；事件处理，在图形用户界面（graphical user interface，GUI）等编程中，用于事件绑定和触发；动态加载，使用指针绑定动态链接库中的函数。声明函数指针的基本语法为*ReturnType (*PointerVariableName)(ParemeterTypeList);*，初始化函数指针的语法为*PointerVariableName = FunctionName;*。

基本用法见表9.7。

表9.7　函数指针基本用法

<table>
<tr><th>C（9426.c）</th><th>C++（9427.cpp）</th></tr>
<tr><td><pre>#include <stdio.h>
// 定义一个函数
int add(int a, int b) {
    return a + b;
}
int main() {
    // 声明一个函数指针，指向返回类型 int， 接收
两个 int 类型的函数参数
    int (*func_ptr)(int, int);
    // 将函数地址赋值给指针（函数名即为函数地址）
    func_ptr = add;
    // 通过函数指针调用函数
    printf("Result: %d\n", func_ptr(5, 3));
    return 0;
}
>>>
Result: 8</pre></td><td><pre>#include <iostream>
#include <format>
int multiply(int a, int b) {
    return a * b;
}
int main() {
    // 声明并初始化函数指针
    int (*func_ptr)(int, int) = multiply;
    // 通过函数指针调用函数
    std::cout << std::format("Result: {}\n",
func_ptr(3, 5));
    return 0;
}
>>>
Result: 15</pre></td></tr>
</table>

C

回调函数示例代码如下。（9428.c）

```
#include <stdio.h>
void execute_callback(void (*callback)(void)) {
    // 调用回调函数
    callback();
}
void say_hello() {
    printf("Hello, World!\n");
}
int main() {
    execute_callback(say_hello); // 传递函数指针
    return 0;
}
```

\>>>

```
Hello, World!
```

C++

指向成员函数的指针其示例代码如下。类成员函数的调用需要通过对象调用。（9429.cpp）

```
#include <iostream>
#include <format>
class Calculator {
public:
    int add(int a, int b) { return a + b; }
    int multiply(int a, int b) { return a * b; }
```

```
};

int main() {
    Calculator calc;

    // 声明一个指向成员函数的指针
    int (Calculator:: * func_ptr)(int, int);

    // 指向 add 函数
    func_ptr = &Calculator::add;
    std::cout << std::format("Add: {}\n", (calc.*func_ptr)(3, 4));

    // 指向 multiply 函数
    func_ptr = &Calculator::multiply;
    std::cout << std::format("Multiply: {}\n", (calc.*func_ptr)(3, 4));

    return 0;
}
```

\>>>

```
Add: 7
Multiply: 12
```

9.6 指针数组

指针数组是一个数组，其中每一个元素都是一个指针，指向其他变量或对象的地址。常用应用包括字符串管理，用于管理字符串集合；动态数据结构，用于管理动态分配的内存块；多态性，存储不同派生类对象的指针；多维数组，通过灵活的指针操作模拟多维数组；回调机制，管理回调函数的指针。指针数组的基本语法为 *Type*　arrayName[size]*，其中 *Type** 表示数组中的每个元素都是指向 *Type* 的指针；*size* 为数组中指针的数量。可以用 *arrayName[index]* 获取特定索引的指针；通过 **arrayName[index]* 解引用访问指针指向的值。

❶ 存储变量地址的指针数组（9430.c）

```
#include <stdio.h>

int main() {

    int a = 10, b = 20, c = 30;
    int* ptrArray[3]; // 声明一个包含3个int指针的数组

    // 将变量的地址存储到指针数组中
    ptrArray[0] = &a;
    ptrArray[1] = &b;
    ptrArray[2] = &c;

    // 通过指针数组访问变量的值
    for (int i = 0; i < 3; i++) {
        printf("Value at ptrArray[%d]: %d\n", i, *ptrArray[i]);
    }

    return 0;
}
```

\>>>

```
Value at ptrArray[0]: 10
Value at ptrArray[1]: 20
```

```
Value at ptrArray[2]: 30
```

❷ 存储字符串的指针数组（9431.c）

在 C 中，字符串是字符数组，指针数组可以用来存储多个字符串。

```
#include <stdio.h>

int main() {
    // 声明一个指针数组用于存储字符串
    const char* strArray[] = { "Hello","World","C programming" };
    // 访问并打印字符串
    for (int i = 0; i < 3; i++) {
        printf("String %d: %s\n", i + 1, strArray[i]);
    }
    return 0;
}
```

>>>

```
String 1: Hello
String 2: World
String 3: C programming
```

C++

❶ 存储动态分配整数的指针数组（9432.cpp）

示例代码使用一个指针数组管理动态分配的内存；将动态分配的整数存储到数组中；打印动态分配的整数；最后释放内存，避免内存泄漏。

```
#include <iostream>
#include <format>

int main() {
    int* ptrArray[3]; // 声明一个包含 3 个 int 指针的数组
    // 动态分配内存并存储到数组中
    for (int i = 0; i < 3; i++) {
        ptrArray[i] = new int(i + 1); // 分配内存并赋值
    }
    // 通过指针数组访问值
    for (int i = 0; i < 3; i++) {
        std::cout << std::format("Value at ptrArray[{}]: {}\n", i, *ptrArray[i]);
    }
    // 释放动态分配的内存
    for (int i = 0; i < 3; i++) {
        delete ptrArray[i];
    }
    return 0;
}
```

>>>

```
Value at ptrArray[0]: 1
Value at ptrArray[1]: 2
Value at ptrArray[2]: 3
```

❷ 存储对象指针的指针数组（9433.cpp）

在 C++ 中，指针数组可以存储对象的指针。

```
#include <iostream>
#include <format>

class Animal {
public:
    virtual void speak() const {
        std::cout << "Animal speaks" << std::endl;
    }
};

class Dog :public Animal {
public:
    void speak()const override {
        std::cout << "Dog barks" << std::endl;
    }
};

class Cat : public Animal {
public:
    void speak()const override {
        std::cout << "Cat meows" << std::endl;
    }
};

int main() {
    Animal* animals[2]; // 声明一个指针数组用于存储 Animal 对象的指针

    // 存储派生类对象的指针
    animals[0] = new Dog();
    animals[1] = new Cat();

    // 通过数组访问对象
    for (int i = 0; i < 2; i++) {
        animals[i]->speak();
    }

    // 释放内存
    for (int i = 0; i < 2; i++) {
        delete animals[i];
    }

    return 0;
}
```

\>>>

```
Dog barks
Cat meows
```

9.7 多级指针

在 C/C++ 中，多级指针（即指向指针的指针）是指一个指针指向另一个指针，这样可以在内存中间接引用数据。多级指针常用于处理二维数组、动态分配的多维数组及需要复杂内存管理的场景。

❶ 一级指针（普通指针）

一级指针是指向某个数据类型的指针，例如，`int* ptr`是一个指向`int`类型变量的指针。

```
int a = 10;
int* ptr = &a;
```

❷ 二级指针（指向指针的指针）

二级指针是指向一级指针的指针，即一个指针保存另一个指针的地址。常见于处理指针数组或动态分配内存时。

```
int a = 10;
int* ptr1 = &a; // 一级指针
int** ptr2 = &ptr1; // 二级指针

printf("%d\n", **ptr2); // 输出 10
```

上述代码中，*ptr2*是一个指向*ptr1*的指针，而*ptr1*是指向*a*的指针。***ptr2*表示解引用*ptr2*两次，最终获得*a*的值。

❸ 三级指针（指向二级指针的指针）

三级指针是指向二级指针的指针，可以用于更复杂的数据结构，如动态二维数组。

```
int a = 10;
int* ptr1 = &a;
int** ptr2 = &ptr1;
int*** ptr3 = &ptr2;

printf("%d\n", ***ptr3); // 输出 10
```

C

二维数组的多级指针示例代码如下。示例为使用二级指针`int** arr`来处理动态分配的二维数组。首先分配一个指向行的指针数组，然后为每一个行分配一个`int`类型的数组，最后使用数组并释放内存。（9434.c）

```
#include <stdio.h>
#include <stdlib.h>

int main() {
    int rows = 3, cols = 4;
    int** arr = (int**)malloc(rows * sizeof(int*));

    for (int i = 0; i < rows; i++) {
        arr[i] = (int*)malloc(cols * sizeof(int));
    }

    for (int i = 0; i < rows; i++) {
        for (int j = 0; j < cols; j++) {
            arr[i][j] = i * cols + j;
        }
    }

    for (int i = 0; i < rows; i++) {
        for (int j = 0; j < cols; j++) {
            printf("%d ", arr[i][j]);
        }
        printf("\n");
    }

    for (int i = 0; i < rows; i++) {
```

```
        free(arr[i]);
    }
    free(arr);

    return 0;
}
```

\>>>

```
0 1 2 3
4 5 6 7
8 9 10 11
```

代码解读

```
int** arr = (int**)malloc(rows * sizeof(int*));
```

• 使用*malloc*动态分配一个指针数组*arr*，其包含*rows*个*int**(指向整型数组的指针)。*sizeof(int*)*表示每个指针的大小，*rows * sizeof(int*)*是分配的内存总大小。这里分配了一个包含 3 个指针的数组，每个指针指向一行。

```
    for (int i = 0; i < rows; i++) {
        arr[i] = (int*)malloc(cols * sizeof(int));
    }
```

• 遍历每一行（共 3 行）。*arr[i] = (int*)malloc(cols * sizeof(int));*为每一行动态分配存储*cols*个整数的内存空间。每个*arr[i]*是指向整型数组的指针，大小为*cols * sizeof(int)*，即每行有4个整数。

C++

二维数组的多级指针示例代码如下。指针数组可以用于模拟多维数组，通过数组中的每个指针指向不同的数组。（9435.cpp）

```
#include <iostream>

int main() {
    int rows = 2, cols = 3;

    // 创建一个指针数组用于存储行
    int** matrix = new int* [rows];

    // 为每一行分配内存
    for (int i = 0; i < rows; i++) {
        matrix[i] = new int[cols];
        for (int j = 0; j < cols; j++) {
            matrix[i][j] = i * cols + j + 1; // 赋值
        }
    }

    // 打印二维数组
    for (int i = 0; i < rows; i++) {
        for (int j = 0; j < cols; j++) {
            std::cout << matrix[i][j] << " ";
        }
        std::cout << std::endl;
    }

    // 释放内存
```

```
    for (int i = 0; i < rows; i++) {
        delete[] matrix[i];
    }
    delete[] matrix;

    return 0;
}
```

\>>>

```
1 2 3
4 5 6
```

代码解读

```
int** matrix = new int* [rows];
```

• 动态分配一个指针数组*matrix*，包含*rows*个*int**（指向整型数组的指针），可以理解为分配了存储行指针的空间。

```
    for (int i = 0; i < rows; i++) {
        matrix[i] = new int[cols];
        for (int j = 0; j < cols; j++) {
            matrix[i][j] = i * cols + j + 1;
        }
    }
```

• 外层循环遍历每一行。*matrix[i] = new int[cols];*为每一个行分配存储*cols*个整数的连续内存。

• 内层循环遍历当前行的每一列。*matrix[i][j] = i * cols + j + 1;*为按顺序给矩阵的每个元素赋值。

9.8 空指针和悬空指针

在 C/C++ 中，空指针（null pointer）和悬空指针（dangling pointer）是两种不同的指针状态，对其处理直接关系到程序的安全性和稳定性。

空指针是指指针没有指向任何有效的内存位置，通常用于初始化指针变量，表示该指针不指向任何对象。空指针的值通常为*NULL*，或者在 C++11 中可以使用*nullptr*（推荐写法），其编程语句及说明见表9.8。

表9.8 空指针编程语句及说明

编程语言	C 风格空指针	C++11 引入的空指针
语句	*int* ptr = NULL;*	*int* ptr = nullptr;*
说明	在 C 中，*NULL*是一个宏，通常被定义为 *((void*)0)*，表示指针不指向任何有效的地址	*nullptr*为类型安全的空指针

检查空指针，可以使用*if (ptr == NULL){}*（C）和*if (ptr == nullptr){}*（C++）。

空指针的主要用途是在程序中检测和初始化指针，以确保其不会指向不确定的内存区域，如用于指针初始化；用于表示函数返回的“无效”值；在某些函数中检查指针是否有效等。

悬空指针是指指向一个已被释放或不再有效的内存地址的指针。通常情况下，悬空指针是因为对象已经被销毁或内存已经被释放，但指针仍然指向旧地址。悬空指针的访问会导致未定义行为，可能会引起程序崩溃或错误的数据访问。悬空指针产生的原因有释放内存后仍然访问指向该内存的指针；指向局部变量的指针在函数返回后仍然有效（局部变量已销毁）；指向已删除对象的指针。

```
int* ptr = (int*)malloc(sizeof(int)); // 动态分配内存
*ptr = 42;
free(ptr);  // 释放内存
// 此时 ptr 是一个悬空指针，访问它是未定义的行为
*ptr = 10;  // 访问悬空指针，导致错误
```

上述示例，*ptr*指向的内存被*free*释放后，*ptr*变成了悬空指针。如果继续访问，就会发生未定义的行为。为了避免悬空指针，可以将指针设置为*NULL*或*nullptr*，

```
free(ptr);
ptr = nullptr; // 使 ptr 不再悬空
```

在对象的析构函数中处理指针的释放和设为空。

```
class MyClass {
private:
    int* ptr;
public:
    MyClass() { ptr = new int; }
    ~MyClass() { delete ptr; ptr = nullptr; }
};
```

使用智能指针来自动管理内存，从而避免悬空指针问题。

```
std::unique_ptr<int> ptr = std::make_unique<int>(42);
```

空指针和悬空指针区别如表9.9。

表9.9　空指针和悬空指针区别

特性	空指针（Null Pointer）	悬空指针（Dangling Pointer）
定义	不指向任何有效内存地址，通常为*NULL*或*nullptr*	指向已释放或无效的内存地址
产生原因	初始化指针，指示指针未分配内存	在释放内存后指针没有被置为*NULL*，导致指向无效内存
使用后果	不访问空指针，避免崩溃	访问悬空指针会导致程序崩溃或未定义行为
解决办法	检查指针是否为*NULL*或*nullptr*	释放内存后将指针设置为*nullptr*

第 10 章　应用开发：C++/C# 和 WinUI3

第 11 章　应用开发：Python 和 PySide6

第 12 章　应用开发：Arduino C/C++ 和 IoT

扫码查看

后记

从 2024 年 7 月开始动笔，到 2025 年 2 月末完成初稿。写作过程中，我一直思索如何写作更适用于：没有学习过任何一门语言的初学者，希望先从一门语言开始学习；已学习过一门编程语言，但希望开始学习其他一门或多门的学习者。而且，使本书不仅适用于想学习任何一门语言的初学者，也能够作为实用的工具书，方便多门编程语言基础知识的比较查询；同时，能够学以致用，不仅提升读者对编程语言本身知识的掌握，也能够使读者学习到新的技能。

我在高校里讲授 Python 编程语言基础和 C 语言编程及参数化设计编程等课程时，尝试过多种不同的讲授内容和方式，逐渐更清晰地认识到什么内容和怎样的学习方式更适合于初学者。还记得第一次讲授 Python 编程语言时的情景，课程安排不仅节奏快，3 ～ 4次课，6 ～ 8 小时，就把 Python 基础全部过完；而且内容难度陡坡式增长，不仅包括基础知识，还更多涉及数据库、智能体、机器学习和深度学习等。这样的讲授完全不适合初学者。后来经过不断地修改课程内容，讲授的节奏开始张弛有度，内容也更适合入门学习的同学，对细节处的思索也更深入，主要包括以下两点。

第一点是示例应该更简单，使学习者把注意力放在语言本身，例如：

```
# 这组数据来自城市环境传感器（AoT, array of things），提取了部分数据，包括字段有：地址（string）、ID编号(string)、经纬度(float)共4类值，以单独列表形式存储。
coordi_lon = [-87.628, -87.616, -87.631, -87.59, -87.711, -87.628, -87.586, -87.713, -87.676, -87.624]
coordi_lat = [41.878, 41.858, 41.926, 41.81, 41.866, 41.883, 41.781, 41.751, 41.852, 41.736]
node_id = ['ba46', 'ba3b', 'f02f', 'ba8f', 'ba16', '7e5d', 'ba8b', 'ba13', 'ba18', 'bc10']
address = ['State St & Jackson Blvd Chicago IL', '18th St & Lake Shore Dr Chicago IL', 'Lake Shore Drive & Fullerton Ave Chicago IL', 'Cornell & 47th St Chicago IL', 'Homan Ave & Roosevelt Rd Chicago IL', 'State St & Washington St Chicago IL', 'Stony Island Ave & 63rd St Chicago IL', '7801 S Lawndale Ave Chicago IL', 'Damen Ave & Cermak Chicago IL', 'State St & 87th Chicago IL']
# 提取索引值为2对应的数值
idx_AoT = 2
idx_lon = coordi_lon[idx_AoT]
idx_lat = coordi_lat[idx_AoT]
idx_nodeID = node_id[idx_AoT]
idx_address = address[idx_AoT]
print('values with the index 2: \
      \nid={0};\nlon={2};\nlat={3};\naddress={1}'.format(idx_nodeID,idx_address,idx_lon,idx_lat))
```

还是：

```
fruits = [
    "apple",
    "banana",
    "orange",
```

```
        "Cherry",
        "Peach",
    ]  # 建立仅包含字符串（元素）的列表

    # 访问列表元素——使用索引值，列表索引值从 0 开始；为正数从前向后计数；为负数时，从后向前计数
    print(f"fruits[0]={fruits[0]}\nfruits[3]={fruits[3]}\nfruits[-2]={fruits[-2]}")
```

第一个示例把重点放在了数据的实际意义上，但也增加了阅读的难度。而第二个示例，用最简单的编程数据，将重点放在语言本身上，能够快速查看语法结构，提升学习效率和专注度。

第二点是进一步强化知识的结构性和连续性。我们通常容易接受先捋清楚整体结构，再向各个分支填细节的思考过程。因此本书章节的安排老老实实地按照编程语言的结构进行，这包括：解释器/编译器和Hello 代码→数据类型→变量赋值→字符串格式化→基础运算→数据结构→控制结构→函数方法→面向对象→结构体和联合体→指针等基础内容。在了解编程语言基础核心知识结构和顺序关系后，学习时会不时地抓起这根可以将知识串起来的线索，即不时地从宏观视角查看当前学习点在线索中的位置及关联，能够一定程度上降低学习的难度。

如果只学习一门语言，不会涉及学习多门语言时的混淆问题。那么学习多门语言，尤其同时学习多门语言时，如何有效地避免“混乱”并高效掌握？一是，学习和牢靠掌握上述提到的语言基本结构，了解底层原理，掌握核心编程概念，减少不同语言表现形式（表象）存在的差异，从而提高迁移能力。二是，归纳和对比学习法，这也是本书所采取的叙述结构，见表1。

表1　多门编程语言语法对比示例

特性	Python	C	C++	C#
变量声明	`x = 10`	`int x = 10;`	`int x = 10;`	`int x = 10;`
函数定义	`def foo():`	`void foo() {}`	`void foo() {}`	`void Foo() {}`
控制结构	`if x > 5:print(x)`	`if (x > 5) {printf("%d", x);}`	`if (x > 5) {cout << x;}`	`if (x > 5) {Console.WriteLine(x);}`
循环	`for i in range(10):`	`for (int i = 0; i < 10; i++) {}`	`for (int i = 0; i < 10; i++) {}`	`for (int i = 0; i < 10; i++) {}`
类	`class A:pass`	`struct A {}`	`class A {}`	`class A {}`
继承	`class B(A):`	`struct B : public A`	`class B : public A {}`	`class B : A {}`
构造函数	`def __init__(self):`	`A() {}`	`A() {}`	`public A() {}`
字符串操作	`s = "Hello"s.upper()`	`char s[] = "Hello";`	`std::string s = "Hello";`	`string s = "Hello";`
数组	`arr = [1, 2, 3]`	`int arr[3] = {1, 2, 3};`	`int arr[3] = {1, 2, 3};`	`int[] arr = {1, 2, 3};`
指针	不支持指针	`int *p = &x;`	`int *p = &x;`	不支持显式指针
内存管理	自动垃圾回收	手动管理（`malloc()`, `free()`）	手动管理（`new`, `delete`）	自动垃圾回收（`.NET GC`）
异常处理	`try: ... except:`	`if (error) {}`	`try { ... } catch (...)`	`try { ... } catch {}`

通过建立不同语言的同一结构的不同表现形式的对比表格，方便快速对比学习，从而帮助学习者同时掌握不同编程语言并减小混淆。也可以帮助已掌握一门语言，但需要学习另外语言的学习者，能够迁移已掌握语言的知识到新的语言类型上，从而更快速地学习新的语言，同时避免混淆。

虽然各个编程语言具有类似的语言结构和语法，但其各自主要应用的领域会存在差异，见表2。

表2　不同编程语言的主要应用领域

应用领域	Python	C	C++	C#
操作系统开发	✕	☑	☑	✕
嵌入式系统	⚠（MicroPython）	☑	☑	✕
驱动程序	✕	☑	☑	✕
游戏开发	⚠（Pygame）	✕	☑（Unreal Engine）	☑（Unity）
Web 开发	☑（Django、Flask）	✕	✕	☑（ASP.NET）
桌面应用开发	☑（PySide6、PyQt、Tkinter）	✕	☑（WinUI、Qt、WxWidgets）	☑（WinUI、WinForms、WPF）
数据库开发	☑（SQLAlchemy）	☑（MySQL 内核）	☑（MongoDB 内核）	☑（Entity Framework）
数据分析与科学计算	☑（NumPy、Pandas）	✕	⚠　（有限支持）	✕
人工智能/机器学习	☑（TensorFlow、PyTorch）	✕	☑（TensorRT、C++ API）	✕
计算机视觉	☑（OpenCV）	✕	☑（OpenCV C++ API）	✕
网络爬虫	☑（Scrapy、BeautifulSoup）	✕	✕	✕
自动化与脚本	☑（Selenium、PyAutoGUI）	⚠（Shell 替代）	✕	✕
企业级应用	⚠（小规模）	✕	☑（高性能应用）	☑（.NET 生态）
云计算与服务器	☑（FastAPI、Flask）	✕	☑（高并发服务器）	☑（Azure、ASP.NET）
网络安全/逆向	☑（Scapy、pwntools）	☑（黑客工具）	☑（逆向工程）	✕
高性能计算（HPC）	⚠（依赖 C/C++ 库）	☑	☑	✕
金融/高频交易	☑（QuantLib、Pandas）	✕	☑（低延迟 C++ 交易系统）	✕
图形渲染/多媒体	⚠（Matplotlib）	✕	☑（OpenGL、Vulkan）	✕
物联网（IoT）	⚠（MicroPython）	☑	☑	✕

注：☑ 表示主流支持；✕ 表示不适合该领域；⚠ 表示部分支持或有限适配。

阅读本书的读者来自于不同的行业领域，而当学习完基础知识之后，需要具体结合实际应用来练习学习到的编程语言知识，以学以致用。如果是非计算机专业的研究者，常用 Python 编程语言进行数据分析和科学计算，乃至应用机器/深度学习的算法。也有从事物联网/嵌入式系统开发的读者；从事游戏开发的读者；从事应用程序软件开发的读者；从事数据库开发的读者；或者在不同领域使用所用专业软件工具的语言脚本的读者等。那么，在本书写到应用部分时，对于多门编程语言学习的应用示例就不那么容易确定方向。而最后选择桌面应用开发的原因是，应用自身就是一个工具，不同领域的读者均可结合自身专业来开发对应的专业软件，将专业知识融入到软件应用中，这与编者认为的“成为工具的构建者”的理念一致。

对于C/C++语言，则结合到嵌入式系统 Arduino 开源硬件和 IoT 的开发上，不过这部分仅简要阐述，起引导作用。如果扩展开来写，应该是另一本或多本专业著作。在高校讲授 Arduino C/C++ 编程语言的时候，就是结合 Arduino 开源硬件，而不建议纯粹讲语言本身，这是因为 C 语言是接近硬件的一种语言，通过学习嵌入式系统，能够学会如何直接访问硬件资源，理解操作系统的工作原理，如操作 CPU 寄存器、内存映射、位操作等低级编程，而这些在其他编程领域，如应用开发等中通常是较抽象的。

我小的时候还没有普及计算机，没有网络，如果想学习一门知识，很难寻找到资源。而现在，网络资源丰富，从电子书到网课，各种信息可随时查询，更何况 AI（ChatGPT、DeepSeek等）的出现。想学什么就可以找到相应的资源，并进行比较，找到适合自己的材料和学习的方式。物流的发展，也让我们可以从全国，甚至全球购置所需的学习材料，如嵌入式系统的开发板，电子元器件等。这个时代为每个学习者提供了尽可能多的便利和学习资源获取的公平，有时我会想，这个时代或者未来是否还需要大学，乃至高中？单纯就知识的学习和技能的获取上来说，如果社会对人才的考核方式不再是考试、考级这样单一的筛选制度，那么数字智能时代的今天或未来，有很多事情都会发生改变。

参考文献

[1] Coello C E A, Alimam M N, Kouatly R. Effectiveness of chatgpt in coding: A comparative analysis of popular large language models[J]. Digital, 2024, 4(1): 114-125.

[2] Dai Y, Liu A, Lim C P. Reconceptualizing ChatGPT and generative AI as a student-driven innovation in higher education[J]. Procedia CIRP, 2023, 119: 84-90.

[3] Silva C A G, Ramos F N, De Moraes R V, et al. ChatGPT: Challenges and benefits in software programming for higher education[J]. Sustainability, 2024, 16(3): 1245.

[4] Dwivedi Y K, Kshetri N, Hughes L, et al. Opinion Paper: “So what if ChatGPT wrote it?” Multidisciplinary perspectives on opportunities, challenges and implications of generative conversational AI for research, practice and policy[J]. International journal of information management, 2023, 71: 102642.

[5] Jing Y, Wang H, Chen X, et al. What factors will affect the effectiveness of using ChatGPT to solve programming problems? A quasi-experimental study[J]. Humanities and Social Sciences Communications, 2024, 11(1): 1-12.

[6] Bucaioni A, Ekedahl H, Helander V, et al. Programming with ChatGPT: How far can we go?[J]. Machine Learning with Applications, 2024, 15: 100526.

[7] Ray P P. ChatGPT: A comprehensive review on background, applications, key challenges, bias, ethics, limitations and future scope[J]. Internet of Things and Cyber-Physical Systems, 2023, 3: 121-154.

[8] Sun D, Boudouaia A, Zhu C, et al. Would ChatGPT-facilitated programming mode impact college students’ programming behaviors, performances, and perceptions? An empirical study[J]. International Journal of Educational Technology in Higher Education, 2024, 21(1): 14.

[9] Sun D, Boudouaia A, Yang J, et al. Investigating students’ programming behaviors, interaction qualities and perceptions through prompt-based learning in ChatGPT[J]. Humanities and Social Sciences Communications, 2024, 11(1): 1-14.

[10] Yang T C, Hsu Y C, Wu J Y. The effectiveness of ChatGPT in assisting high school students in programming learning: evidence from a quasi-experimental research[J]. Interactive Learning Environments, 2025: 1-18.

[11] Yilmaz R, Yilmaz F G K. The effect of generative artificial intelligence (AI)-based tool use on students' computational thinking skills, programming self-efficacy and motivation[J]. Computers and Education: Artificial Intelligence, 2023, 4: 100147.

[12] Porter L, Zingaro D. Learn AI-Assisted Python Programming: With Github Copilot and ChatGPT[M]. Simon and Schuster, 2024.